建设项目竣工环境保护验收效果评估及典型案例解析

中国环境监测总站　编著

中国环境出版集团·北京

图书在版编目（CIP）数据

建设项目竣工环境保护验收效果评估及典型案例解析/
中国环境监测总站编著. —北京：中国环境出版集团，2021.9
（2022.8 重印）
ISBN 978-7-5111-4529-1

Ⅰ. ①建… Ⅱ. ①中… Ⅲ. ①建筑工程—环境保护—
工程验收—案例 Ⅳ. ① TU712 ② X799.1

中国版本图书馆 CIP 数据核字（2020）第 251381 号

出 版 人 武德凯
责任编辑 董蓓蓓
责任校对 任 丽
封面设计 彭 杉

出版发行 中国环境出版集团
（100062 北京市东城区广渠门内大街 16 号）
网 址：http://www.cesp.com.cn
电子邮箱：bjgl@cesp.com.cn
联系电话：010-67112765（编辑管理部）
010-67113412（第二分社）
发行热线：010-67125803，010-67113405（传真）
印 刷 北京中科印刷有限公司
经 销 各地新华书店
版 次 2021 年 9 月第 1 版
印 次 2022 年 8 月第 2 次印刷
开 本 787×1092 1/16
印 张 17.5
字 数 370 千字
定 价 88.00 元

中国环境出版集团郑重承诺：
中国环境出版集团合作的印刷单位、材料单位均具有中国环境标志产品认证。

《建设项目竣工环境保护验收效果评估及典型案例解析》

编 委 会

前　言

2017 年 10 月 1 日，新修改的《建设项目环境保护管理条例》（以下简称《条例》）取消了建设项目竣工环境保护验收行政许可，改为建设单位自主验收。为贯彻落实新修改的《条例》、规范建设项目竣工后建设单位自行开展环境保护验收的程序和标准、强化建设单位环境保护主体责任，环境保护部于 2017 年 11 月发布了《建设项目竣工环境保护验收暂行办法》（以下简称《暂行办法》）。根据《条例》和《暂行办法》，为进一步加强建设项目事中、事后监管，生态环境部制定了《关于印发〈生态环境部 2018 年建设项目竣工环境保护验收效果评估方案〉及相关文件的通知》（环办环评函〔2018〕259 号）（以下简称《通知》）。

中国环境监测总站按照《通知》要求，在全国建设项目竣工环境保护验收信息平台上随机抽取了 48 个污染影响类建设项目开展验收效果评估工作。项目涉及全国 20 个省市，涵盖了钢铁、石化、煤化工、冶炼、火电、汽车等 32 个污染影响较大的行业，环评审批级别有国家、省、地市、县四级，其中国家审批环评的重大项目占到了 42%。通过开展建设项目竣工环境保护验收效果评估，分析总结建设单位自主验收现状及存在问题，提出处理措施及后续监管建议，督促建设单位依法依规开展自主验收，不断提高验收质量，督促各级生态环境管理部门加强对建设项目"三同时"验收的监管。

本书基于效果评估工作，回顾了建设项目环境管理发展过程，介绍了验收效果评估工作的背景、评估技术方法，通过典型评估案例，解析了项目验收过程中存在的问题，对照相关法律法规和技术要求，提出了项目验收应注意的重点和难点问题，以实例演示了如何落实建设项目竣工环境保护验收程序及技术要求，展示了验收监测报告各章节编制内容，为建设单位依法依规自主验收提供了切实可行的技术指导，为建设项目环境管理决策提供了及时有效的技术支撑。

本书主要编写人员为：第1章：敬红、冯亚玲；第2章：邱立莉、冯亚玲；第3章：冯亚玲、邱立莉；第4章：邱立莉、赵俊明、唐敏、谷树茂；第5章：冯亚玲、邱立莉；第6章：赵俊明、唐敏、谷树茂、刘婷婷；第7章：冯亚玲、敬红；第8章：赵俊明、邱立莉、冯亚玲。

书中不当之处，恳请读者批评指正。

编　者

2020 年 9 月

目　录

1 建设项目环境保护管理概论

1.1 建设项目环境保护管理基本概念

1.1.1 建设项目的内涵及其范围

目前，我国现行的环境保护法律、法规、规章及有关规范性文件中，虽然很多都规定了建设项目的环境管理制度，但是并未对"建设项目"的内涵予以解释，如《中华人民共和国环境保护法》（以下简称《环境保护法》）第十九条、第四十一条分别规定了建设项目环境影响评价制度和环境保护"三同时"制度，但是并未对"建设项目"予以定义；《中华人民共和国水污染防治法》（以下简称《水污染防治法》）、《中华人民共和国环境噪声污染防治法》（以下简称《环境噪声污染防治法》）、《中华人民共和国土壤污染防治法》（以下简称《土壤污染防治法》）中涉及建设项目环境管理规定的条款，都笼统地采用"新建、改建、扩建的建设项目"的提法。即使在建设项目环境管理的专门规章或规范性文件中，也没有"建设项目"的概念，只对建设项目所包括的范围进行了列举性规定，如 1986 年国务院环境保护委员会、国家计委和国家经委发布的《建设项目环境保护管理办法》第二条中，将"建设项目"概括为"中华人民共和国领域内的工业、交通、水利、农林、商业、卫生、文教、科研、旅游和市政等对环境有影响的一切基本建设项目和技术改造项目以及区域开发建设项目"。1987 年国家计委和国务院环境保护委员会发布的《建设项目环境保护设计规定》第三条中，将"建设项目"概括为"中华人民共和国领域内的工业、交通、水利、农林、商业、卫生、文教、科研、旅游、市政、机场等对环境有影响的新建、扩建、改建和技术改造项目，包括区域开发建设项目以及中外合资、中外合作、外商独资的引进项目"。1990 年 6 月国家环境保护局发布的《建设项目环境保护管理程序》第一条中，将"建设项目"概括为"一切基本建设项目、技术改造项目和区域开发建设项目，包括涉外项目（中外合资、中外合作、外商独资建设项目）"。我国从 20 世纪 70 年代对建设项目进行环境保护管理的初期，就基本上沿用原国家计委和国家经委等有关计划部门的文件中关于建设项目的概念，其在原国家计委等有关计划管理部门的管理实践中，已约定俗成。

国家计委、国家建委和财政部于 1978 年联合颁发的《关于试行加强基本建设管理的几项规定》（计发〔1978〕234 号）附件三"关于基本建设项目和大中型项目划分的规定"中，将"建设项目"解释为"在一个总体设计或初步设计范围内，由一个或几个单项工程所组成，经济上实行统一核算，行政上实行统一管理的建设项目。一般以一个企业（或联合企业）、事业单位或独立工程作为一个建设项目"；将"新建项目"解释为"在计划期内，从无到有，'平地起家'开始建设的项目"；将"改扩建项目"解释为"原有企、事业单位，为了扩大主要产品的生产能力或增加新的效益，在计划期内进行改扩建的项目"。

1983 年，国家计委、国家经委和国家统计局颁布的《关于更新改造措施与基本建设划分的暂行规定》（计资〔1983〕869 号）中，根据工程性质并结合计划管理要求和资金来源，将"建设项目"划分为"更新改造措施"和"基本建设"。"更新改造措施"是指"利用企业基本折旧基金、国家更改措施预算拨款、企业自有资金、国内外技术改造贷款等资金，对现有企、事业单位原有设施进行技术改造（包括固定资产更新）以及相应配套的辅助性生产、生活福利设施等工程和有关工作。其目的是要在技术进步的前提下，通过采用新技术、新工艺、新设备、新材料，努力提高产品质量，增加花色品种，促进产品升级换代，降低能源和原材料消耗，加强综合利用和治理污染等，提高社会综合经济效益和实现以内涵为主的扩大再生产"。"基本建设"是指"利用国家预算内拨款、自筹资金，国内基本建设贷款以及其他专项资金进行的，以扩大生产能力（或新增工程效益）为主要目的的新建、扩建工程及有关工作"，主要属于固定资产的外延扩大再生产。因此，这里"建设项目"的内涵有两点是明确的：一是建设项目是扩大生产或新增工程效益的固定资产投资活动；二是建设项目按投资资金渠道不同和增加工程效益的方式不同，区分为基本建设项目和技术改造（又称更新改造、技改措施）项目两大类。

严格地讲，建设项目称固定资产投资建设项目更准确。实际上，目前主要分为新建、扩建、技改、迁建等建设项目。

1.1.2 环境影响评价

进入 20 世纪，特别是 20 世纪中叶，工业和交通等行业都迅猛发展，工业过分集中，城市人口过度密集，环境污染由局部扩大到区域，大气、水体、土壤和食品等受到了不同程度的污染，公害事件屡有发生。森林过度采伐、草原垦荒和湿地破坏等，又带来了一系列生态环境恶化问题。人们逐渐认识到，人类不能不加节制地开发利用环境，在寻求自然资源改善人类物质、精神生活的同时，必须尊重自然规律，在环境容量允许的范围内进行开发建设活动，否则，将会给自然环境带来不可逆转的破坏，最终毁了人类的家园。于是人们开始关注建设活动对环境的影响和对人类自身的危害，并借助其他研究成果（如大气扩散实验建立的高斯模式，放射性核素在大气、水、土壤中的迁移扩散规律，环境质量背景值监测等）预测和估计拟议中的开发建设活动可能给环境带来的影响和危害，有针对性地提出相应的防治措施。

1964 年，在加拿大召开了国际环境质量评价会议，学者们提出了"环境影响评价"的概念。环境影响评价是在环境监测技术、污染物扩散规律、环境质量对人体健康影响、自然界自净能力等学科研究分析的基础上发展起来的一门科学技术。环境影响评价本身只是一种科学方法、一种技术手段，并通过理论研究和实践检验，一直不断改进、拓展和完善，属于学术研究和讨论的范畴。

《中国大百科全书·环境科学卷》对环境影响评价的定义是：狭义的定义指对拟议中的建设项目在兴建前即可行性研究阶段对其选址、设计、施工等过程，特别是运营生产阶段可能带来的环境影响进行预测和分析，提出相应的防治措施，为项目选址、设计及建成投产后的环境管理提供科学依据。《环境科学大辞典》对环境影响评价的定义是：环境影响评价，又称环境影响分析，是指对建设项目、区域开发计划及国家政策实施后可能对环境造成的影响进行预测和估计。《环境影响评价技术原则与方法》对环境影响评价的定义是：环境影响评价狭义地说，是在建设项目动工兴建以前对其选址、设计、施工等过程，特别是运营或生产阶段可能带来的环境影响进行预测和分析，同时规定防治措施，确保生态环境维持良性循环；广义地讲，环境影响评价是指人类在进行某项重大活动（包括开发建设、规划、计划、政策、立法）之前，通过环境影响评价预测该项活动对环境可能带来的不利影响。《世界银行工作指南》（第四号）附件 A 对环境影响评价的定义是：环境影响评价是对建设项目、区域开发计划及国家政策实施后，可能对环境造成的影响进行预测和估计。环境影响评价的目的是确保拟开发项目在环境方面是合理的、适当的，并且确保任何环境损害在项目建设前期得到重视，同时在项目设计中予以落实。原国家环境保护总局曾在《建设项目环境保护管理条例》及相关文件中对环境影响评价作了进一步的说明：环境影响评价是对拟议中可能对环境产生影响的人为活动（包括制定政策和经济社会发展规划，资源开发利用、区域开发和单个建设项目等）进行环境影响的分析和预测，并进行各种替代方案的比较（包括不行动方案），提出各种减缓措施，把对环境的不利影响减少到最低程度的活动。《中华人民共和国环境影响评价法》（以下简称《环境影响评价法》）所称的环境影响评价是指对规划和建设项目实施后可能造成的环境影响进行分析、预测和评估，提出预防或者减轻不良环境影响的对策和措施，进行跟踪监测的方法与制度。尽管人们对环境影响评价的定义各不相同，但基本含义是相同的，即环境影响评价是对拟议中的活动（主要是建设项目）可能造成的环境影响（包括环境污染和生态破坏，甚至包括对环境的有利影响）进行分析、论证的过程，在此基础上提出拟采取的防治措施和防治对策。如果简单地以一句话来概括，即建设项目环境影响评价是对建设项目的环境可行性进行研究。

1.1.3 环境影响评价制度

1969 年美国国会通过的《国家环境政策法》将环境影响评价作为联邦政府在环境管理中必须遵循的一项制度，美国成为世界上第一个通过立法建立环境影响评价制度的国家。同年瑞典在《环境保护法》、澳大利亚在 1974 年的《联邦环境保护法》中，亦分别效仿美国，建立了环境影响评价制度。新西兰、加拿大、德国、菲律宾、印度、泰国、印度尼西亚等国，相继在 20 世纪 70 年代建立了环境影响评价制度。到目前为止，世界上已有 100 多个国家和地区在开发建设活动中推行环境影响评价制度。

1972 年，在联合国于瑞典首都斯德哥尔摩召开人类环境会议后，中国首先由高等院校引入了"环境影响评价"这一概念，并陆续进行了环境影响评价工作的研究和探讨。1979 年 9 月 13 日通过并公布试行的《中华人民共和国环境保护法（试行）》第六条中明确规定"在进行新建、改建和扩建工程时，必须提出对环境影响的报告书，经环境保护部门和其他部门审查批准后才能进行设计"，从而在我国建立了环境影响评价这项法律制度。从此，在相继出台的许多环境保护法律中，都毫无例外地对环境影响评价制度做了规定。

1986 年 3 月 26 日，国务院环境保护委员会、国家计委和国家经委联合发布了《建设项目环境保护管理办法》，1998 年 11 月 29 日国务院以 253 号令颁布了《建设项目环境保护管理条例》，这是建设项目环境管理的第一个行政法规，对环境影响评价作了全面、详细、明确的规定。

2002 年 10 月 28 日，第九届全国人民代表大会常务委员会第三十次会议通过《环境影响评价法》并于 2003 年 9 月 1 日起施行，使我国具备了更完善的环境影响评价制度。

2009 年 8 月 17 日，国务院颁布了《规划环境影响评价条例》，同年 10 月 1 日起施行。这是我国环境立法的重大进展，标志着环境保护参与综合决策进入了新阶段。

进入"十三五"以来，环境影响评价进入了改革深化阶段，为在新时期发挥环境影响评价源头预防环境污染和生态破坏的作用，推动实现"十三五"绿色发展和改善生态环境质量总体目标，环境保护部于 2016 年 7 月 15 日印发了《"十三五"环境影响评价改革实施方案》（环环评〔2016〕95 号）。2018 年 12 月 29 日，《全国人民代表大会常务委员会关于修改〈中华人民共和国劳动法〉等七部法律的决定》（中华人民共和国主席令 第 24 号）公布施行，对《环境影响评价法》作出修改。修改后的《环境影响评价法》首次提出对编制登记表的项目实施备案管理，不再进行行政审批；取消了建设项目环境影响评价资质行政许可事项，不再强制要求由具有资质的环评机构编制建设项目环境影响报告书（表），规定建设单位可以委托技术单位为其编制环境影响报告书（表），自身具备相应技术能力的也可以自行编制。

经过 40 多年的发展，我国环境影响评价的内涵不断扩大和增加，从对自然环境影响评价发展到对社会环境影响评价，从最初单纯的工程项目环境影响评价，发展到区域开发环境影响评价、规划环境影响评价、战略环境影响评价和政策环境影响评价，自然环境的影响不仅考虑环境污染，还注重生态影响，开展风险评价，关注累积性影响并开始对环境影响进行后评估。同时环境影响技术方法和程序也在发展中不断得以完善。

环境影响评价是分析预测人为活动造成环境质量变化的一种科学方法和技术手段。这种科学方法和技术手段被法律强制规定为指导人们开发活动的必需行为。环境影响评价制度属于上层建筑的范畴，是一个法律上的概念。一旦国家（政府）将环境影响评价作为一种国家行为，作为开发建设活动和制定方针政策的重要决策依据，并通过法律规定进行环境影响评价的程序、分类、审批以及违反环境影响评价要求的法律责任，环境影响评价就成了强制执行的制度。

目前我国的环境影响评价工作程序如图1-1所示。

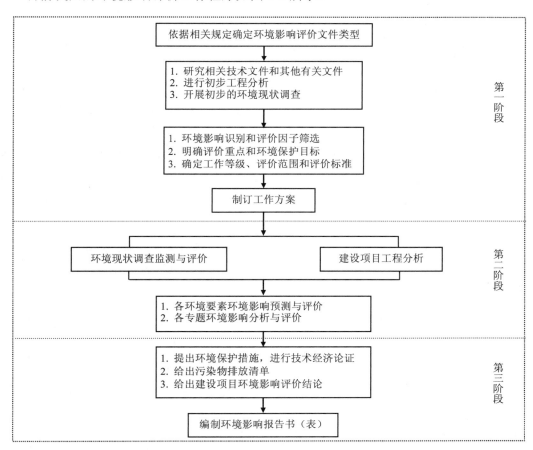

图 1-1　环境影响评价工作程序

1.1.4 环境影响报告书

2017 年 7 月 16 日《国务院关于修改〈建设项目环境保护管理条例〉的决定》公布，根据新修改的条例，建设项目环境影响报告书必须包括但不限于以下七项内容：①建设项目概况；②建设项目周围环境现状；③建设项目环境可能造成的影响的分析和预测；④环境保护措施及其技术经济论证；⑤环境影响经济损益分析；⑥对建设项目实施环境监测的建议；⑦环境影响评价结论。

在环境影响报告书审批中，建设项目的各级主管部门和生态环境部门应贯彻以下几项基本原则：①符合"生态保护红线、环境质量底线、资源利用上线和环境准入负面清单"的要求；②符合国家的产业政策和法规；③符合流域、区域功能区划和城市发展总体规划，布局合理；④符合国家有关生物化学、生物多样性等生态保护的法规和政策；⑤符合国家资源综合利用的政策；⑥符合国家土地利用的政策。

1.1.5 环境保护"三同时"制度

《建设项目环境保护管理条例》第十五条规定，"建设项目需要配套建设环境保护设施，必须与主体工程同时设计、同时施工、同时投产使用"。这就是建设项目的环境保护"三同时"制度。

"三同时"是我国特有的环境管理制度，与环境影响评价制度紧密结合，是构成建设项目环境保护管理的两项基本制度。为保证经审查批准的环境影响报告书（表）中所确定的环境保护措施予以落实，必须实行"三同时"制度，也就是说，环境影响评价制度的最终落实要依赖"三同时"制度的实施。

同时设计，是指建设单位在委托设计单位进行建设项目的设计时，应将环境保护设施一并委托设计，初步设计中应有环境保护篇章、落实防治环境污染和生态破坏的措施以及环境保护设施投资概算。

同时施工，是指建设单位在委托施工任务时将环境保护设施建设纳入施工合同，保证环境保护设施建设进度和资金，并在项目建设过程中同时组织实施环境影响报告书、环境影响报告表及其审批部门审批决定中提出的环境保护对策措施。

同时投产使用，是指建设单位必须将配套建设的环境保护设施与主体工程同时投入生产或者使用。它不仅是指建设项目建成竣工验收后正式投产使用，还包括建设项目调试过程中的环境保护设施的同时投产使用，也包括需要的环境保护管理制度的执行。

1.1.6 建设项目竣工环境保护验收及验收监测

建设项目竣工环境保护验收（以下简称"验收"）是指建设项目竣工后，建设单位按照国务院生态环境主管部门规定的标准和程序，如实查验、监测、记载建设项目环境保护设施的建设和调试情况，编制验收监测（调查）报告，并根据验收监测报告提出验收意见而进行的一系列活动。

建设项目竣工环境保护验收监测是建设项目竣工环境保护验收的主要技术依据，是指建设项目竣工后，建设单位或委托有能力的技术机构依据相关管理规定及技术规范对建设项目环境保护设施的建设、调试、运行效果及其对周边环境的影响开展的查验、监测等工作。

1.1.7　建设项目环境保护管理分类

根据建设项目对环境影响的程度，对建设项目的环境保护管理实行分类，是世界各国的通行做法。我国在 1998 年以前主要是在实际工作中人为地将建设项目环境管理分为环境影响报告书和报告表两类。1993 年 1 月国家环境保护局下发的《关于进一步做好建设项目环境保护管理工作的几点意见》中规定"按污染程度对建设项目实行分类管理"，要求根据建设项目的行业、工艺、规模和污染状况，将其分为污染较重（A 类）、污染较轻（B类）和基本无污染（C 类）三种类型。1998 年正式颁布的《建设项目环境保护管理条例》中，第一次以法规的形式明确规定根据建设项目对环境的影响程度，实行分类管理，2017年新修改的《建设项目环境保护管理条例》再次明确规定根据建设项目对环境的影响程度，实行分类管理：

1）建设项目对环境可能造成重大影响的，应当编制环境影响报告书，对建设项目产生的污染和对环境的影响进行全面、详细的评价；

2）建设项目对环境可能造成轻度影响的，应当编制环境影响报告表，对建设项目产生的污染和对环境的影响进行分析和专项评价；

3）建设项目对环境影响很小，不需要进行环境影响评价的，应填报环境影响登记表。

建设项目环境影响评价分类管理名录，由国务院生态环境主管部门在组织专家进行论证和征求有关部门、行业协会、企事业单位、公众等意见的基础上制定并公布。为此，国家环境保护总局（生态环境部）在 1999—2020 年先后数次公布了分类管理名录，2020 年又进行修订，生态环境部以生态环境部令第 16 号公布。

新修改的《建设项目环境保护管理条例》第十七条规定，编制环境影响报告书、环境影响报告表的建设项目竣工后，建设单位应当按照国务院生态环境主管部门规定的标准和程序，对配套建设的环境保护设施进行验收，编制验收报告。因此，按照建设项目环境保护分类管理，编制环境影响报告书的建设项目应编制建设项目竣工环境保护验收监测（调查）报告；编制环境影响报告表的建设项目可视情况自行决定编制建设项目竣工环境保护验收监测（调查）报告或报告表。

1.1.8　建设项目管理与建设项目环境保护管理程序

1.1.8.1　建设项目管理程序

建设项目管理程序是国家通过行政法规对基本建设项目从决策、设计、施工到竣工验收全过程规定的工作次序。凡是在中华人民共和国领域内的一切基本建设项目、限额以上技术改造项目和单项工程，无论是集体所有制还是个体投资的建设项目，都必须按基本建设项目管理程序办理。根据 2019 年 4 月 14 日公布的《政府投资条例》（国务院令　第 712 号），政府采取直接投资方式、资本金注入方式的投资项目，项目单位应编制项目建议书、可行性研究报告、初步设计，按照政府投资管理权限和规定的程序，报投资主管部门或有关部门审批。社会投资项目的工作程序较政府投资项目有所简化，但总体上分为以下五个阶段。

（1）项目建议书（预可行性研究报告）阶段

此阶段是根据国民经济和社会发展长远规划、行业规划和地区规划，通过市场调查、预测和分析提出具体项目建设的建议，编报项目建议书（或预可行性研究报告）。项目建议书经主管审批机关批准，该项目即宣告立项。此阶段环境保护的主要内容是在项目建议书中有环境影响简要说明。根据《国务院关于投资体制改革的决定》（国发〔2004〕20 号），对于企业不使用政府投资建设的项目，一律不再实行审批制，区别不同情况实行核准制和备案制。目前大部分项目已调整为备案制，企业弱化甚至取消了项目建议书阶段的工作。

（2）可行性研究阶段

进行可行性研究的目的是避免和减少建设项目决策失误，提高建设投资的综合效益。可行性研究的任务是根据国民经济长期规划、地区规划和行业规划的要求，以及市场的需求，对建设项目在技术、工程、经济、环境、资源利用等方面的合理可行性进行全面分析和论证，做多方案比较，提出可行性研究报告（包括不可行），为设计提供可靠依据。可行性研究报告按审批权限由主管机关审批。此阶段环境保护的主要内容是编制环境影响报告书（表）。

（3）设计阶段

设计是在项目决策后，设计单位根据可行性研究报告、国家的设计规范及有关部门审批要求等提出具体的实施方案，其分为初步设计和施工图设计两个阶段。此阶段环境保护的主要内容是在初步设计中编写环境保护篇（章）。

（4）施工阶段

施工是施工单位按照设计文件规定的内容，对工程付诸实施的活动。目前还需要同时进行工程监理，即建设单位委托工程监理单位对施工单位进行工程监理。施工前，建设单位需向有关部门提出开工报告，经批准才可开工。此阶段主要的环境保护内容是根据环境影响报告书（表）和设计文件规定的要求，在施工中落实环境保护内容，同时做好环境保护设施的施工，需要环境保护监理的可结合工程监理一并进行。

（5）调试及竣工验收阶段

建设项目竣工后，建设单位应通过调试，对配套建设的环境保护设施进行验收，经验收合格后，其主体工程方可投入生产或者使用。除需要取得排污许可证的水和大气污染防治设施外，其他环境保护设施的验收期限一般不超过 3 个月；需要对该类建设环境保护设施进行调试或者整改的，验收期限可以适当延期，但最长不超过 12 个月。除主体工程的验收手续外，还有相关的单项验收手续，通常有环保、消防、统计、档案、劳动卫生、职业安全和审计等。

1.1.8.2 建设项目环境保护管理程序

我国的建设项目环境保护管理程序是纳入建设项目基本建设程序中的，主要是依靠环境影响评价和建设项目环境保护"三同时"制度来贯彻落实。建设项目正式生产运行前环境管理的重要内容是完成环境保护检查和竣工环境保护验收。环境保护设施的建设和投产前的环境保护验收，是环境影响评价制度的延伸，环境影响评价文件的审批、环境保护设施的设计、建设和施工期的环境保护监督检查、竣工环境保护验收、排污许可，构成了建设项目的全过程环境管理（图 1-2）。

我国建设项目环境保护管理程序具有以下特点：

1）以基本建设程序为主体，贯穿整个基本建设程序的全过程，并在基本建设程序的各个工作步骤中均有要求。

2）建设项目环境保护管理涉及面很广，具有广泛的社会性。

3）建设项目环境保护管理的三大阶段（图 1-2）中，生态环境主管部门对环境保护管理工作行使独立的监督权和环评审批权，因而具有司法独立性。

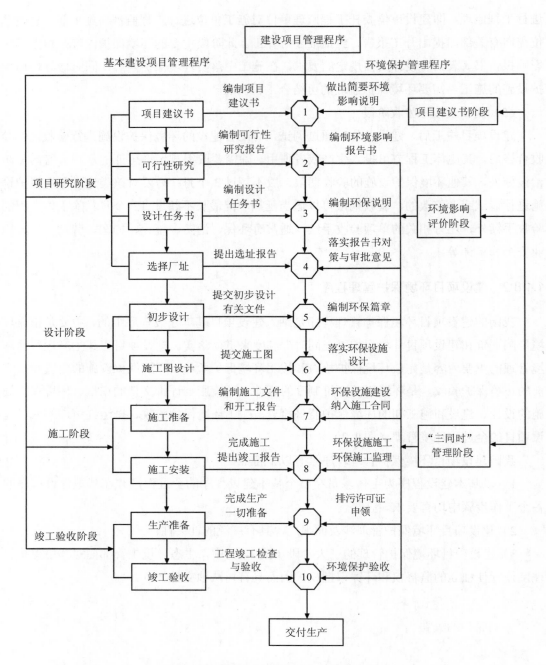

图 1-2　建设项目环境保护管理程序示意

1.2 环境保护"三同时"制度的建立及发展

我国建设项目的环境保护管理始于 20 世纪 70 年代初防治污染工作的实践。随着我国从计划经济向社会主义市场经济的过渡，特别是在新形势下，环境保护管理与国际逐渐接轨，加入 WTO 及不断引入新的运行机制，使建设项目环境保护管理面临着新的机遇与挑战。在过去的十几年里，围绕政府制定的环境保护目标，贯彻实施总量控制、以新代老、污染防治与生态保护并重、强化竣工验收管理及监测等新举措，"三同时"制度在控制新污染源产生和生态的破坏及改善环境质量等方面发挥着越来越大的作用。近几年，特别是党的十八大后，在全面深化"放管服"改革的新形势下，建设项目环境保护管理由事前审批向加强事中、事后监督管理转变，取消了建设项目竣工环境保护验收行政审批，明确建设单位是建设项目竣工环境保护验收的责任主体。通过一系列的改革，建设项目环境管理进入了一个新时代。"三同时"制度从最初建立到发展、改革，大体经历了五个阶段。

1.2.1 第一阶段（1972—1986 年）："三同时"制度逐步建立阶段

1972 年，国务院批转的《国家计委、国家建委关于官厅水库污染情况和解决意见的报告》中首次提出了环境保护"三同时"的要求，指出"工厂建设和'三废'综合利用工程要同时设计、同时施工、同时投产"，这是"三同时"制度的雏形。1973 年，在国务院《关于保护和改善环境的若干规定》中首次正式提出"三同时"制度：一切新建、扩建、改建的企业必须执行"三同时"，正在建设的企业没有采取污染防治措施的，必须补上，各级环保部门要参与审查设计和竣工验收。1979 年，《中华人民共和国环境保护法（试行）》中以法律形式对"三同时"制度做了明确规定，这一规定提供了法律依据，使这项制度迈出了关键性的一步。但当时的有关法律法规只是对"三同时"制度做了原则性的规定，还缺乏一套具体、明确的法律规定，包括管理体制、机构职责和权限以及审批程序，尤其是法律责任等。1981 年 11 月，国家计委、国家建委、国家经委和国务院环境保护领导小组联合颁布了《基本建设项目环境保护管理办法》，对"三同时"制度的内容、管理程序和违反"三同时"的处罚作了较为全面、具体的规定。为"三同时"制度的更好贯彻和执行打下了坚实的基础。

1.2.2 第二阶段（1986—1994 年）："三同时"制度不断发展完善阶段

在全面总结实践经验和教训的基础上，1986 年国务院环境保护委员会、国家计委和国家经委联合颁布了《建设项目环境保护管理办法》，具体规定了"三同时"内容。1991 年以后国家环境保护局陆续颁发了部门行政规章，地方及行业颁发了条例（规定、办法）等地方法规和行业行政规章等，基本形成了国家、地方和行业相配套的建设项目环境保护行政法规及技术规范的多层次法规体系。1993 年国家环境保护局下发了《关于进一步做好建设项目环境保护管理工作的几点意见》，重申了建设项目环境保护管理必须要严格执法，必须要加强环保设施竣工验收，防止污染向我国转移，并提出按污染程度对建设项目实行分类管理和简化审批程序。此阶段国家对建设项目环境保护设施竣工验收的管理，是以参加项目的主体工程验收为主，在竣工验收会上以国家验收委员的身份签字作为同意验收的一种形式来管理，是一种被动式的管理方式，大部分建设项目尚未正式开展环境保护竣工验收。在建设项目环境保护管理中体现为"重头轻尾"，在法规建设方面还缺少一些可操作的指导性文件。

1.2.3　第三阶段（1994—2009 年）："三同时"制度渐趋成熟阶段

随着我国改革开放的深入及经济体制改革，环境保护管理面临着一系列新问题。建设项目多渠道立项、外资企业增多、乡镇企业迅猛发展、第三产业崛起以及开发区建设等，都给我国的环境管理带来了新的冲击和挑战。

1994 年，国家环境保护局颁布了《建设项目环境保护设施竣工验收管理规定》（国家环境保护局令　第 14 号），使建设项目环境保护管理工作重点落在环保设施竣工验收的监督检查上，各省（市、区）也制定了相应的规定，环保设施竣工验收工作逐步规范化。1994 年开始，建设项目环境保护验收由环境保护行政主管部门参加工程整体验收转向由环境保护行政主管部门组织单项验收。为加强"三同时"管理，全国普遍加大执法力度，由环境保护部门组织定期检查和重点执法检查相配合，实施分片、分部门检查，对严重违反"三同时"制度的企业，如四川聚酯、唐山化纤、北京国华热电厂等项目，给予了限期整改直至停产的严厉处罚，在社会上产生了广泛的影响，推动了"三同时"制度的执行。全国"三同时"执行率从 1994 年的 84.0%逐步上升到 1996 年的 90.0%，并保持稳中有升的趋势，基本扭转了建设项目竣工环境保护验收的被动局面。1996 年，国家环境保护局逐步推行了建设项目环境保护台账管理和统计工作，目前已在全国推行，使建设项目环境保护的管理逐步纳入规范化管理的程序。1998 年 11 月，国务院颁布了《建设项目环境保护管理条例》。《建设项目环境保护设施竣工验收管理规定》因竣工验收时限不能满足《条例》要求、验收范围太窄、验收管理未进行分类等原因而被修订。2001 年国家环境保护总局颁布了《建设项目竣工环境保护验收管理办法》（国家环境保护总局令　第 13 号），标志着建设项目环境保护管理又上了一个新的台阶，在建设项目竣工环境保护验收管理上提出了更高的要求。

1.2.4 第四阶段（2009—2013年）："三同时"制度向建设项目管理全过程方向发展

2009年环境保护部发布了《环境保护部建设项目"三同时"监督检查和竣工环保验收管理规程（试行）》（环发〔2009〕150号），验收管理朝着全过程、开放式、联动管理的模式发展，建设项目从环评审批后到竣工试生产整个过程实施全过程管理，并且多部门参与，各级环保行政主管部门、各督察机构全面介入。环保初步设计备案制、环境监理等各地都有一些试点。新的管理模式经过一段时间的实施，逐步改善从环评到验收过程监管失控的状态。《环境保护部建设项目"三同时"监督检查和竣工环保验收管理规程（试行）》的实施，标志着环境保护部建设项目"三同时"管理工作，由以末端验收管理为重点，向建设全过程管理发展。

经过多年的不断发展与完善，"三同时"制度逐步形成了以浓度控制为基础、重点抓住污染物排放总量控制、污染防治与生态保护并重的良性运转局面，为实现环境质量目标起着重要的作用。

1.2.5 第五阶段（2013—2018年）："三同时"制度改革深化阶段

党的十八届三中全会后，随着国务院简政放权、转变政府职能深化改革，建设项目竣工环境保护验收改革经历了审批权限下放、政府购买服务、企业自行验收三个阶段。

（1）验收审批权下放、试生产审批取消阶段

2013年以来党中央、国务院印发了一系列有关"放管服"改革文件，要求转变政府职能、简政放权、强化事中事后监管。2014年12月，国办印发了《精简审批事项 规范中介服务 实行企业投资项目网上并联核准制度的工作方案》（国办发〔2014〕59号），要求简化投资审批程序，将环评等行政审批事项，由前置"串联"审批改为"并联"审批。2015年3月13日，《环境保护部审批环境影响评价文件的建设项目目录（2015年本）》（公告2015年第17号）发布，对环境保护部审批的环境影响评价文件的建设项目目录进行了调整，并要求建设项目竣工环境保护验收依照本公告目录执行，同时要求省级环境保护部门根据本公告，及时调整公告目录以外的建设项目环境影响评价文件审批权限。目录中仅保留了跨区域、流域及新建民用运输机场等项目，如石化：新建炼油及扩建一次炼油项目（不包括列入国务院批准的国家能源发展规划、石化产业规划布局方案的扩建项目）；化工：年产超过20亿m³的煤制天然气项目，年产超过100万t的煤制油甲醇项目，年产超过50万t的煤制烯烃项目。2015年10月，《国务院关于第一批取消62项中央指定地方实施行政审批事项的决定》（国发〔2015〕57号）发布，取消了省、市、县级环境保护行政主管部门实施的建设项目试生产审批事项。

（2）政府购买验收监测服务阶段

为落实《国务院关于第一批清理规范 89 项国务院部门行政审批中介服务事项的决定》（国发〔2015〕58 号）要求，2016 年 2 月 26 日，环境保护部下发了《关于环境保护部委托编制竣工环境保护验收调查报告和验收监测报告有关事项的通知》（环办环评〔2016〕16 号），规定自 2016 年 3 月 1 日起不再要求建设单位提交建设项目竣工环境保护验收调查报告或验收监测报告，改由环境保护部委托相关专业机构进行验收调查或验收监测，所需经费列入财政预算。建设项目竣工后，建设单位向环境保护部提出验收调查或验收监测申请，同时提交建设项目环境保护"三同时"执行情况报告以及相关信息公开证明。环境保护部委托环境保护部环境工程评估中心和中国环境监测总站（以下简称"技术审查单位"）分别负责生态类项目和污染类项目申请材料的初步审核，确定验收调查单位或验收监测单位，测算所需业务经费。验收调查单位根据建设项目行业类别，按照受理顺序从验收调查入库单位中顺次确定；验收监测单位根据建设项目所在行政区域，从验收监测入库单位中相应确定。技术审查单位对验收调查报告或验收监测报告进行技术审查，对报告质量进行评定，提出技术审查意见，在 20 个工作日内报送环境保护部，同时抄送建设单位、验收调查单位或验收监测单位。技术审查意见应当明确该建设项目是否符合验收条件，验收调查报告或验收监测报告质量是否达到技术规范要求。

（3）企业自行验收阶段

2016 年 7 月，全国人大常委会审议通过了修改后的《环境影响评价法》，将环评审批与企业投资项目审批脱钩，取消行业预审，并将环境影响登记表由审批制改为备案制。在此背景下，2017 年 7 月 16 日，国务院发布新修改的《建设项目环境保护管理条例》，主要围绕"以改善环境质量为核心目标"，创新建设项目环境影响评价制度、简化审批事项和审批环节、取消建设项目竣工环保验收行政许可，推动企业增强环保主体责任意识，强化信息公开和责任追究等重点内容进行了修改，正式取消了建设项目竣工环境保护验收行政许可，改为建设单位自主验收。新修改的《建设项目环境保护管理条例》，适应我国行政审批制度改革，以及环境保护工作形势发展、环境管理思路转变的要求，体现了改革步伐的不断深入。

为贯彻落实《建设项目环境保护管理条例》要求、规范建设项目竣工后建设单位自主开展验收的程序和标准，2017 年 11 月 20 日，环境保护部发布《建设项目竣工环境保护验收暂行办法》（国环规环评〔2017〕4 号），规定了企业自验主体责任不缺位、内容不缺项、标准不降低、结果全公开的总体要求，并明确了生态环境主管部门的监管职责。《建设项目竣工环境保护验收暂行办法》第十五条明确规定："各级环境保护主管部门应当按照《建设项目环境保护事中事后监督管理办法（试行）》等规定，通过'双随机一公开'抽查制度，强化建设项目环境保护事中事后监督管理。要充分依托建设项目竣工环境保护验收信息平台，采取随机抽取检查对象和随机选派执法检查人员的方式，同时结合重点建设项目定点检查，对建设项目环境保护设施'三同时'落实情况、竣工验收等情况进行监督性检查，监督结果向社会公开。"

1.3 建设项目环境保护"三同时"制度及竣工验收环境保护法规体系

《环境保护法》明确规定："建设项目中防治污染的设施，应当与主体工程同时设计、同时施工、同时投产使用。防治污染的设施应当符合经批准的环境影响评价文件的要求，不得擅自拆除或者闲置。"《大气污染防治法》《水污染防治法》《环境噪声污染防治法》《海洋环境保护法》《环境影响评价法》《固体废物污染防治法》也做了相应规定。1998 年颁布的《建设项目环境保护管理条例》（国务院令　第 253 号）对"三同时"的规定更具体。

建设项目环境保护管理是贯彻保护环境"预防为主"方针的关键性工作，对我国实施可持续发展战略发挥着重要作用。而"三同时"制度是我国早期环境管理制度之一，是我国建设项目环境保护管理工作的一项创举，它从程序上保证了将污染破坏的防治工作纳入开发建设活动的计划中，是一项符合我国国情、具有中国特色的环境保护法律制度，是落实环境保护防治措施、控制项目建成后给环境带来新的污染和生态破坏等的关键，是加强环境保护管理的核心。

建设项目竣工环境保护验收是环境保护设施与主体工程同时投产并有效运行的最后一道关口，是控制污染和生态破坏的根本保证，它从制度上保证了环境影响评价所提出的环境保护对策和措施得到有效的落实。

2017 年新修改的《建设项目环境保护管理条例》对建设项目竣工环境保护验收做出了较大调整，取消了建设项目竣工环境保护验收行政许可，明确了建设单位是建设项目"三同时"的责任主体。2017 年 11 月，环境保护部发布了《建设项目竣工环境保护验收暂行办法》，规定了验收标准和程序。

2 《建设项目竣工环境保护验收暂行办法》解读

2.1 建设项目竣工环境保护验收

    《建设项目环境保护管理条例》第十五条规定"建设项目需要配套建设的环境保护设施，必须与主体工程同时设计、同时施工、同时投产使用"，这就是建设项目的环境保护"三同时"制度。

    "三同时"是我国特有的环境管理制度，与环境影响评价制度是紧密结合的，二者构成了建设项目环境保护管理的两项基本制度，环境影响评价制度的最终落实要依赖"三同时"制度的实施。建设项目竣工环境保护验收（以下简称验收）是环境保护设施与主体工程同时投产并有效运行的最后一道关口，是控制污染和生态破坏的根本保证，它从制度上保证了环境影响评价所提出的环境保护对策和措施得到有效的落实。多年来，建设项目环境保护验收根据建设项目环评审批级别，由相应的生态环境管理部门审批，是一项重要的行政许可。随着国务院"放、管、服"改革的不断深入和新《建设项目环境保护管理条例》的实施，取消了建设项目竣工环境保护验收行政许可，明确了建设单位是建设项目"三同时"的责任主体。新《建设项目环境保护管理条例》明确规定了建设单位作为责任主体，应按照国务院行政主管部门规定的标准和程序开展验收。

    为贯彻落实新《建设项目环境保护管理条例》，环境保护部发布了《建设项目竣工环境保护验收暂行办法》，进一步强化建设单位环保"三同时"主体责任，规范企业自主验收的程序、内容、标准及信息公开等要求。随后，生态环境部发布了《建设项目竣工环境保护验收技术指南　污染影响类》，进一步规范和细化了建设项目竣工环境保护验收的标准、程序和技术要求，为建设单位开展自主验收提供了充足和细致的制度和技术支撑。

    建设单位开展自主验收活动的规范性是其履行环境保护主体责任的主要体现，是能否有效落实环境影响评价所提出的环境保护对策和措施的重要检验，是能否守好环境保护设施与主体工程同时投产并有效运行这最后一道关口的具体体现，因此，建设单位在自主验收过程中，是否执行了国务院生态环境主管部门规定的标准和程序，是否如实查验、监测、记载了建设项目环境保护设施的建设和调试情况，是否按照相关技术规范要求编制了验收监测（调查）报告，是否科学合理地为自己得出了验收合格的结论，代表着建设单位的履责态度与效果，也代表着自主验收制度的实施效果，代表着建设项目竣工环境保护验收是否真正起到了防止环境污染、改善环境质量的重要作用。

2.2 《建设项目竣工环境保护验收暂行办法》的编制背景

《建设项目环境保护设施竣工验收管理规定》（国家环境保护局 第 14 号令）自 1994 年发布以来，对加强国务院环境保护行政主管部门负责审批环境影响评价报告书（表）的建设项目在竣工验收阶段的环境保护管理，确保"三同时"制度的顺利实施，起到了重要作用。

2013 年以来，党中央、国务院印发了一系列有关"放管服"改革文件，要求转变政府职能、简政放权、强化事中事后监管。2017 年 7 月 16 日，国务院发布《关于修改〈建设项目环境保护管理条例〉的决定》（国务院令 第 682 号），新修改的《建设项目环境保护管理条例》自 2017 年 10 月 1 日起施行。

《建设项目环境保护管理条例》将建设项目环保设施竣工验收由环保部门验收改为建设单位自主验收，第十七条明确授权国务院环境保护行政主管部门规定相关的验收标准和程序。因此，2017 年 11 月，环境保护部发布了《建设项目竣工环境保护验收暂行办法》，进一步强化建设单位环保"三同时"主体责任，规范企业自主验收的程序、内容、标准及信息公开等要求。

2.3 《建设项目竣工环境保护验收暂行办法》的编制依据和原则

以《建设项目环境保护管理条例》的具体要求为主要编制依据，同时着重考虑三个原则：

（1）与上位法保持一致

《建设项目竣工环境保护验收暂行办法》颁布实施时，2014 年新修改的《环境保护法》和 2015 年新修改的《大气污染防治法》均删除了建设项目环境保护设施竣工验收的相关规定，《环境噪声污染防治法》（1997 年实施）规定"建设项目在投入生产或者使用之前，其环境噪声污染防治设施必须经原审批环境影响报告书的环境保护行政主管部门验收；达不到国家规定要求的，该建设项目不得投入生产或者使用。"《固体废物污染环境防治法》（2017 年）规定"固体废物污染环境防治设施必须经原审批环境影响评价文件的环境保护行政主管部门验收合格后，该建设项目方可投入生产或者使用"。2018 年 12 月 29 日，全国人民代表大会常务委员会对《环境噪声污染防治法》做出修改，将"经原审批环境影响报告书的环境保护行政主管部门验收"修改为"按照国家规定的标准和程序进行验收"。

（2）以建设单位自主验收为主线

重点强化建设单位环保"三同时"主体责任，明确了验收全过程中建设单位的责任落实要求。

（3）保持了验收工作的延续性

验收主体转变后，依然要确保验收内容不缺项、验收标准不降低。

2.4 《建设项目竣工环境保护验收暂行办法》的释义和编制说明

第一条　为规范建设项目环境保护设施竣工验收的程序和标准，强化建设单位环境保护主体责任，根据《建设项目环境保护管理条例》，制定本办法。

本条主要说明《建设项目竣工环境保护验收暂行办法》制定的目的和法律依据。强调了建设单位的主体责任。

第二条　本办法适用于编制环境影响报告书（表）并根据环保法律法规的规定由建设单位实施环境保护设施竣工验收的建设项目以及相关监督管理。

本条主要是说明本办法的适用范围。与《建设项目环境保护管理条例》一致，按照分级管理原则，编制环境影响报告书和环境影响报告表的建设项目竣工后，建设单位应当对配套建设的环境保护设施进行验收，编制环境影响登记表的项目竣工后，不需要验收。

第三条　建设项目竣工环境保护验收的主要依据包括：

（一）建设项目环境保护相关法律、法规、规章、标准和规范性文件；

（二）建设项目竣工环境保护验收技术规范；

（三）建设项目环境影响报告书（表）及审批部门审批决定。

本条明确了建设项目竣工环境保护验收的法律法规依据及验收准则与标准，考核建设项目是否达到验收要求的主要依据。

第四条　建设单位是建设项目竣工环境保护验收的责任主体，应当按照本办法规定的程序和标准，组织对配套建设的环境保护设施进行验收，编制验收报告，公开相关信息，接受社会监督，确保建设项目需要配套建设的环境保护设施与主体工程同时投产或者使用，并对验收内容、结论和所公开信息的真实性、准确性和完整性负责，不得在验收过程中弄虚作假。

环境保护设施是指防治环境污染和生态破坏以及开展环境监测所需的装置、设备和工程设施等。

验收报告分为验收监测（调查）报告、验收意见和其他需要说明的事项等三项内容。

本条明确了建设项目竣工环境保护验收的对象是环境保护设施，环境保护设施的定义在一定程度上扩展了环境污染防治和生态保护设施（以下简称"设施"）、弱化了环境污染和生态保护措施（以下简称"措施"），明确了只对"设施"进行验收。

本条进一步明确了建设单位作为责任主体的具体责任，应按程序和标准对"设施"进行验收，要编制验收报告，要进行信息公开，要做到"三同时"，要对验收内容和公开信息负责，不得弄虚作假。

本条提出了验收报告的概念，包括三项内容：一是验收监测（调查）报告，也就是验收技术报告，支撑验收的技术依据，具体规定见第五条和第六条；二是验收意见，也就是建设单位自主验收是否合格的结论，类似于验收批文，具体规定见第七条、第八条和第九条；三是其他需要说明的事项，将"措施"（如企业突发环境事件应急预案等）和一部分环评审批附带条件（如防护距离内的居民搬迁等）归入其他需要说明的事项，目的是将原本不属于企业责任的内容剔除出验收范围，让建设单位自主验收真正能够落地，具体规定见第十条。

第五条　建设项目竣工后，建设单位应当如实查验、监测、记载建设项目环境保护设施的建设和调试情况，编制验收监测（调查）报告。

以排放污染物为主的建设项目，参照《建设项目竣工环境保护验收技术指南　污染影响类》编制验收监测报告；主要对生态造成影响的建设项目，按照《建设项目竣工环境保护验收技术规范　生态影响类》编制验收调查报告；火力发电、石油炼制、水利水电、核与辐射等已发布行业验收技术规范的建设项目，按照该行业验收技术规范编制验收监测报告或者验收调查报告。

建设单位不具备编制验收监测（调查）报告能力的，可以委托有能力的技术机构编制。建设单位对受委托的技术机构编制的验收监测（调查）报告结论负责。建设单位与受委托的技术机构之间的权利义务关系，以及受委托的技术机构应当承担的责任，可以通过合同形式约定。

本条明确了验收监测（调查）工作内容和技术依据，主要是如实查验、监测、记载建设项目环境保护设施的建设和调试情况。以排放污染物为主的建设项目，参照《建设项目竣工环境保护验收技术指南　污染影响类》编制验收监测报告；主要对生态造成影响的建设项目，按照《建设项目竣工环境保护验收技术规范　生态影响类》编制验收调查报告；已发布行业验收技术规范的建设项目，按照该行业验收技术规范编制验收监测报告。

本条明确了建设单位对验收监测报告结论负责。建设单位可以自行编制验收监测报告，不具备能力的，可以委托有能力的技术机构编制，对技术机构无资质要求。建设单位委托技术机构编制验收监测报告的，报告结论仍由建设单位负责。合同约定仅为建设单位和技术机构的自愿约定行为，无论合同如何约定，建设单位均是责任主体，对受委托的技术机构编制的验收监测报告结论负责。

第六条　需要对建设项目配套建设的环境保护设施进行调试的，建设单位应当确保调试期间污染物排放符合国家和地方有关污染物排放标准和排污许可等相关管理规定。

　　环境保护设施未与主体工程同时建成的，或者应当取得排污许可证但未取得的，建设单位不得对该建设项目环境保护设施进行调试。

　　调试期间，建设单位应当对环境保护设施运行情况和建设项目对环境的影响进行监测。验收监测应当在确保主体工程调试工况稳定、环境保护设施运行正常的情况下进行，并如实记录监测时的实际工况。国家和地方有关污染物排放标准或者行业验收技术规范对工况和生产负荷另有规定的，按其规定执行。建设单位开展验收监测活动，可根据自身条件和能力，利用自有人员、场所和设备自行监测；也可以委托其他有能力的监测机构开展监测。

本条规定了环保设施调试要求和验收监测工况要求，并对开展验收监测活动进行了规定。

本条体现了与排污许可的衔接：调试期间需确保污染物排放达标，已核发排污许可证的行业，需在产生排污行为前取得排污许可证，调试期间污染物排放也要达到排污许可证的相关要求。

本条提出了验收监测的目的和内容：验收监测需在调试期间开展，通过监测手段要说清"环境保护设施运行情况"和"建设项目对环境的影响"，监测内容应包括对环境保护设施的监测和周边环境质量的监测两部分。

本条规定了验收监测期间的工况要求：包括两方面，一是主体工程调试工况稳定，二是环境保护设施运行正常；国家和地方有关污染物排放标准或者行业验收技术规范对工况和生产负荷另有规定的，如水泥项目验收监测时，应按照水泥行业验收技术规范，在设备正常生产工况和达到设计规模 80% 以上时进行，没有相关标准和规范要求的，监测期间只需如实记录实际工况，未强制规定生产负荷要达到设计规模的 75% 或 80% 以上。

本条明确了验收监测单位的条件要求，必须具备相应的能力。建设单位自身有条件和能力开展验收监测活动的，可自行监测；也可以委托其他有能力的监测机构开展监测，受委托机构具备能力即可，无限定资质要求。

第七条 验收监测（调查）报告编制完成后，建设单位应当根据验收监测（调查）报告结论，逐一检查是否存在本办法第八条所列验收不合格的情形，提出验收意见。存在问题的，建设单位应当进行整改，整改完成后方可提出验收意见。

验收意见包括工程建设基本情况、工程变动情况、环境保护设施落实情况、环境保护设施调试效果、工程建设对环境的影响、验收结论和后续要求等内容，验收结论应当明确该建设项目环境保护设施是否验收合格。

建设项目配套建设的环境保护设施经验收合格后，其主体工程方可投入生产或者使用；未经验收或者验收不合格的，不得投入生产或者使用。

本条明确规定了提出验收意见的主体是建设单位，提出验收意见要将验收监测报告作为技术依据，根据验收监测报告结论，逐一核查是否存在验收不合格情形，在此基础上提出验收意见。存在问题的，允许整改，对整改次数没有要求，整改后再提出验收意见。第一次提出验收意见结论不合格的，需整改后重新提出验收意见，直至验收结论合格后，其主体工程方可投入生产或使用。

本条规定了验收意见的内容，至少应包括工程建设基本情况、工程变动情况、环境保护设施落实情况、环境保护设施调试效果、工程建设对环境的影响、验收结论和后续要求七项内容，验收结论必须明确是否验收合格，否则验收意见不合规。

第八条 建设项目环境保护设施存在下列情形之一的，建设单位不得提出验收合格的意见：

（一）未按环境影响报告书（表）及其审批部门审批决定要求建成环境保护设施，或者环境保护设施不能与主体工程同时投产或者使用的；

（二）污染物排放不符合国家和地方相关标准、环境影响报告书（表）及其审批部门审批决定或者重点污染物排放总量控制指标要求的；

（三）环境影响报告书（表）经批准后，该建设项目的性质、规模、地点、采用的生产工艺或者防治污染、防止生态破坏的措施发生重大变动，建设单位未重新报批环境影响报告书（表）或者环境影响报告书（表）未经批准的；

（四）建设过程中造成重大环境污染未治理完成，或者造成重大生态破坏未恢复的；

（五）纳入排污许可管理的建设项目，无证排污或者不按证排污的；

（六）分期建设、分期投入生产或者使用依法应当分期验收的建设项目，其分期建设、分期投入生产或者使用的环境保护设施防治环境污染和生态破坏的能力不能满足其相应主体工程需要的；

（七）建设单位因该建设项目违反国家和地方环境保护法律法规受到处罚，被责令改正，尚未改正完成的；

（八）验收报告的基础资料数据明显不实，内容存在重大缺项、遗漏，或者验收结论不明确、不合理的；

（九）其他环境保护法律法规规章等规定不得通过环境保护验收的。

本条明确规定了不得验收合格的九种情形，存在其中的任何一种或几种情形的，均不得验收合格。第一种是未做到"三同时"的；第二种是污染物排放超标或总量超标的；第三种是存在重大变动未履行相关手续的；第四种是重大污染或破坏未完成治理或恢复的；第五种是调试产生排污行为前未取得排污许可证的；第六种是不合规分期验收的，有些项目是分阶段建成或分期投入使用的，如果不分期验收，就可能导致前期项目的污染长期存在而得不到有效监督管理，因此，分期验收是允许的，但分期验收的条件是环境保护设施的能力必须足以满足主体工程的需要；第七种是存在问题尚未整改完成的；第八种是验收报告不规范的；第九种是其他情形。

第九条　为提高验收的有效性，在提出验收意见的过程中，建设单位可以组织成立验收工作组，采取现场检查、资料查阅、召开验收会议等方式，协助开展验收工作。验收工作组可以由设计单位、施工单位、环境影响报告书（表）编制机构、验收监测（调查）报告编制机构等单位代表以及专业技术专家等组成，代表范围和人数自定。

本条是选择性条款，给出了提出验收意见的程序和方法。建设单位可以成立也可以不成立验收工作组，可以采取现场检查、资料查阅、召开验收会议的方式也可以不采取或采取其中之一，验收工作组的组成单位和专家代表人数均由建设单位自定。无论是否成立验收工作组、是否召开验收会议、是否邀请专家，建设单位均可提出验收意见。无论何种程序和方法提出的验收意见均由建设单位负责。

第十条　建设单位在"其他需要说明的事项"中应当如实记载环境保护设施设计、施工和验收过程简况、环境影响报告书（表）及其审批部门审批决定中提出的除环境保护设施外的其他环境保护对策措施的实施情况，以及整改工作情况等。

相关地方政府或者政府部门承诺负责实施与项目建设配套的防护距离内居民搬迁、功能置换、栖息地保护等环境保护对策措施的，建设单位应当积极配合地方政府或部门在所承诺的时限内完成，并在"其他需要说明的事项"中如实记载前述环境保护对策措施的实施情况。

本条是重点变化内容，提出了一个新名词"其他需要说明的事项"，顾名思义就是在此部分把需要说明的事项说明清楚，设置此部分内容的目的：一是真正体现验收的对象是设施而非措施，二是将原本应属于政府等相关部门责任的事项从建设单位身上剥离出来，实现责任清晰划分。

本条明确了需要说明的内容包括三部分：一是大事记，说明环保设施的设计、施工和验收过程简况；二是说明除环保设施（验收对象）外的对策措施的实施情况，特别指出了相关地方政府或者政府部门承诺实施的搬迁等措施，建设单位的责任是积极配合并如实说明即可；三是存在问题进行过整改的项目，需如实说明整改工作情况。

第十一条　除按照国家需要保密的情形外，建设单位应当通过其网站或其他便于公众知晓的方式，向社会公开下列信息：

（一）建设项目配套建设的环境保护设施竣工后，公开竣工日期；

（二）对建设项目配套建设的环境保护设施进行调试前，公开调试的起止日期；

（三）验收报告编制完成后5个工作日内，公开验收报告，公示的期限不得少于20个工作日。

建设单位公开上述信息的同时，应当向所在地县级以上环境保护主管部门报送相关信息，并接受监督检查。

本条明确了验收过程中进行信息公开的要求，包括公开主体、公开渠道、时间节点、公开内容和公示时限。信息公开的主体是建设单位，渠道必须便于公众知晓，形式不限，公开网站、公共媒体等均可。要求分别在三个时间节点进行信息公开：一是竣工后（调试前），公开竣工日期；二是调试前，公开调试起止日期（需要做好计划）；三是验收报告完成后（5个工作日内），公开验收报告，包括验收监测报告、验收意见和其他需要说明的事项三部分内容，且不少于20个工作日。同时要求信息公开同时报告当地环境保护主管部门，主动接受监管。

第十二条　除需要取得排污许可证的水和大气污染防治设施外，其他环境保护设施的验收期限一般不超过3个月；需要对该类环境保护设施进行调试或者整改的，验收期限可以适当延期，但最长不超过12个月。

> 验收期限是指自建设项目环境保护设施竣工之日起至建设单位向社会公开验收报告之日止的时间。

本条规定了验收期限及其计算方法，验收期限要求一般不超过 3 个月（不含排污许可证取得所需时间，目前只核发水和大气的污染防治设施排污许可证），最长不超过 1 年，按竣工之日至公开验收报告之日的时间核算。

> 第十三条　验收报告公示期满后 5 个工作日内，建设单位应当登录全国建设项目竣工环境保护验收信息平台，填报建设项目基本信息、环境保护设施验收情况等相关信息，环境保护主管部门对上述信息予以公开。建设单位应当将验收报告以及其他档案资料存档备查。

本条规定了登录平台、填报信息和档案留存的要求。全国建设项目竣工环境保护验收信息平台是全国统一的验收信息平台，于 2017 年 12 月 1 日上线试运行，自 2019 年 3 月 14 日，网址更新为 http://114.251.10.205，由生态环境部开发和管理，仅对建设单位填报的相关信息进行记录，不做任何形式的"审查""审批"或"备案"等。该系统不提供任何形式的"备案号"，建设单位填报相关信息并提交后，由生态环境部门予以公开。建设单位可自行填报或委托相关技术单位填报相关信息，建设单位对填报信息的真实性、准确性和完整性负责，建设单位自行填报或委托填报，皆应通过建设单位账户完成，每个社会信用代码（或组织机构代码）只能申请一个账户，填报完成提交后，所有内容将不能修改。建设单位应当建立包括验收报告等在内的完整档案材料备查。

> 第十四条　纳入排污许可管理的建设项目，排污单位应当在项目产生实际污染物排放之前，按照国家排污许可有关管理规定要求，申请排污许可证，不得无证排污或不按证排污。建设项目验收报告中与污染物排放相关的主要内容应当纳入该项目验收完成当年排污许可证执行年报。

本条明确与排污许可制度的衔接，对于纳入排污许可管理的项目，验收分别在前端和后端与排污许可衔接。验收前端，调试产生排污行为之前应取得排污许可证，验收之后，应将验收报告中的相关内容纳入当年排污许可执行年报。

> 第十五条　各级环境保护主管部门应当按照《建设项目环境保护事中事后监督管理办法（试行）》等规定，通过"双随机一公开"抽查制度，强化建设项目环境保护事中事后监督管理。要充分依托建设项目竣工环境保护验收信息平台，采取随机抽取检查对象和随机选派执法检查人员的方式，同时结合重点建设项目定点检查，对建设项目环境保护设施"三同时"落实情况、竣工验收等情况进行监督性检查，监督结果向社会公开。

本条是监督检查要求，验收由行政审批改为建设单位自主验收后，事中事后监管尤为重要，环境保护部发布了加强建设项目事中事后监管的相关规定，部分地方主管部门也制定了相关规定，要求各级环境保护主管部门通过"双随机一公开"的抽查制度，强化事中事后监管。充分依托验收信息平台随机抽查结合定点检查，强化对"三同时"和验收的监督检查，并通过公开监督结果的方式，接受公众监督，提升监管效果。

第十六条　需要配套建设的环境保护设施未建成、未经验收或者经验收不合格，建设项目已投入生产或者使用的，或者在验收中弄虚作假的，或者建设单位未依法向社会公开验收报告的，县级以上环境保护主管部门应当依照《建设项目环境保护管理条例》的规定予以处罚，并将建设项目有关环境违法信息及时记入诚信档案，及时向社会公开违法者名单。

本条是对未按规定落实"三同时"和验收要求的单位的处罚条款，明确了处罚方式，并通过诚信与公开机制约束建设单位及受委托的技术机构。

第十七条　相关地方政府或者政府部门承诺负责实施的环境保护对策措施未按时完成的，环境保护主管部门可以依照法律法规和有关规定采取约谈、综合督查等方式督促相关政府或者政府部门抓紧实施。

本条是对政府承诺未按时完成的责任追究条款，明确了追究和督促方式。

第十八条　本办法自发布之日起施行。

本条明确了本办法的实施时间，于 2017 年 11 月 20 日发布之日起施行。

第十九条　本办法由环境保护部负责解释。

本条明确解释主体为生态环境部。

3 建设项目竣工环境保护验收程序和技术要求

3.1 建设项目竣工环境保护验收程序

建设单位自主验收工作程序主要包括验收监测工作和后续验收工作，其中验收监测工作可分为启动、自查、编制验收监测方案、实施监测与检查、编制验收监测报告五个阶段。具体工作程序如图 3-1 所示。

3.2 建设项目竣工环境保护验收技术要求

建设单位开展自主验收的总体要求是：编制环境影响报告书、环境影响报告表的建设项目竣工后，建设单位应当按照生态环境主管部门规定的标准和程序，对配套建设的环境保护设施进行验收，编制验收报告。建设单位在环境保护设施验收过程中，应当如实查验、监测、记载建设项目环境保护设施的建设和调试情况，不得弄虚作假。除按照国家规定需要保密的情形外，建设单位应当依法向社会公开验收报告。

按照生态环境部规定的标准和程序，要确保自主验收的责任主体不缺位、验收内容不缺项、验收标准不降低。建设单位应根据《建设项目环境保护管理条例》《建设项目竣工环境保护验收暂行办法》规定，按照建设项目竣工环境保护验收技术规范/指南要求，对照建设项目环境影响报告书（表）及审批部门审批决定，在建设项目竣工后，如实查验、监测、记载建设项目环境保护设施的建设和调试情况，编制验收监测（调查）报告，并根据验收监测（调查）报告结论，逐一检查是否存在《建设项目竣工环境保护验收暂行办法》所列验收不合格的情形，提出验收意见。存在问题的，建设单位应当进行整改，整改完成后方可提出验收意见。提出验收意见后，建设单位还需编制"其他需要说明的事项"，主要对环境影响报告书（表）及其审批部门审批决定中提出的除环境保护设施外的其他环境保护对策措施的实施情况进行说明。由验收监测（调查）报告、验收意见和"其他需要说明的事项"共同组成建设项目的验收报告，建设单位应在验收报告编制完成后公开验收报告，公示期满后，登录全国建设项目竣工环境保护验收信息平台，填报相关信息，并应将验收报告以及其他档案资料存档备查。

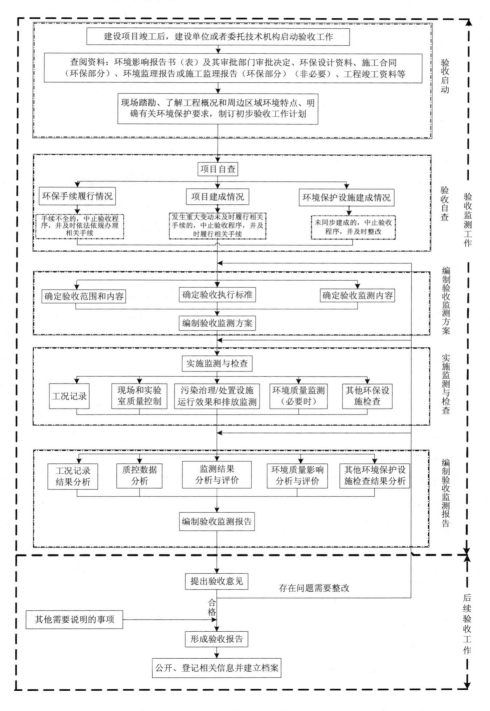

图 3-1 验收工作程序

建设单位自主验收需要注意以下十点：

1）建设项目竣工环境保护验收的对象是环境保护设施，环境保护设施的定义在一定程度上扩展了环境污染防治和生态保护设施（以下简称"设施"）、弱化了环境污染和生态保护措施（以下简称"措施"），明确了只对"设施"进行验收。

2）验收报告包括三项内容：一是验收监测（调查）报告，也就是验收技术报告，支撑验收的技术依据；二是验收意见，也就是建设单位自主验收是否合格的结论，类似于验收批文；三是其他需要说明的事项，把"措施"（如企业突发环境事件应急预案等）和一部分环评审批附带条件（如防护距离内的居民搬迁等）归入其他需要说明的事项，目的是把原本不属于企业责任的内容剔除出验收范围，让建设单位自主验收真正能够落地。

3）验收监测（调查）工作内容和技术依据，主要是如实查验、监测、记载建设项目环境保护设施的建设和调试情况。以排放污染物为主的建设项目，参照《建设项目竣工环境保护验收技术指南 污染影响类》编制验收监测报告；已发布行业验收技术规范的建设项目，按照该行业验收技术规范编制验收监测报告。

4）建设单位对验收监测报告结论负责。建设单位可以自行编制验收监测报告，不具备能力的，可以委托有能力的技术机构编制，对技术机构无资质要求。建设单位委托技术机构编制验收监测报告的，报告结论仍由建设单位负责。合同约定仅为建设单位和技术机构的自愿约定行为，无论合同如何约定，建设单位均是责任主体，对受委托的技术机构编制的验收监测报告结论负责。

5）验收与排污许可的衔接：对于纳入排污许可管理的项目，验收分别在前端和后端与排污许可衔接，验收前端，调试产生排污行为之前应取得排污许可证，调试期间污染物排放也要达到排污许可证的相关要求。验收之后，应将验收报告中的相关内容纳入当年排污许可执行年报。

6）提出验收意见的主体是建设单位，提出验收意见要将验收监测报告作为技术依据，根据验收监测报告结论，逐一核查是否存在《建设项目竣工环境保护验收暂行办法》规定验收不合格的情形，在此基础上提出验收意见。存在问题的，允许整改，对整改次数没有要求，整改后再提出验收意见。第一次提出验收意见结论不合格的，需整改后重新提出验收意见，直至验收结论合格后，其主体工程方可投入生产或使用。验收结论必须明确是否验收合格，否则验收意见不合规。

《建设项目竣工环境保护验收暂行办法》规定了不得验收合格的九种情形，存在其中的任何一种或几种情形的，均不得验收合格。

7）提出验收意见的程序和方法没有硬性规定，建设单位可以成立也可以不成立验收工作组，可以采取现场检查、资料查阅、召开验收会议的方式也可以不采取或采取其中之一，验收工作组的组成单位和专家代表人数均由建设单位自定。无论是否成立验收工作组、是否召开验收会议、是否邀请专家，建设单位均可提出验收意见。无论何种程序和方法提出的验收意见均由建设单位负责。

8）验收过程中进行信息公开的要求，包括公开主体、公开渠道、时间节点、公开内容和公示时限。信息公开的主体是建设单位，渠道必须便于公众知晓，形式不限，公开网站、公共媒体等均可。要求分别在三个时间节点进行信息公开：一是竣工后（调试前），公开竣工日期；二是调试前，公开调试起止日期（需要做好计划）；三是验收报告完成后（5 个工作日内），公开验收报告，包括验收监测报告、验收意见和其他需要说明的事项三部分内容，且不少于 20 个工作日。同时要求信息公开同时报告当地环境保护主管部门，主动接受监管。

9）验收期限及其计算方法，验收期限要求一般不超过 3 个月（不含排污许可证取得所需时间，目前只核发水和大气的污染防治设施排污许可证），最长不超过 1 年，按竣工之日至公开验收报告之日的时间核算。

10）全国建设项目竣工环境保护验收信息平台是全国统一的验收信息平台，于 2017年 12 月 1 日上线试运行，自 2019 年 3 月 14 日，网址更新为 http://114.251.10.205，由生态环境部开发和管理，仅对建设单位填报的相关信息进行记录，不做任何形式的"审查""审批"或"备案"等。该系统不提供任何形式的"备案号"，建设单位填报相关信息并提交后，由生态环境部门予以公开。建设单位可自行填报或委托相关技术单位填报相关信息，建设单位对填报信息的真实性、准确性和完整性负责，建设单位自行填报或委托填报，皆应通过建设单位账户完成，每个社会信用代码（或组织机构代码）只能申请一个账户，填报完成提交后，所有内容将不能修改。建设单位应当建立包括验收报告等在内的完整档案材料备查。

4 建设项目竣工环境保护验收效果评估技术方法

根据《生态环境部 2018 年建设项目竣工环境保护验收效果评估工作方案》及配套文件《生态环境部建设项目竣工环境保护验收效果评估指南（试行）》和《生态环境部建设项目竣工环境保护验收效果评估表（试行）》，2018 年中国环境监测总站和生态环境部环境工程评估中心开展了建设项目竣工环境保护验收效果评估工作，本章对评估工作程序、评估方法、评估内容以及评估报告的编制、评分细则进行介绍。

4.1 建设项目竣工环境保护验收效果评估的背景和地位

2015 年以来，环境保护部（现生态环境部）按照国务院的统一部署，进一步转变政府职能，落实国务院简政放权、放管结合的重大决策部署，加快环境保护工作由注重事前审批向加强事中事后监督管理的转变。为明确各级环境保护部门建设项目环境保护事中事后监督管理的责任，规范工作流程，完善监管手段，提高事中事后监管的效率和执行力，切实管好建设项目建设和生产、运行过程中的环境保护工作，不断提高建设项目环境监管能力和水平，强化建设单位履行环境保护的主体责任，增强地方政府改善环境质量的责任意识，印发了《建设项目环境保护事中事后监督管理办法（试行）》，明确了竣工环境保护验收是事中监管的重要内容之一。

《建设项目环境保护管理条例》在明确建设单位自主验收的同时，也明确了环保行政主管部门的责任，规定环保行政主管部门应对建设单位的"三同时"情况开展监督检查，将有关环境违法信息记入社会诚信档案并及时公布。《建设项目竣工环境保护验收暂行办法》进一步细化了环境保护主管部门对验收的监管责任，规定各级环境保护主管部门应当按照《建设项目环境保护事中事后监督管理办法（试行）》等的规定，通过"双随机一公开"抽查制度，强化建设项目环境保护事中事后监督管理。要充分依托全国建设项目竣工环境保护验收信息平台，采取随机抽取检查对象和随机选派执法检查人员的方式，同时结合重点建设项目定点检查，对建设项目环境保护设施"三同时"落实情况、竣工验收等情况进行监督性检查，监督结果向社会公开。

2018 年，生态环境部针对地方加强事中事后监管观念转变不到位，仍存在"重审批、轻监管""重事前、轻事中事后"现象，事中事后监管机制不落地等问题，就强化建设项目环评事中事后监管，印发了《关于强化建设项目环境影响评价事中事后监管的实施意见》（环环评〔2018〕11 号），要求加强事后监管，对环保部门要重点检查其对建设项目环境保护"三同时"监督检查情况，对建设单位要重点监督落实环评文件及批复要求，在项目设计、施工、验收、投入生产或使用中落实环境保护"三同时"及各项环境管理规定情况。要求创新监管方式，生态环境部负责组织协调全国环评事中事后监管抽查工作，地方各级生态环境部门负责本行政区的随机抽查工作，环境保护验收情况是抽查重点事项之一，还要求各级生态环境部门以环保验收系统数据库为依托，随机抽取产生抽查对象，每年抽查石油加工、化工、有色金属冶炼、水泥、造纸、平板玻璃、钢铁等重点行业建设项目数量的比例应当不低于 10%。对有严重违法违规记录、环境风险高的项目应提高抽查比例、实施靶向监管。对抽查发现的违法违规行为，要依法惩处问责。抽测情况和查处结果要及时向社会公开。要求严格查处环境保护设施未验收或验收不合格即投入生产或使用、未公开环境保护设施验收报告等违法行为。

为进一步加强建设项目竣工环境保护验收工作的监督管理，落实事中事后监管责任，生态环境部于 2018 年 5 月，组织开展了国家层面的建设项目竣工环境保护验收效果评估工作，通过开展建设项目竣工环境保护验收效果评估，分析总结建设单位自主验收现状及存在问题，提出处理措施及后续监管建议，督促建设单位依法依规开展自主验收，不断提高验收质量。同时，为各级生态环境主管部门加强建设项目环境保护"三同时"和竣工环境保护验收监督管理提供依据。

生态环境部按照行业类型或地域范围，在全国建设项目竣工环境保护验收信息平台登记的项目中随机抽取一定比例的项目进行评估。规定了抽取原则：第一批是部审批重点行业建设项目，污染影响类选取石油加工、化工、有色金属冶炼、水泥、造纸、平板玻璃、钢铁等重点行业建设项目，比例不低于 10%；生态影响类选取公路、港口码头、水利水电、煤炭、金属矿采选业等重点行业建设项目，比例不低于 10%。第二批是部审批其他行业建设项目，各行业抽取比例不低于 10%。第三批是视情况抽取各省、市、县审批的建设项目。制订了《生态环境部 2018 年建设项目竣工环境保护验收效果评估工作方案》，印发了《生态环境部建设项目竣工环境保护验收效果评估技术指南（试行）》，明确了技术评估的原则和依据，本着与自主验收采用相同的依据、客观公正、双随机的原则，开展了 48 个污染影响类和 40 个生态影响类建设项目的验收效果评估工作，为建设项目事中事后监管提供了重要的技术依据，为自主验收制度实施效果的评估提供了重要的支撑材料。

省级环境管理部门也制定了强化事中事后监管的规定，明确了对建设项目竣工环境保护验收加强抽检评估和监督检查的要求。如上海市生态环境局为加强环境保护工作，强化建设项目事中事后监督管理，依据国家有关法律法规和《上海市环境保护条例》等有关规定，印发了《上海市建设项目环境保护事中事后监督管理办法（试行）》（沪环规〔2019〕10 号），将竣工环境保护验收情况列入事后监管内容，规定了重点行业应在其正式投入生产或使用半年内开展监督性执法检查和监测，非重点行业应以每年不低于 20%的比例开展监督性执法检查和监测。存在违反竣工环境保护验收制度的，应按照国家及本市有关法律法规规定进行处罚。企业自主验收后的监督性检查与监测和验收效果评估性质类似，也是为判定是否存在违反竣工环境保护验收制度的行为提供证据和技术依据的手段。山东省生态环境厅印发了《山东省生态环境厅建设项目竣工环境保护验收效果评估工作方案（试行）》（鲁环函〔2019〕361 号），开展验收效果评估工作，为评估验收效果提供有效的技术支持，推进事中事后监管工作，明确省厅行政许可处根据实际评估报告情况，及时在山东省生态环境厅官方网站公布评估结果，对评估中发现的项目涉嫌违规行为，按程序移交有关部门依法查处。重庆市生态环境局在《关于印发〈重庆市建设项目环境影响评价文件分级审批规定（2019 年修订）〉的通知》（渝环〔2019〕121 号）中，明确要求全市生态环境保护综合行政执法机构要建立建设项目台账与日常巡查制度，落实"双随机一公开"监管。依法查处未批先建、批建不符和未验先投、久拖不验、无证排污等违反建设项目环境保护法律法规的行为。对生态环境部和重庆市生态环境局审批的建设项目，要纳入日常监管，并将监管中发现的问题及时报告重庆市生态环境局。为贯彻落实该文件要求，又印发了《关于贯彻落实〈重庆市建设项目环境影响评价文件分级审批规定（2019 年修订）〉的通知》，要求各区县生态环境局做好建设项目环境保护验收和事中事后监管，通过"双随机一公开"抽查制度，强化建设项目环境保护事中事后监督管理。采取随机抽检与重点建设项目检查相结合的方式，对建设项目环保设施"三同时"落实情况、企业自主竣工环境保护验收情况等进行监督性检查，发现不符合相关要求的，应依法依规及时处理，并定期将相关情况上报重庆市生态环境局。

随着建设项目事中事后监管的不断加强和执法工作的深入推进，2020 年 5 月 27 日，生态环境部以环办执法〔2020〕11 号文发布了《关于进一步做好建设项目环境保护"三同时"及自主验收监督检查工作的通知》，要求各省、自治区、直辖市生态环境厅（局）及新疆生产建设兵团生态环境局针对"三同时"及自主验收工作：①进一步明确地方各级生态环境部门监管责任，要求省级生态环境部门督促指导行政区域内生态环境部门做好"三同时"及自主验收监督检查工作，并于每年 12 月底前将对生态环境部审批建设项目的"三同时"及自主验收年度监督检查和处理处罚情况报送生态环境部，生态环境部将适时组织抽查。要求省级生态环境部门指导设区的市级生态环境部门切实落实属地监管责任，对行政区域内所有已取得环评批复的建设项目"三同时"及自主验收情况开展现场监督检查，严肃查处违法违规行为。②进一步规范日常监督检查方式，要求实施监督检查的生态环境部门，将"三同时"及自主验收监督检查纳入"双随机一公开"日常监管工作内容，通过制订"双随机"抽查计划、优化抽查设计、强化分类监管等措施，加强监督检查工作的计划性、科学性。定期组织力量全面梳理、认真核实行政区域内建设项目环评审批、开工建设及验收投产情况，动态调整随机抽查信息库，建立规范的检查台账。对于环境影响大、工艺复杂的建设项目，可以组织审批、监测、执法、第三方专业技术机构等共同参与监督检查工作。③进一步严肃处理违法违规行为，适时采取业务培训、案卷评查、专项稽查等方式，切实加强对行政区域内生态环境部门"三同时"及自主验收监督检查和处理处罚工作的监督和指导，督促其对"双随机"检查过程中发现的涉及建设项目"三同时"及自主验收工作程序性、实体性违法违规行为，依法依规处理处罚，并按照当地政府"双随机一公开"工作有关要求，将环境违法信息纳入社会诚信档案，及时向社会公开抽查和查处结果，接受社会监督。

验收效果评估为建设项目环境保护设施"三同时"落实和竣工环境保护验收监管提供了科学有效的技术依据，为各级生态环境主管部门对建设项目环境保护设施"三同时"落实情况和竣工环境保护自主验收情况的事中事后监管提供了抓手，同时也为上级生态环境主管部门督导下级生态环境部门监管职责落实情况提供参考，是各级生态环境主管部门实施建设项目环境监管的一项重要技术手段。

4.2 评估工作程序

建设项目竣工环境保护自主验收效果评估工作程序如图 4-1 所示。

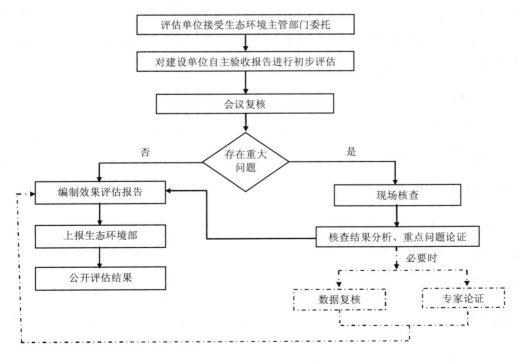

图 4-1 评估工作程序

评估单位接受生态环境主管部门的委托后，按照评估工作方案首先在全国建设项目竣工环境保护验收信息平台登记的项目中随机抽取一定比例的建设项目，然后调取其资料，如验收监测报告、验收意见、其他需要说明的事项、监测数据报告、环境影响评价报告及环评批复文件等。通过资料查阅，对建设项目进行初步评估，提出初步评估意见，经召开专家研讨会，明确初步评估意见和结论，一般项目据此编制评估报告，存在重大问题需现场复核的项目，研讨会上还要提出下一步现场核查和重点复核内容的建议。评估单位根据专家研讨会确定的现场核查项目和重点复核内容及要求，组织相关专家和评估人员开展现场核查、重点问题或异常数据等的复核工作。建设单位委托技术机构开展验收监测的，异常数据复核可溯源至其委托的技术机构。在此基础上，提出每个项目的评估意见，必要时再次召开专家研讨会，明确评估意见和结论，据此编制评估报告。最后，评估人员根据评估工作方案要求，在整理汇总、统计、分析各个项目评估意见的基础上，编写季度评估报告或年度评估总报告，并报送生态环境主管部门。生态环境主管部门向社会公布该评估结果。

4.3 评估方法

建设项目竣工环境保护验收效果评估方法主要包括资料复核、现场核查、数据分析、数据复核、专家论证等，通过对建设项目自主验收程序的合规性、验收内容的完整性、验收监测报告的准确性和验收意见的可行性等进行评估，对存在重大问题的，提出整改意见、处理措施以及后续监管建议。

4.3.1 资料复核

资料复核方法包括资料收集、文件调阅等，对项目相关的报告资料、文件资料、图件资料、环境管理资料以及其他资料进行复核。

4.3.2 现场核查

现场核查通过运用 GPS 定位、现场询问、勘查记录等手段，逐项核查、确认项目的地理位置、建成情况、环保设施及措施的实施情况等。

4.3.3 数据分析

数据分析包括理论分析、逻辑分析等手段，结合项目生产工艺、原辅材料、治理设施、处理效率等，对监测结果的合理性进行分析。

4.3.4 数据复核

评估过程中，可通过查阅监测原始记录，核查采样、样品保存、运输、实验室分析等各环节的质量保证和质量控制措施与记录，检查实验室认证及人员持证情况等方式，对数据有效性进行复核。对于理论分析和经验判断发现的可疑数据，可进行复核监测。

4.3.5 专家论证

对于疑难、敏感问题，评估单位可以根据需要组织专家进行专项论证。

4.4 评估内容

4.4.1 验收程序执行情况评估

（1）时效性

从建设项目竣工调试、公开验收报告、登录全国建设项目竣工环境保护验收信息平台填报信息等时间节点，评估建设项目自主验收时间和周期是否满足国家和地方有关规定中关于验收期限的要求。

（2）程序合规性

从编制验收监测（调查）报告、形成验收意见、形成验收报告等环节，评估自主验收程序执行的合规性。

（3）信息公开

从自主验收情况的信息公开时间节点、公开平台、公开内容等方面，评估建设项目验收信息公开工作是否满足国家和地方的有关规定，评估全国建设项目竣工环境保护验收信息平台信息填报的全面性与准确性。

4.4.2 验收内容评估

（1）验收工程内容

从项目建设地点、性质、内容、规模、工艺及流程、产品方案、原辅材料、平面布置等方面，评估工程内容的批建一致性，评估验收范围和内容确定的合理性和全面性、变动情况以及相关手续履行的合规性。

（2）环境保护设施

评估建设项目各项环境保护设施落实情况与环评文件及批复意见要求的一致性、变动情况以及相关手续履行的合规性；评估建设单位对环境保护设施的建设和调试情况是否如实查验、监测、记载；评估生态保护或恢复工程的落实情况。

（3）污染排放及其影响

从各要素和污染处理设施监测结果等方面，评估建设项目达标排放结果的可靠性。依据项目环境影响报告书（表）及其审批部门审批决定对环境质量监测的要求，评估建设单位是否在自主验收中进行了必要的环境质量监测、是否就项目对环境质量的影响进行了合理分析，项目的环境影响是否满足环境影响报告书（表）及其审批部门审批决定要求。

4.4.3　验收监测报告质量评估

（1）验收监测报告内容的完整性

根据建设项目环境影响报告书（表）及其审批部门审批决定、验收技术规范/指南要求，评估验收监测报告内容的全面完整性、报告结构的完善合理性。

（2）项目基本情况描述的真实性

从项目建设内容、环保设施等方面，评估报告中项目基本情况描述的真实性、准确性。

（3）监测内容和结果的科学性

从监测点位、因子、频次的选择，监测方法和仪器的选择，监测质量保证和质量控制措施，监测数据，监测结果表达与评价等方面综合评估监测内容的科学性和监测结果的可信度。

（4）支撑材料的有效性

从支撑材料的具体内容、是否规范等方面，评估报告所附支撑材料的有效性。

（5）报告结论及建议的科学性

评估报告给出的结论是否科学合理，评估报告提出的建议是否有针对性。

（6）术语、格式、图件、表格等的规范性

根据验收技术规范/指南和国家环境标准，评估报告中的术语、格式、图件、表格等的规范性。

4.4.4　验收意见评估

（1）验收意见的完整性

评估验收意见内容是否完整。验收意见应包括工程建设基本情况、工程变动情况、环境保护设施建设情况、环境保护设施调试运行效果、工程建设对环境的影响、验收存在的主要问题、验收结论和后续要求、验收人员信息。

（2）验收结论的可信性

评估验收意见的依据是否充分、合理，验收结论是否可信。验收结论应明确建设项目是否落实了环境影响报告书（表）及其审批部门审批决定提出的环境保护设施要求、是否符合验收条件、验收是否合格等意见。

4.4.5　其他需要说明的事项评估

评估建设单位对于验收报告中"其他需要说明的事项"内容的完整性和说明的清晰度。其他需要说明的事项应包括环保设施设计、施工和验收过程简况，公众反馈（调查）意见及处理情况，其他环境保护措施落实情况、整改工作情况三部分。评估说明的事项是否完整，对每项内容的说明内容是否清晰、翔实、可信。

4.5　评估报告编制要求和内容

4.5.1　编制要求

效果评估报告应实事求是，突出项目特点和区域环境特征，文字简洁流畅，评估项目概况和关键问题表述清楚，评估结论明确、可信。

4.5.2　框架内容

下列框架内容为参考格式，可根据项目特点、区域环境特征和生态环境主管部门的要求，选择但不限于以下内容：

一、前言

简述评估项目的由来。

二、评估依据

国家或地方相关标准、验收技术规范/指南、项目环境影响报告书（表）及其审批部门审批决定等。

三、评估项目概况

建设项目性质、建设规模、项目组成、建设地点、占地面积、工程规模、工程量、总投资及环保投资、主要建设内容等。

四、评估结果

（1）自主验收程序执行情况

明确项目自主验收时效性、程序合规性、验收监测单位和验收组技术能力、信息公开是否符合要求、信息平台填报信息是否正确等。

（2）自主验收内容

明确项目自主验收内容的完整性、验收范围确定的合理性。明确各项环境保护设施的批建一致性和有效性，明确验收监测数据的可信性。

（3）验收监测报告

明确验收监测报告的完整性和规范性，是否符合相关验收技术规范/指南的要求。

（4）验收意见

明确验收意见的完整性和可信性，验收结论的得出是否科学合理，验收意见是否符合有关管理文件和技术规范/指南要求。

（5）其他需要说明的事项

明确"其他需要说明的事项"内容的完整性和说明的清晰度，说明的事项是否完整、对每项内容的说明是否翔实、清晰。

五、评估结论及建议

（1）结论

对建设项目自主验收程序的合规性、验收内容的完整性、自主验收监测报告的编制质量、自主验收意见的可行性、"其他需要说明的事项"内容的完整性和说明的清晰度给出明确结论。

若验收意见不可行，指出验收监测报告、验收意见和项目存在的重大问题，如验收监测报告与验收技术规范/指南要求严重不符、验收监测报告存在重大质量缺陷、验收意见存在重大问题遗漏、主要环保设施或措施存在重大缺失或隐患、项目验收过程中存在弄虚作假行为等。

（2）建议

针对评估发现的主要问题，从技术角度给出项目在后续监督管理中应注意的问题或应采取的补救措施。必要时可向生态环境部提出对建设项目进行监督性监测的建议。

4.6 评分细则

对每项评估内容赋予一定量的分值，总分 100 分，根据打分结果给出项目"好""较好""一般""差""极差"的评估结论。

4.6.1 零分项目

存在以下情形之一，即判定为存在重大问题，计 0 分，不再参与项目评分统计。

（1）竣工 12 个月内未完成验收的；

（2）未按环境影响报告书（表）及其审批部门审批决定要求建成环境保护设施，或者环境保护设施不能与主体工程同时投产或者使用的；

（3）污染物排放不符合国家和地方相关标准、环境影响报告书（表）及其审批部门审批决定或者重点污染物排放总量控制指标要求的；

（4）环境影响报告书（表）经批准后，该建设项目的性质、规模、地点、采用的生产工艺或者防治污染、防止生态破坏的措施发生重大变动，建设单位未重新报批环境影响报告书（表）或者环境影响报告书（表）未经批准的；

（5）建设过程中造成重大环境污染未治理完成，或者造成重大生态破坏未恢复的；

（6）纳入排污许可管理的建设项目，无证排污或者不按证排污的；

（7）分期建设、分期投入生产或者使用依法应当分期验收的建设项目，其分期建设、分期投入生产或者使用的环境保护设施防治环境污染和生态破坏的能力不能满足其相应主体工程需要的；

（8）建设单位因该建设项目违反国家和地方环境保护法律法规受到处罚，被责令改正，尚未改正完成的；

（9）验收报告的基础资料数据明显不实，内容存在重大缺项、遗漏，验收监测（调查）报告不符合相关规范要求，或者验收结论不明确、不合理的；

（10）其他环境保护法律法规、规章等规定不得通过环境保护验收的。

4.6.2 非零分项目

对照《生态环境部竣工环境保护验收效果评估评分表》，项目总得分满分为 100 分，评估结果以"好"（总分≥90 分）、"较好"（75 分≤总分＜90 分）、"一般"（60 分≤总分＜75 分）、"差"（40 分≤总分＜60 分）、"极差"（总分＜40 分）评判分级。

五项评估内容的评分结果以"规范"（分项得分/分项满分≥80%）、"基本规范"（60%≤分项得分/分项满分＜80%）和"不规范"（分项得分/分项满分＜40%）评判分级。

5 建设项目竣工环境保护自主验收案例解析

2018 年，中国环境监测总站从全国建设项目竣工环境保护验收信息平台中随机抽取了 48 个建设项目进行验收效果评估。该 48 个建设项目均属自主验收项目，涉及 20 个省份，23 个行业；其中，环境影响报告书（表）由国家审批的占 42%，省审批的占 27%，市审批的占 25%，县审批的占 6%，验收监测报告编制承担单位有监测站、社会机构等。

根据评估结果，本章对存在的问题进行整理、归纳，并结合典型案例，分析项目基本情况，解析项目验收过程中存在的问题，针对不同问题给出相关法律法规和技术要求，为建设单位依法依规自主验收提供切实可行的技术指导，为建设项目环境管理决策提供及时有效的技术支撑。

5.1 验收程序不合规问题

5.1.1 相关规定

（1）关于环境保护设施调试期间的法律法规要求

2001 年 12 月 27 日，国家环境保护总局发布的《建设项目竣工环境保护验收管理办法》（国家环境保护总局令 第 13 号）第六条规定："建设项目的主体工程完工后，其配套建设的环境保护设施必须与主体工程同时投入生产或者运行。需要进行试生产的，其配套建设的环境保护设施必须与主体工程同时投入试运行。"第七条规定："建设项目试生产前，建设单位应向有审批权的环境保护行政主管部门提出试生产申请。对国务院环境保护行政主管部门审批环境影响报告书（表）或环境影响登记表的非核设施建设项目，由建设项目所在地省、自治区、直辖市人民政府环境保护行政主管部门负责受理其试生产申请，并将其审查决定报送国务院环境保护行政主管部门备案。"第八条规定："试生产申请经环境保护行政主管部门同意后，建设单位方可进行试生产。"

2015 年 10 月 11 日，国务院发布的《关于第一批取消 62 项中央指定地方实施行政审批事项的决定》（国发〔2015〕57 号），取消了《建设项目竣工环境保护验收管理办法》中规定的省、市、县级环境保护行政主管部门实施的建设项目试生产审批。

因此在 2015 年 10 月之前，建设项目配套建设的环境保护设施，需要向相应的环境保护行政主管部门提出试生产申请，并经过检查批准后，方可进行试运行。

2017 年 11 月 20 日，《建设项目竣工环境保护验收暂行办法》公布实施。其中，第六条规定："环境保护设施未与主体工程同时建成的，或者应当取得排污许可证但未取得的，建设单位不得对该建设项目环境保护设施进行调试。"第十四条规定："纳入排污许可管理的建设项目，排污单位应当在项目产生实际污染物排放之前，按照国家排污许可有关管理规定要求，申请排污许可证，不得无证排污或不按证排污。"

2018 年 1 月 10 日，《排污许可管理办法（试行）》（环境保护部令　第 48 号）公布实施，其中第三条规定："环境保护部依法制定并公布固定污染源排污许可分类管理名录，明确纳入排污许可管理的范围和申领时限。纳入固定污染源排污许可分类管理名录的企业事业单位和其他生产经营者（以下简称排污单位）应当按照规定的时限申请并取得排污许可证；未纳入固定污染源排污许可分类管理名录的排污单位，暂不需申请排污许可证。"第四条规定："排污单位应当依法持有排污许可证，并按照排污许可证的规定排放污染物。应当取得排污许可证而未取得的，不得排放污染物。"

2017 年 6 月 19 日，《固定污染源排污许可分类管理名录（2017 年版）》公布实施，作为《排污许可管理办法（试行）》第三条规定的配套支撑文件要求。

综上所述，在 2017 年 7 月之后，纳入《固定污染源排污许可分类管理名录（2017 年版）》管理范围的建设项目在规定时限内需取得排污许可证后，方可进行调试。目前，《固定污染源排污许可分类管理名录（2019 年版）》已发布实施。

（2）关于环境保护设施验收的法律法规要求

《建设项目环境保护管理条例》第十七条规定："编制环境影响报告书、环境影响报告表的建设项目竣工后，建设单位应当按照国务院环境保护行政主管部门规定的标准和程序，对配套建设的环境保护设施进行验收，编制验收报告。"第十九条规定："编制环境影响报告书、环境影响报告表的建设项目，其配套建设的环境保护设施经验收合格，方可投入生产或者使用；未经验收或者验收不合格的，不得投入生产或者使用。"

《建设项目竣工环境保护验收暂行办法》第五条规定："建设项目竣工后，建设单位应当如实查验、监测、记载建设项目环境保护设施的建设和调试情况，编制验收监测（调查）报告。"第七条规定："验收监测（调查）报告编制完成后，建设单位应当根据验收监测（调查）报告结论，逐一检查是否存在本办法第八条所列验收不合格的情形，提出验收意见。存在问题的，建设单位应当进行整改，整改完成后方可提出验收意见。"第十一条规定："（一）建设项目配套建设的环境保护设施竣工后，公开竣工日期；（二）对建设项目配套建设的环境保护设施进行调试前，公开调试的起止日期；（三）验收报告编制完成后 5 个工作日内，公开验收报告，公示的期限不得少于 20 个工作日。"第十二条规定："除需要取得排污许可证的水和大气污染防治设施外，其他环境保护设施的验收期限一般不超过 3 个月；需要对该类环境保护设施进行调试或者整改的，验收期限可以适当延期，但最长不超过 12 个月。验收期限是指自建设项目环境保护设施竣工之日起至建设单位向社会公开验收报告之日止的时间。"第十三条规定："验收报告公示期满后 5 个工作日内，建设单位应当登录全国建设项目竣工环境保护验收信息平台，填报建设项目基本信息、环境保护设施验收情况等相关信息，环境保护主管部门对上述信息予以公开。"

《建设项目竣工环境保护验收技术指南　污染影响类》中明确了验收工作程序，详见图 3-1。

总体来说，验收程序包括编制验收监测报告、提出验收意见、形成验收报告、公示验收报告以及登录全国建设项目竣工环境保护验收信息平台填报信息五个阶段。纳入排污许可管理的建设项目，排污单位在申请排污许可证后方可开展验收监测，其他项目在调试期内进行验收监测。验收监测报告编制完成后，建设单位应当根据验收监测报告结论，提出验收意见（可组织召开验收会），存在问题的，建设单位应当进行整改，整改完成后方可提出验收意见。提出验收意见后，企业应编制"其他需要说明的事项"，形成验收报告（验收报告包括验收监测报告、验收意见以及其他需要说明的事项）。验收报告编制完成后 5 个工作日内，企业应公开验收报告，公示的期限不得少于 20 个工作日。验收报告公示期满后 5 个工作日内，建设单位应当登录全国建设项目竣工环境保护验收信息平台填报信息。自此，验收程序结束。验收期限一般不超过 3 个月，需要对该类环境保护设施进行调试或者整改的，验收期限最长不超过 12 个月（验收期限是指自建设项目环境保护设施竣工之日起至建设单位向社会公开验收报告之日止的时间）。

5.1.2　典型案例一

（1）项目基本情况

某火电厂，建设内容为新建 2 台 25 MW 抽凝式发电机组，配套 2 台 130 t/h 高温高压煤粉锅炉。2008 年 1 月，项目编制完成环评报告并取得环评批复。2010 年，项目建成，但由于煤炭价格较高，该项目处于停产状态。2014 年 10 月，项目所处区域进入采暖期，项目在未取得试生产批复的情况下投入运行。2017 年 6 月，项目按照国家排污许可管理要求首次取得排污许可证。2018 年 1 月，项目企业委托第三方机构开展竣工环境保护验收，2018 年 3 月，竣工环境保护验收监测报告编制完成，同月，企业组织相关单位及专家召开了该项目的竣工环境保护验收会，形成验收意见，提出 5 条整改措施和建议。验收结论为：在落实验收工作组提出的整改措施和建议的前提下，符合建设项目竣工环境保护验收条件。2018 年 4 月，企业在尚未完成全部整改要求的情况下在网站进行了为期 1 个月的项目验收报告公示（公示期为 2018 年 4 月 1 日至 2018 年 4 月 30 日），公示结束后于 2018 年 5 月 26 日在全国建设项目竣工环境保护验收信息平台上填报了信息。

（2）项目存在的问题及分析

①项目 2014 年 10 月竣工投入试运行，当时，试生产审批制度尚未取消，项目应在取得试生产审批同意后方可投入生产，但项目未获得试生产批复就投入试生产运行，存在"未批先试"的问题，不满足《建设项目竣工环境保护验收管理办法》第七条、第八条"建设项目试生产前，建设单位应向有审批权的环境保护行政主管部门提出试生产申请。试生产申请经环境保护行政主管部门同意后，建设单位方可进行试生产"的要求。

②自主验收意见提出了整改要求，但企业在尚未全部完成整改工作的情况下进行了公示并在全国建设项目竣工环境保护信息平台上填报信息，结束了自验收程序，不符合《建设项目竣工环境保护验收暂行办法》以及《建设项目竣工环境保护验收技术指南 污染影响类》中规定的"存在问题的，建设单位应当整改完成后方可提出验收意见"的要求。

③企业在 2018 年 4 月 30 日结束公示，公示结束后于 2018 年 5 月 26 日在全国建设项目竣工环境保护验收信息平台上填报信息，不符合《建设项目竣工环境保护验收暂行办法》中"验收报告公示期满后 5 个工作日内，建设单位应当登录全国建设项目竣工环境保护验收信息平台填报信息"的要求。

④项目于 2010 年建设完成，2014 年调试运行，2018 年向社会公开验收报告，验收期限较长，存在"久拖不验"的问题，不满足《建设项目竣工环境保护验收暂行办法》中"验收期限最长不超过 12 个月"的要求。

5.2 重大变动问题

5.2.1 相关规定

建设项目从立项到建成投产，一般要经历 3～5 年的时间，建设过程不可避免地存在项目变动，实际建设内容与环评批复内容不一致的情况比较普遍。我国多项法律法规对项目变动进行了规定。

《环境影响评价法》第二十四条第一款规定："建设项目的环境影响评价文件经批准后，建设项目的性质、规模、地点、采用的生产工艺或者防治污染、防止生态破坏的措施发生重大变动的，建设单位应当重新报批建设项目的环境影响评价文件。"

《建设项目环境保护管理条例》第十二条规定："建设项目环境影响报告书、环境影响报告表经批准后，建设项目的性质、规模、地点、采用的生产工艺或者防治污染、防止生态破坏的措施发生重大变动的，建设单位应当重新报批建设项目环境影响报告书、环境影响报告表。"

2015 年 6 月 4 日，环境保护部下发了《关于印发环评管理中部分行业建设项目重大变动清单的通知》（环办〔2015〕52 号），提出了重大变动的界定原则，即"建设项目的性质、规模、地点、生产工艺和环境保护措施五个因素中的一项或一项以上发生重大变动，且可能导致环境影响显著变化（特别是不利环境影响加重）的，界定为重大变动。属于重大变动的应当重新报批环境影响评价文件，不属于重大变动的纳入竣工环境保护验收管理"。同时，该文件还明确了水电、水利（枢纽类和引调水工程）、火电、煤炭、油气管道、铁路、高速公路、港口、石油炼化和石油化工这九个行业建设项目的重大变动清单。此外，该文件还规定，"各省级环保部门可结合本地区实际，制定本行政区特殊行业重大变动清单，报我部备案"，赋予了省级环保部门制定本省特殊行业重大变动清单的权力。

江苏省、上海市、重庆市等地环境保护部门均发布了本省市的重大变动管理规定。2015 年 10 月 25 日，江苏省环境保护厅下发《关于加强建设项目重大变动环评管理的通知》（苏环办〔2015〕256 号），对环办〔2015〕52 号文列明重大变动清单之外的其他工业类、生态类建设项目重大变动清单进行了规定，比如"生产能力增加 30%及以上""配套的仓储设施（储存危险化学品或其他环境风险大的物品）总储存容量增加 30%及以上"等都属于重大变动。

2016 年 10 月 8 日，上海市环境保护局下发《关于发布〈上海市建设项目变更重新报批环境影响评价文件工作指南（2016 年版）〉的通知》（沪环保评〔2016〕349 号），对《上海市建设项目变更重新报批环境影响评价文件工作指南（2014 年版）》（沪环保评〔2014〕314 号）进行了更新，分辐射类项目、非辐射类项目，对环办〔2015〕52 号文列明重大变动清单之外的行业项目重大变动清单进行了规定。对于非重大变动，要求"建设方应组织有资质的环评机构对项目发生的变化情况进行环境影响分析，编制'环境影响分析报告'，优化环保措施，确保项目达到环保法规、标准以及环评批复要求"。同时规定了重大变动环评编制要求及非重大变动环境影响分析报告编制要求。

2014 年 12 月 23 日，重庆市环境保护局下发了《关于印发〈重庆市建设项目重大变动界定程序规定〉的通知》（渝环发〔2014〕65 号），规定了建设项目重大变动界定程序。同时规定下列情形原则上不界定为重大变动：项目名称、建设单位、投资金额等发生变化，但项目实际建设内容未发生变化的；项目建设内容部分发生变化，但新方案有利于环境保护，减轻了不良环境影响的。

2018 年 1 月 29 日，环境保护部下发了《关于印发制浆造纸等十四个行业建设项目重大变动清单的通知》（环办环评〔2018〕6 号），制定了制浆造纸、制药、农药、化肥（氮肥）、纺织印染、制革、制糖、电镀、钢铁、炼焦、平板玻璃、水泥、铜铅锌冶炼、铝冶炼 14 个行业建设项目重大变动清单，进一步扩充了重大变动清单的行业范围。

2019 年 12 月 23 日，生态环境部下发了《关于印发淀粉等五个行业建设项目重大变动清单的通知》，制定了淀粉、水处理、肥料制造、镁、钛冶炼共五个行业建设项目重大变动清单（试行）。

对于已列明为重大变动清单的情形，是否需要对变动可能导致的环境影响进行详细分析，以确认此变动是否可能导致环境影响显著变化，特别是不利环境影响是否加重，以此来判断是否属于重大变动的问题，环境保护部部长信箱 2017 年 5 月 8 日《关于建设项目变动的疑问的回复》中明确：已在环办〔2015〕52 号附件中列明的情形，均属于重大变动，应依照《环境影响评价法》重新编制和报批环境影响评价文件，无须单独通过确认其环境影响是否显著变化来判定是否属于重大变动。

《建设项目竣工环境保护验收暂行办法》第八条规定了九种不得通过验收的情形，其中第三种为："环境影响报告书（表）经批准后，该建设项目的性质、规模、地点、采用的生产工艺或者防治污染、防止生态破坏的措施发生重大变动，建设单位未重新报批环境影响报告书（表）或者环境影响报告书（表）未经批准的"，也就是说，建设项目发生重大变动，不得通过验收，建设单位应当重新报批环评后，方可开展验收。

5.2.2　典型案例二

尽管国家对建设项目变动有要求，但建设项目批建不符、随意变动的情况仍时有发生。近年来的验收效果评估过程中发现多个项目存在变动，甚至涉嫌存在重大变动。建设单位未能提供合理有效的变动影响分析说明，不能认定项目变动是否属于重大变动，或在依据不充分的情况下，自认为发生的变动不属于重大变动，且项目通过了自主验收。

（1）项目基本情况

某钢铁公司产业结构调整项目为在现有工艺和设备基础上进行结构优化、产业升级，淘汰、改造落后生产工艺和装备，同时新增烧结、炼铁、炼钢生产能力。

原环评部分建设内容如下：2 台 300 m^2 烧结机、2 座 2 800 m^3 高炉、2 座 200 t 顶底复吹转炉、2 座 200 t LF 精炼炉等生产设施及相应的公辅设施。实际建成内容为：2 台 360 m^2 烧结机、2 座 3 200 m^3 高炉、2 座 260 t 顶底复吹转炉、2 座 260 t LF 精炼炉等及相应的公辅、环保配套设施。

原环评部分环保设施要求如下：烧结机机头系统尾气经处理后，150 m 高空排放；烧结机尾气系统尾气经处理后，100 m 高空排放；生产废水经处理后回用。实际建成情况为：烧结机机头废气经处理后，100 m 高空排放；烧结机尾废气经处理后，60 m 高空排放；生产废水经处理后，60%回用于生产，40%直接排放。

（2）项目存在的问题及分析

根据《钢铁建设项目重大变动清单（试行）》（环办环评〔2018〕6 号文附件 9），该项目存在以下重大变动，应重新报批环评。

①规模增大。本项目烧结机、高炉、转炉等主要生产设施均扩容。对照《钢铁建设项目重大变动清单（试行）》，"烧结、炼铁、炼钢工序生产能力增加 10%及以上；球团、轧钢工序生产能力增加 30%及以上"，直接判定为重大变动。

②污染处理设施变更。本项目烧结机头废气排气筒高度较环评降低 33.3%，烧结机尾废气排气筒高度较环评降低 40%。对照《钢铁建设项目重大变动清单（试行）》，"烧结机头废气、烧结机尾废气、球团焙烧废气、高炉矿槽废气、高炉出铁场废气、转炉二次烟气、电炉烟气排气筒高度降低 10%及以上"，直接判定为重大变动。

③废水排放方式由全部回用改为部分回用、部分直接排放。环评批复要求生产废水经处理后，回用于生产，不外排。而实际建成后，本项目生产废水 60%回用于生产，40%直接排放。对照《钢铁建设项目重大变动清单（试行）》，"废水排放去向由间接排放改为直接排放"，直接判定为重大变动。

5.2.3 典型案例三

（1）项目基本情况

某纸业公司再生纸生产建设项目以外购废旧箱板纸和废报纸等废纸为原料，生产高强瓦楞纸、灰板纸等再生纸。

原环评设计主要建设内容包括：新建废纸破解车间、纸浆车间、造纸车间（灰纸板机 5600 型 1 台+瓦楞纸机 4400 型 2 台）；2 台 180 t/h 燃煤锅炉（1 用 1 备）及 1 台 15 MW 背压式余热发电机组、配套 1 台 130 t/h 固体废物锅炉及 1 台 25 MW 抽凝式汽轮发电机组；配套同步建设废纸堆场、煤堆棚、秸秆库、成品库、灰渣场、污水处理站、固体废物处理车间等公辅设施。实际建成内容包括：新建废纸破解车间、纸浆车间、造纸车间（灰纸板机 3400 型 3 台+瓦楞纸机 5600 型 1 台）；配套 1 台 130 t/h 燃煤锅炉及 1 台 15 MW 背压式余热发电机组和 1 台 25 MW 抽凝式汽轮发电机组；配套同步建设废纸堆场、煤堆棚、秸秆库、成品库、灰渣场、污水处理站、固体废物处理车间等公辅设施。

原环评对废水排放要求为：经厂区污水处理站处理后通过污水管网进入园区污水处理厂，经进一步处理达标后依托某排污口排入附近某河道，且环评批复要求"园区污水处理厂及配套管网未建成投运前，本项目不得进入试生产"。实际废水排放情况为：经厂区污水处理站处理后，通过园区管网直接排入附近某河道。

（2）项目存在的问题及分析

根据《火电建设项目重大变动清单（试行）》（环办〔2015〕52 号文附件），以及《制浆造纸建设项目重大变动清单（试行）》（环办环评〔2018〕6号附件1），该项目存在以下重大变动，应重新报批环评。

①发电机组变动。环评报告中要求建设2台180 t/h燃煤锅炉（1用1备）配套1台15 MW背压式余热发电机组，1台130 t/h固体废物锅炉配套1台25 MW抽凝式汽轮发电机组，实际建设为1台130 t/h燃煤锅炉（掺烧固体废物）配套1台15 MW背压式余热发电机组和1台25 MW抽凝式汽轮发电机组。依据《火电建设项目重大变动清单（试行）》第一条"由热电联产机组、矸石综合利用机组变为普通发电机组，或由普通发电机组变为矸石综合利用机组"的规定，项目燃煤锅炉及配套机组性质发生变动，应属重大变动。

②废水排放去向由间接排放变更为直接排放。该项目实际建成后，由于园区污水处理厂正在建设中，未投入运行。故该项目废水经本厂污水处理站处理后，经过园区管网直接排放至某河道。依据《制浆造纸建设项目重大变动清单（试行）》第六条，"废水排放去向由间接排放改为直接排放"，应属重大变动。

③存在产能增大可能。该项目灰板纸机由1台5600型变更为3台3400型，存在产能增大、污染物排放量增加的可能。该项目提供的相关变动论证报告不足以支撑界定项目是否属于重大变动，需重新论证。

5.3 批建不符问题

5.3.1 相关规定

建设单位在建设过程中，应严格执行环境影响报告书（表）及其审批部门审批决定，不得随意变更。

《环境影响评价法》第二十六条规定，"建设项目建设过程中，建设单位应当同时实施环境影响报告书、环境影响报告表以及环境影响评价文件审批部门审批意见中提出的环境保护对策措施"。

《建设项目环境保护管理条例》第十五条规定，"建设项目需要配套建设的环境保护设施，必须与主体工程同时设计、同时施工、同时投产使用"。第十七条第三款规定，"建设单位在环境保护设施验收过程中，应如实查验、监测、记载建设项目环境保护设施的建设和调试情况，不得弄虚作假"。同时，《建设项目环境保护管理条例》第二十二条、第二十三条还对未按要求建设环境保护设施所应承担的法律责任进行了明确规定。

建设单位在验收前，应全面梳理建设项目是否符合境影响报告书（表）及其审批部门审批决定。《建设项目竣工环境保护验收技术指南 污染影响类》对验收自查内容进行了详细规定，包括"环保手续履行情况、项目建设情况、环保设施建设情况"。自查发现项目变动属于重大变动且未经批准的，还应按照规定履行相关环保手续。

5.3.2 典型案例四

（1）项目基本情况

某热电有限公司一期建设项目主要建设内容为 2 台 25 MW 抽凝式发电机组，配套 2 台 130 t/h 高温高压煤粉锅炉。

（2）存在的主要问题

①灰渣利用方式变动。根据该项目环评及批复要求，项目产生的灰渣应立足于全部综合利用，当利用不畅时，灰渣及石膏运至项目租用的某公司灰场储存，厂区内不设置事故渣场。实际项目未租用某公司灰场，在厂区内设置 1 个事故渣场，灰渣及石膏全部综合利用，当利用不畅时，在厂内事故渣场储存。

②煤棚形式变动。环评要求设置"半封闭煤棚"，实际项目燃煤存放采取"煤棚+露天堆放"的形式。

③煤废水收集方式变动。环评要求煤场配套建设含煤废水收集管道、回用管道，实际项目未建设以上相关设施，废水通过地表径流进入沉煤池。

④废水贮存池变动。环评要求建设 4 座 2 500 m^3 废水贮存池，其中 1 座为事故水池，实际为新建 1 座 1 000 m^3 经常性废水贮存池和 2 座 2 000 m^3 非经常性废水贮存池，其中 1 座非经常性废水贮存池作为事故水池。

5.3.3 典型案例五

（1）项目基本情况

某船厂修船建设项目主要建设内容为修船码头及其配套的公用、环保设施。

（2）项目存在的主要问题

①废水处理方式及排放去向变动。环评批复要求建设含油废水处理设施和化学清洗废水处理设施，实际该项目含油废水、化学清洗废水直接外委处理；环评批复要求生活污水及一般性生产废水直接纳管排放，实际上由于市政污水管网未建成，该两类废水外委定期清掏，同时，建设单位无法提供各类废水排放量台账和生活污水外委合同；环评要求建设初期雨水收集池，实际该项目未建初期雨水收集池。

②水源变动。环评要求项目循环冷却水和平台冲洗水、消防水利用城市中水作为水源，目前采用城市自来水作为水源，未利用城市中水。

③供热方式变动。环评要求供热方式为市政集中供热，实际项目新建 2 台 2 t/h 的锅炉（1 用 1 备）作为热源，不使用市政集中供热。

5.4 主要环保设施未落实问题

5.4.1 相关规定

《建设项目环境保护管理条例》第十五条规定："建设项目需要配套建设的环境保护设施，必须与主体工程同时设计、同时施工、同时投产使用。"

《建设项目竣工环境保护验收暂行办法》第八条规定："建设项目环境保护设施存在下列情形之一的，建设单位不得提出验收合格的意见。（一）未按环境影响报告书（表）及其审批部门审批决定要求建成环境保护设施，或者环境保护设施不能与主体工程同时投产或者使用的……"

5.4.2 典型案例六

（1）项目基本情况

某家具生产项目，环评及批复的建设内容为：租用已建厂房，建设年产 2 万 m^2 订制家具项目，产品类型主要包括橱柜门、衣柜门、套装门以及柜体。

2017 年 12 月，该项目编制完成环境影响报告表，2018 年 1 月取得环评批复。项目于2018 年 2 月开工建设，2018 年 4 月竣工。2018 年 5 月，项目取得排污许可证。建设单位于2018 年 6 月委托第三方机构对本项目开展竣工环境保护验收监测工作，并于 2018 年 8 月编制完成竣工环境保护验收监测报告，2018 年 9 月组织召开了项目竣工环境保护验收会议，形成验收合格的意见。

（2）项目存在的问题及分析

①喷漆废气处理设施不满足要求。环评及批复要求：喷底漆废气、喷面漆废气分别经水帘漆雾捕集净化设施处理后再与烤漆废气一同进入后续的"喷淋塔+干式过滤尘器+UV光解+活性炭吸附装置"对挥发性有机物进行处理，布设 2 套"水帘漆雾捕集净化设施"装置、1 套"喷淋塔+干式过滤尘器+UV 光解+活性炭吸附装置"后，共用 1 根 15 m 高排气筒排放。实际建设情况为：企业仅建设了 1 套"喷淋塔+干式过滤尘器+UV 光解"装置，废气经该装置处置后，通过排气筒排放。实际建成的废气处理系统未建设活性炭吸附装置，存在喷漆废气处理设施未按环评及批复要求落实的问题。

②危险废物暂存不满足要求。环评及批复要求：建设危险废物暂存场 1 座，占地面积20 m^2。采取防渗、防风、防雨、防晒等措施。实际建设情况为：建设了 1 座危险废物暂存间，面积不足 10 m^2 且未采取防渗漏等措施。由于危险废物暂存场面积不能满足实际要求，无法实现危险废物分类堆存，现场堆存的漆渣等危险废物已超过暂存间的暂存能力，危险

废物暂存间外也大量堆存了废油漆桶等危险废物，存在危险废物暂存设施未按环评及批复要求落实的问题。

③废水处理设施建设不满足要求。环评及批复要求：喷漆废水及喷淋塔废水经混凝沉淀进行预处理，水幕除尘设施废水经沉淀进行预处理。经预处理后依托现有水解酸化等处理后排入市政管网。实际建设情况为：企业自建的混凝沉淀池建设不规范，采用在一个水池中手工加药混凝沉淀，现场废水处理工艺流程的环保标识牌与实际建设内容也不一致，存在废水处理设施未按环评及批复要求落实的问题。

④油漆储存间的环境风险防范措施未落实。环评及批复要求：设置油漆存储间 1 座，占地面积 10 m^2。油漆储存间应设置相应的通风、防爆、防火、灭火等安全设施，地面采用防渗措施，设置洒漏废液的收集坑等。实际建设情况为：油漆存储间的防渗漏、通风、防爆、防火、灭火等风险防范设施均未落实，存在环境风险防范措施未按环评及批复要求落实的问题。

5.4.3 典型案例七

（1）项目基本情况

某皮卡车生产项目，环评批复的建设内容为：新建冲压车间、焊装车间、涂装车间、总装车间、小件喷涂车间及车间办公室、食堂、淋雨棚、仓库、试修车间、变电所、换热站、空压站、循环水场、纯水制备等辅助工程，同时配套建设涂装车间废水预处理设施、厂区污水处理站、电泳烘干废气直接燃烧装置、涂装车间废气处理等环保设施。同时停产老厂区 SUV 生产线。项目建成后，年产 3 万辆多功能皮卡车和 3 万辆 SUV 车。

2009 年 3 月，该项目编制完成环境影响报告书，2009 年 4 月取得环评批复。项目于 2009 年 9 月开工建设，2012 年 9 月竣工。2012 年 10 月，项目获得试生产批复。建设单位于 2017 年 11 月委托第三方机构对本项目开展竣工环境保护验收监测工作，并于 2018 年 1 月编制完成竣工环境保护验收监测报告，2018 年 2 月组织召开了该项目竣工环境保护验收会议，形成验收合格的意见。

（2）项目存在的问题及分析

环评及批复要求：焊装车间采用 CO_2 保护焊和氩弧焊等工艺，购置悬挂式点焊机、固定点焊机、点焊机器人等设备 230 台套，使用 CO_2 保护焊丝 42 t/a，焊接烟尘净化方式为单机工段设集气罩，对 CO_2 气体保护焊机产生的焊接烟尘和有害气体采用焊接烟尘净化除尘器处理后的烟气由不低于 15 m 高排气筒自车间屋顶排放。

验收阶段实际情况：焊接废气并未进行集中收集处理，而是采用在车间内散排，由车间内排风系统集中由房顶排出。CO_2 保护焊作业工序中要使用到焊丝，是产生焊接烟尘较大的一种焊接工艺，且本项目原料焊丝用量较大，根据环评污染源强分析结果应该建设集中收集处理设施，但项目在焊装车间焊接工艺、设备台套数、焊丝使用量等均与环评阶段设计内容基本一致的情况下，未按环评要求建成焊接烟尘的集中收集处理设施，存在主要环保设施未落实的问题。

5.4.4 典型案例八

（1）项目基本情况

某汽车配件气门生产项目，环评及批复的建设内容为：新建联合厂房两座，其中联合厂房 1 为机械加工、氮化及电镀（包括镀铬线 7 条、镀镍线 1 条、自动氮化线 7 条）联合生产厂房，联合厂房 2 为下料、锻造、热处理联合生产厂房；配套公用辅助工程、环保工程、储运工程、综合工程等。项目建成后，电镀气门产量为 1 亿支/a。

2014 年 11 月，该项目编制完成环境影响报告书，2014 年 12 月取得环评批复。项目于 2015 年 1 月开工建设，2017 年 4 月竣工。2017 年 5 月，项目获得排污许可证。建设单位于 2018 年 3 月委托第三方机构对该项目开展竣工环境保护验收监测工作，并于 2018 年 6 月编制完成竣工环境保护验收监测报告，于 2018 年 7 月组织召开该项目竣工环境保护验收会议，形成验收合格的意见。

（2）项目存在的问题及分析

该项目所在的工业园区配套建设了污水处理厂，项目排放电镀废水，包含一类污染物重金属铬、镍，因此环评及批复要求：项目电镀废水处理达到《电镀污染物排放标准》（GB 21900—2008）表 3 标准特别排放浓度限值后，为保护××河的饮用水水源取水点水质，新建一根 3.2 km 长的专用管线，将电镀废水单独引至××河饮用水水源取水点二级保护区外的下游排放。其余生产废水和生活污水执行《污水综合排放标准》（GB 8978—1996）三级标准后，通过市政管网排入园区污水处理厂。

验收阶段实际情况：该项目电镀废水经厂区内废水处理站处理后与其他生产废水和生活污水一并通过市政管网排入园区污水处理厂，未按环评要求落实建设电镀废水专用排水管线，存在主要环保设施未落实的问题。

5.5 "以新带老"工程未落实问题

5.5.1 相关规定

《建设项目环境保护管理条例》第五条规定："改建、扩建项目和技术改造项目必须采取措施，治理与该项目有关的原有环境污染和生态破坏。"第十五条规定："建设项目需要配套建设的环境保护设施，必须与主体工程同时设计、同时施工、同时投产使用。"

《建设项目竣工环境保护验收技术指南 污染影响类》中明确：环境保护设施包含环境影响报告书（表）及其审批部门审批决定中要求采取的"以新带老"改造工程。对于有"以新带老"要求的，按环境影响报告书（表）列出"以新带老"前原有工程主要污染物排放量，并根据监测结果计算出"以新带老"后主要污染物产生量和排放量。

因此，环境保护设施验收不仅包括本项目涉及的环境保护设施，还包括环评及批复中提出的"以新带老"改造工程。同时，在进行总量计算时，除了计算本项目主要污染物的产生量和排放量外，还应计算"以新带老"后主要污染物的产生量和排放量。

5.5.2 典型案例九

（1）项目基本情况

某水泥厂，环评及批复的建设内容为：①新建一条日产 4 000 t 熟料新型干法水泥生产线并配套余热发电工程，包括石灰石均化、原料配料、生料均化粉磨、原煤均化粉磨、熟料烧成、水泥粉磨、水泥储存包装、余热锅炉、汽轮机、发电机等设施设备以及其他配套辅助工程；②"以新带老"要求在 2017 年 12 月底淘汰现有全部 JT 窑生产线。

2016 年 2 月，该项目编制完成环境影响报告书，2016 年 3 月取得环评批复。项目于 2016 年 4 月开工建设，2017 年 7 月，项目石灰石均化、原料配料、生料均化粉磨、原煤均化粉磨、熟料烧成等生产线建成，2018 年 2 月，水泥磨及包装线建成，原有 JT 窑生产线并未停产拆除。2018 年 6 月，余热锅炉、汽轮机、发电机建成。2017 年 10 月，项目开展验收监测工作，并于 2017 年 11 月编制完成竣工环境保护验收监测报告。

（2）项目存在的问题及分析

验收监测期间 JT 窑厂老生产线未全部停产，且未按照环评及批复要求在 2017 年 12 月底淘汰拆除现有全部 JT 窑生产线，存在"以新带老"措施未落实的问题。

5.5.3 典型案例十

（1）项目基本情况

某造纸企业，环评批复的建设内容为：新建一条年产 55 万 t 牛卡及瓦楞纸生产线（共线生产），设计牛卡纸生产规模 35 万 t/a、瓦楞纸生产规模 20 万 t/a。配套新建 1 座污水处理站，采取"以新带老"措施，改造现有生产线中水回用系统，增大中水回用量，实现"增产不增污"。

2017 年 6 月，该项目编制完成环境影响报告书，2017 年 7 月取得环评批复。项目于 2017 年 8 月开工建设，2019 年 3 月项目主体工程建设完工，但暂未对原有生产线中水回用系统进行改造。2019 年 4 月项目开展验收监测工作，并于 2019 年 6 月编制完成竣工环境保护验收监测报告，报告中的总量计算仅计算了本项目的污染物排放量，并未计算全厂的污染物排放量。

（2）项目存在的问题及分析

验收监测期间，原有生产线中水回用系统并未改造完成，且报告中未计算全厂的污染物排放量（即"以新带老"后污染物产生量和排放量），存在"以新带老"措施未落实的问题。

5.5.4　典型案例十一

（1）项目基本情况

某钢铁厂，环评批复的建设内容为：本项目拆除了原有轧钢分厂 70 万 t 45℃线材落后生产线及相应的线材工艺生产设备、循环水系统、生产废水净化设施等，在厂区内异地新建年产 70 万 t 轧钢车间，新建 1 套建筑钢材轧机生产线及配套系统，建设蓄热步进式加热炉 1 座、28 m 高烟囱 2 座、浊环水净化站及其他配套工程。采取"以新带老"措施，在精煤储场四周建设实体围墙隔声降噪。

该项目于 2009 年 12 月编制完成环境影响报告书，并于 2010 年 1 月获得批准书。2011 年 3 月项目开工建设，2012 年 8 月建成投产，拆除了原有轧钢分厂生产线及配套设施，在厂区内异地新建了年产 70 万 t 轧钢车间及配套设施，采取"以新带老"措施，在精煤储场南侧、东侧、西侧建设了围墙，但未在北侧设置。建设单位于 2017 年 12 月对本项目开展竣工环境保护验收工作，并于 2018 年 1 月编制完成竣工环境保护验收监测报告，于 2018 年 2 月组织召开了该项目竣工环境保护验收会议，形成验收合格的意见。

（2）项目存在的问题及分析

环评"以新带老"要求精煤储场四周建设实体围墙，但实际企业仅在南侧、东侧、西侧建设围墙，北侧未建，存在"以新带老"措施未完全落实的问题。

5.6　验收范围不正确问题

5.6.1　相关规定

《建设项目环境保护管理条例》第十七条规定编制环境影响报告书、环境影响报告表的建设项目竣工后，建设单位应当按照国务院环境保护行政主管部门规定的标准和程序，对配套建设的环境保护设施进行验收，编制验收报告。第十八条规定分期建设、分期投入生产或者使用的建设项目，其相应的环境保护设施应当分期验收。

《建设项目竣工环境保护验收技术指南　污染影响类》中明确：验收自查内容包括环保手续履行情况、项目建成情况、环境保护设施建设情况以及重大变动情况，其中项目建成情况包括对照环境影响报告书（表）及其审批部门审批决定等文件，项目建设性质、规模、地点，主要生产工艺、产品及产量、原辅材料消耗，项目主体工程、辅助工程、公用工程、储运工程和依托工程内容及规模等情况。验收监测方案编制的要求为：编制验收监测方案是根据验收自查结果，明确工程实际建设情况和环境保护设施落实情况，在此基础上确定验收工作范围、验收评价标准，明确监测期间工况记录方法，确定验收监测点位、监测因子、监测方法、监测频次等，确定其他环境保护设施验收检查内容，制订验收监测质量保证和质量控制措施的工作方案。报告编制基本要求为：验收监测报告编制应规范、全面，必须如实、客观、准确地反映建设项目对环境影响报告书（表）及审批部门审批决定要求的落实情况。

总体来说，验收过程中应首先核查项目的实际建设内容是否与环评一致，是否存在分期建设情况，明确本次验收范围，并在报告中如实描述。

5.6.2 典型案例十二

（1）项目基本情况

某水泥厂，环评设计的建设内容及规模为：①新建一条日产 4 000 t 熟料新型干法水泥生产线并配套余热发电工程，包括石灰石均化、原料配料、生料均化粉磨、原煤均化粉磨、熟料烧成、水泥粉磨、水泥储存包装、余热锅炉、汽轮机、发电机等设施设备以及其他配套辅助工程；②"以新带老"拆除现有全部 JT 窑生产线。

2016 年 2 月，该项目编制完成环评报告，2016 年 3 月取得环评批复。项目于 2016 年 4 月开工建设，2017 年 7 月，项目石灰石均化、原料配料、生料均化粉磨、原煤均化粉磨、熟料烧成等生产线建成，2018 年 2 月，水泥磨及包装线建成，原有 JT 窑生产线全线停产。2018 年 6 月，余热锅炉、汽轮机、发电机建成。2017 年 10 月，项目开展验收监测工作，并于 2017 年 11 月编制完成竣工环境保护验收监测报告。

（2）项目存在的问题及分析

项目验收监测阶段的建成内容包括石灰石均化、原料配料、生料均化粉磨、原煤均化粉磨、熟料烧成等生产线，水泥粉磨、水泥储存包装、余热锅炉、汽轮机、发电机等均未建成投产，本项目新建的水泥生产线依托原有 JT 窑生产线的水泥磨及包装线进行生产。

验收监测报告中描述的建设内容与验收监测期间企业实际建成情况并不相符，未明确本项目水泥磨、包装线及余热锅炉、汽轮机、发电机未建成，也未明确新项目仍然依托原有 JT 窑生产线的水泥磨及包装线进行生产，将原本应"以新带老"拆除的老水泥磨、包装线及暂未建成投产的余热锅炉、汽轮机、发电机纳入验收范围。项目的验收范围不正确，未按《建设项目竣工环境保护验收技术指南　污染影响类》要求进行严格自查并如实、客观、准确地反映项目建成情况。

5.6.3　典型案例十三

（1）项目基本情况

某钢铁厂，环评批复的建设内容为：本项目拆除了原有轧钢分厂 70 万 t 45℃线材落后生产线及相应的线材工艺生产设备、循环水系统、生产废水净化设施等，在厂区内异地新建年产 70 万 t 轧钢车间，新建 1 套建筑钢材轧机生产线及配套系统，建设蓄热步进式加热炉 1 座、28 m 高烟囱 2 座、浊环水净化站及其他配套工程。

本项目于 2009 年 12 月编制完成环境影响报告书，并于 2010 年 1 月获得批准书。2011 年 3 月项目开工建设，2012 年 8 月建成投产，拆除了原有轧钢分厂生产线及配套设施，在厂区内异地新建了年产 70 万 t 轧钢车间及配套设置，其中主体工程中的"P/F 线偏跨"仅建设完成生产车间，生产设备未安装。建设单位于 2017 年 12 月对本项目开展竣工环境保护验收工作，并于 2018 年 1 月编制完成竣工环境保护验收监测报告，于 2018 年 2 月组织召开了该项目竣工环境保护验收会议，形成验收合格的意见。

（2）项目存在的问题及分析

项目验收监测阶段，主体工程中的"P/F 线偏跨"仅建成生产厂房，并无生产设备，不具备生产条件，验收监测报告中未如实描述该情况，并将"P/F 线偏跨"纳入验收范围。项目的验收范围不正确，未按《建设项目竣工环境保护验收技术指南　污染影响类》要求进行严格自查并如实、客观、准确地反映项目建成情况。

5.7　主要排放口和污染因子遗漏未测问题

5.7.1　相关规定

《建设项目竣工环境保护验收技术指南　污染影响类》对验收监测内容进行了明确规定，主要包括环保设施调试运行效果监测以及环境质量影响监测，其中环保设施调试运行效果监测又分为环保设施处理效率监测以及污染物排放监测。验收监测内容具体如下：

（1）环保设施处理效率监测

①各种废水处理设施的处理效率；

②各种废气处理设施的去除效率；

③固（液）体废物处理设备的处理效率和综合利用率等；

④用于处理其他污染物的处理设施的处理效率；

⑤辐射防护设施屏蔽能力及效果。

若不具备监测条件，无法进行环保设施处理效率监测的，需在验收监测报告（表）中说明具体情况及原因。

（2）污染物排放监测

①排放到环境中的废水，以及环境影响报告书（表）及其审批部门审批决定中有回用或间接排放要求的废水；

②排放到环境中的各种废气，包括有组织排放和无组织排放；

③产生的各种有毒有害固（液）体废物，需要进行危险废物鉴别的，按照相关危险废物鉴别技术规范和标准执行；

④厂界环境噪声；

⑤环境影响报告书（表）及其审批部门审批决定、排污许可证规定的总量控制污染物的排放总量；

⑥场所辐射水平。

（3）环境质量影响监测

环境质量影响监测主要针对环境影响报告书（表）及其审批部门审批决定中关注的环境敏感保护目标的环境质量，包括地表水、地下水和海水、环境空气、声环境、土壤环境、辐射环境质量等的监测。

（4）监测因子确定原则

对于监测因子的确定原则，也做了明确规定。

①环境影响报告书（表）及其审批部门审批决定中确定的污染物；

②环境影响报告书（表）及其审批部门审批决定中未涉及，但属于实际生产可能产生的污染物；

③环境影响报告书（表）及其审批部门审批决定中未涉及，但现行相关国家或地方污染物排放标准中有规定的污染物；

④环境影响报告书（表）及其审批部门审批决定中未涉及，但现行国家总量控制规定的污染物；

⑤其他影响环境质量的污染物，如调试过程中已造成环境污染的污染物，国家或地方生态环境部门提出的、可能影响当地环境质量、需要关注的污染物等。

2019 年 3 月 21 日，生态环境部部长信箱《关于验收过程中是否进行环境质量影响监测的回复》如下：①《建设项目竣工环境保护验收技术指南 污染影响类》"5.3.2 环境质量影响监测：环境质量影响监测主要针对环境影响报告书（表）及其审批部门审批决定中关注的环境敏感保护目标的环境质量，包括地表水、地下水和海水、环境空气、声环境、土壤环境、辐射环境质量等的监测"中"关注的"，指环境影响报告书（表）及环评审批文件中明确列出的环境敏感保护目标。验收中对环境敏感保护目标环境质量进行监测，可以为确定建设项目对周边环境质量影响程度提供依据。②如环评报告中"三同时"验收表提到地下水防渗要求，且环境监测计划中有地下水监测类别的，应在验收中开展地下水监测，监测点位和因子可参照环评要求选取。

企业自主验收监测中，由于验收监测技术水平有限、对生产工艺不了解、对产排污节点分析不透彻、对污染物排放标准不清楚等原因，未严格执行项目环评报告及批复要求，出现监测内容缺项、主要污染因子遗漏未测等现象，无法说明污染物是否达标排放，从而导致验收监测报告出现重大质量问题，无法支撑验收通过的结论。

5.7.2 典型案例十四

（1）项目基本情况

某炼油扩能改造项目采用常压蒸馏—重油催化裂化—柴油加氢改质—石脑油连续重整路线，生产汽油、柴油、石脑油等清洁燃料，并副产聚丙烯、燃料油、苯、硫黄等产品。建设内容包括主体工程、储运工程、公用工程、环保工程等。

该项目废气主要包括装置工艺加热炉烟气、催化裂化再生烟气、连续重整再生烟气、硫黄回收尾气、锅炉烟气、油品装车废气、污水处理厂废气。该项目共设 17 根废气排放管道，其中各种工艺加热炉排气管道 8 根、污水处理厂废气排放管道 2 根、硫黄回收尾气焚烧炉排气管道 1 根、催化再生烟气排气管道 1 根、燃气锅炉排放管道 2 根、油气回收装置排气管道 3 根。

该项目废水主要包括酸性水、含油废水、含盐污水、生活污水等。废水处理装置包括酸性水汽提装置、综合污水处理场和污水深度处理回用系统。

（2）项目存在的问题及分析

该项目验收监测报告存在主要排放口和污染因子遗漏未测的情况，具体如下：

①废气排放口漏测。该项目共设各种废气排放管道 17 根，实际监测了 10 根，漏测 7 根。其中工艺加热炉排气管道共 8 根，实测 5 根；污水处理厂废气排放管道共 2 根，实测 1 根；硫黄回收尾气焚烧炉排气管道共 1 根，实测 1 根；催化再生烟气排气管道共 1 根，实测 1 根；燃气锅炉排放管道共 2 根，实测 1 根；油气回收装置排气管道共 3 根，实测 1 根。

②未监测环保设施处理效率。根据《建设项目竣工环境保护验收技术指南　污染影响类》的要求，验收监测的一项重要内容就是对环保设施处理效率进行监测，特别是排放标准、环评及批复有明确要求的指标。根据环评批复要求，该项目污水处理厂废气处理装置对主要恶臭因子处理效率应达到 95% 以上，但该项目未监测废气处理装置进口，无法计算处理效率。

③未开展环境质量影响监测。该项目环评及批复要求应开展环境质量影响监测，包括环境空气、地下水等。该项目未按要求开展上述监测。

④污染因子漏测。该项目废气、废水均存在漏测污染因子的现象，而这些污染因子均在环评报告中列为主要污染因子并且明确了应执行的排放标准。其中，污水处理厂废气排放管道漏测非甲烷总烃；无组织废气漏测臭气、苯、甲苯、二甲苯；废水总排口漏测五日生化需氧量、硫化物。

5.7.3 典型案例十五

（1）项目基本情况

某钢铁公司烧结系统升级改造工程项目新建 1 套 180 m² 烧结机及其配套系统，淘汰了原有的两台烧结机。该项目建设主体工程为 180 m² 烧结机系统，包括燃料破碎准备系统、配料系统、混料系统、烧结系统、主抽风系统、烧结矿破碎筛分系统、烧结矿贮存转运系统、热力系统等，同步建设相关公用工程及环保工程。附属工程为供热通风工程、给排水工程、各工段除尘系统、循环流化床半干法烟气脱硫系统、高低压配电系统、仪表自动化控制系统、消防报警系统。

（2）项目存在的问题及分析

该项目验收监测报告存在主要排放口和污染因子遗漏未测的情况，具体如下：

①厂区无组织废气点位设置错误。该项目执行《钢铁烧结、球团工业大气污染物排放标准》（GB 28662—2012），该标准表 4 规定了颗粒物无组织排放限值，同时在 5.5 规定了无组织排放的采样点位设置，即"大气污染物无组织排放的采样点设在生产厂房门窗、屋顶、气楼等排放口处，并选浓度最大值"。而该项目无组织排放监测点位设置在厂界下风向，监测点位错误。

②未监测环保设施处理效率。环评批复要求烧结烟气除尘效率应达到 99.2%，而该项目验收监测中，烧结机头未监测电除尘器进口烟尘浓度，导致无法计算烧结烟气除尘效率，且验收监测报告中未说明进口不监测的原因。

③污染因子漏测。二噁英是烧结机的重要污染物，《钢铁烧结、球团工业大气污染物排放标准》（GB 28662—2012）规定了烧结机头尾气中二噁英的排放限值，但该项目烧结机头尾气未监测二噁英。

5.8 监测频次不符合规范要求问题

5.8.1 相关规定

《建设项目竣工环境保护验收技术指南　污染影响类》对监测频次进行了详细规定，包括废水、废气、噪声、固体废物等污染源，以及环境空气、地表水、地下水、土壤、海水等环境质量。同时对于一些特殊情况，如同种类型污染源排放管道过多等也给出了抽测的原则。

（1）污染源监测

对有明显生产周期、污染物稳定排放的建设项目，污染物的采样和监测频次一般为2～3个周期，每个周期3至多次（不应少于执行标准中规定的次数）。

对无明显生产周期、污染物稳定排放、连续生产的建设项目，废气采样和监测频次一般不少于2 d，每天不少于3个样品；废水采样和监测频次一般不少于2 d，每天不少于4次；厂界噪声监测一般不少于2 d，每天不少于昼夜各1次；场所辐射监测运行和非运行两种状态下每个测点测试数据一般不少于5个；固体废物（液）采样一般不少于2 d，每天不少于3个样品，分析每天的混合样，需要进行危险废物鉴别的，按照相关危险废物鉴别技术规范和标准执行。

对污染物排放不稳定的建设项目，应适当增加采样频次，以便能够反映污染物排放的实际情况。

（2）污染源抽测原则

对型号、功能相同的多个小型环境保护设施处理效率监测和污染物排放监测，可采用随机抽测方法进行。抽测的原则为：同样设施总数大于5个且小于20个的，随机抽测设施数量比例应不小于同样设施总数量的50%；同样设施总数大于20个的，随机抽测设施数量比例应不小于同样设施总数量的30%。

（3）环境保护设施处理效率监测

对环境保护设施处理效率的监测，可选择主要因子并适当减少监测频次，但应考虑处理周期并合理选择处理前、后的采样时间，对于不稳定排放的，应关注最高浓度排放时段。

（4）环境质量监测

进行环境质量监测时，地表水和海水环境质量监测一般不少于2 d，监测频次按相关监测技术规范并结合项目排放口废水排放规律确定；地下水监测一般不少于2 d，每天不少于2次，采样方法按相关技术规范执行；环境空气质量监测一般不少于2 d，采样时间按相关标准规范执行；环境噪声监测一般不少于2 d，监测量及监测时间按相关标准规范执行；土壤环境质量监测至少布设3个采样点，每个采样点至少采集1个样品，采样点布设和样品采集方法按相关技术规范执行。

近年来，生态环境部部长信箱多次就验收监测频次相关问题进行公开回复。

2019年6月11日，生态环境部部长信箱《关于验收监测频次的回复》如下：①废气采样和监测频次一般不少于2 d，并不要求连续监测2 d，但必须确保在主体工程工况稳定、环境保护设施运行正常的情况下进行，并如实记录监测时的实际工况以及决定或影响工况的关键参数，如实记录能够反映环境保护设施运行状态的主要指标。②每天不少于3个样品，是指参与污染物排放评价的有效值样品。③对采集 3 个时均值样品的时间间隔无强制要求，对于污染物连续稳定排放的，可在连续的 3 h 内进行监测；对于间歇排放的，应在污染物排放期间监测并应捕捉污染物排放浓度最高值，以确保监测结果能准确、全面反映污染物排放和环境保护设施运行效果。

2019 年 4 月 1 日，生态环境部部长信箱《关于验收中废气监测频次问题的回复》如下：①"有明显生产周期、稳定排放的项目，每个周期采集 3 至多次"，此处的"次"是指"有效小时值"的次数。②"无明显生产周期、稳定排放的项目，每天不少于 3 个样品"，不同污染物的采样时间可以不同步。

5.8.2　典型案例十六

（1）项目基本情况

某城镇污水处理厂新建项目建设污水处理规模为 20 000 m^3/d 污水处理厂 1 座，采用生物法处理工艺，主要工程内容包括粗、细格栅间，浮链式 A/O 生化池，接触池，污泥脱水机房，鼓风机房，综合楼等及配套设施工程，同时对污水处理过程中产生的恶臭气体进行收集处理。

（2）项目存在的问题及分析

该项目验收监测报告存在监测频次不符合规范的情况，具体如下：

①厂界噪声未监测夜间噪声。该项目每天 24 h 连续运行，主要噪声源如 A/O 生化池鼓风机、恶臭处理风机等均昼夜开启。但该项目仅监测昼间噪声，未监测夜间噪声，无法判断夜间噪声是否达标。

②厂界恶臭污染物监测频次低于标准要求。该项目厂界恶臭执行《城镇污水处理厂污染物排放标准》（GB 18918—2002），该标准 4.2.3.3 条规定，"采样频次，每 2 h 采样一次，共采集 4 次，取其最大测定值"。该项目实际监测 2 d，每天 3 次，虽然满足《建设项目竣工环境保护验收技术指南　污染影响类》对废气监测的最低频次要求，但却不符合 GB 18918—2002 规定的最低频次要求。

5.8.3　典型案例十七

（1）项目基本情况

某机动车检验中心技术升级改造项目主要是对原有的机动车检测实验室进行升级改造，开展机动车相关性能检测，检测内容包括摩托车发动机综合性能及可靠性检测试验、摩托车排放检测试验、摩托车排放耐久性能检测试验、汽车排放耐久性能检测试验、汽车道路动态性能检测试验以及整车综合试验（含噪声和制动性能测试）等。该项目不涉及生产。

该项目废水主要为生活污水及车辆冲洗水（每天冲洗时间固定），其中车辆冲洗水经隔油沉砂池处理后，与生活污水合并排入市政污水管网。该项目废气主要为摩托车、汽车各种性能试验过程中排放的尾气，经收集处理后排放。该项目各种实验室共设 8 根排气筒，其中摩托车发动机试验室设 2 根排气筒、摩托车整车排放检测试验室设 2 根排气筒、摩托车耐久性试验室设 1 根排气筒、汽车发动机综合性能实验室设 2 根排气筒、汽车发动机耐久性试验室设 1 根排气筒。

（2）项目存在的问题及分析

该项目验收监测报告存在监测频次不符合规范的情况，具体如下：

①废气监测频次不符合要求。该项目共设 8 根废气排气筒，排放的主要污染物均为氮氧化物、非甲烷烃。但 8 根管道对应的 5 种型号的废气处理装置，且 5 种废气处理装置对应的排放风机也不相同。该项目废气处理装置完全相同的最多 2 台，不符合《建设项目竣工环境保护验收技术指南　污染影响类》中"型号、功能相同的多个小型环境保护设施"抽测的最低设施数量（大于 5 台），因此不能进行抽测。而该项目却对废气管道进行抽测，实际监测了其中的 4 根。

②废水监测频次不符合要求。该项目废水监测 1 d，每天上午、下午各测 1 次。该项目废水排放基本稳定，废水监测的最低频次应该为 2 d，每天 4 次。

虽然《建设项目竣工环境保护验收技术指南　污染影响类》对监测频次进行了明确规定，但实际项目验收中监测频次随意减少的情况仍时有发生。需要注意的是，《建设项目竣工环境保护验收技术指南　污染影响类》规定了验收监测的最低频次，如果项目执行的排放标准另有规定，应执行排放标准的要求。

5.9　评价标准错误问题

5.9.1　相关规定

《建设项目竣工环境保护验收技术指南　污染影响类》中分污染物排放标准、环境质量标准、环境保护设施处理效率三方面，对验收执行标准原则进行了规定。

（1）污染物排放标准

建设项目竣工环境保护验收污染物排放标准原则上执行环境影响报告书（表）及其审批部门审批决定所规定的标准。在环境影响报告书（表）审批之后发布或修订的标准对建设项目执行该标准有明确时限要求的，按新发布或修订的标准执行。特别排放限值的实施地域范围、时间，按国务院生态环境主管部门或省级人民政府规定执行。建设项目排放环境影响报告书（表）及其审批部门审批决定中未包括的污染物，执行相应的现行标准。对国家和地方标准以及环境影响报告书（表）审批决定中尚无规定的特征污染因子，可按照环境影响报告书（表）和工程《初步设计》（环保篇）等的设计指标进行参照评价。

（2）环境质量标准

建设项目竣工环境保护验收期间的环境质量评价执行现行有效的环境质量标准。

（3）环境保护设施处理效率

环境保护设施处理效率按照相关标准、规范、环境影响报告书（表）及其审批部门审批决定的相关要求进行评价，也可参照工程《初步设计》（环保篇）中的要求或设计指标进行评价。

5.9.2 典型案例十八

（1）项目基本情况

某化工股份公司新建年产40万t聚氯乙烯项目采用电石法聚氯乙烯生产工艺，建设年产40万t聚氯乙烯的生产装置及配套的公用设施、环保设施等。

该项目于2015年11月获得环评批复，批复要求项目产生的废水一部分回用于生产，无法回用的，经污水处理站处理后应达到《烧碱、聚氯乙烯工业水污染物排放标准》（GB 15581—95）中表4中三级标准后，进入市政污水管网，最终经某污水处理厂处理后排放。污水处理站废气经收集处理达到《恶臭污染物排放标准》（GB 14554—93）经18 m高排气筒排放。电石破碎单元废气、氯乙烯精馏废气、聚氯乙烯干燥废气及包装废气应达到《大气污染物综合排放标准》（GB 16297—1996）中相关标准限值后高空排放，排气筒高度应满足环评报告的要求。厂界噪声应满足《工业企业厂界环境噪声排放标准》（GB 12348—2008）中2类标准要求。

（2）项目存在的问题及分析

该项目验收监测报告存在评价标准错误的情况，具体如下：

①未执行现行有效的新标准。该项目环评批复之后，国家新出台了《烧碱、聚氯乙烯工业污染物排放标准》（GB 15581—2016）。该标准替代了环评批复的《烧碱、聚氯乙烯工业水污染物排放标准》（GB 15581—95），并新增了大气污染物排放的要求，标准明确了现有企业自2018年7月1日起执行本标准。此外，根据《建设项目竣工环境保护验收技术指南　污染影响类》规定，"在环境影响报告书（表）审批之后发布或修订的标准对建设项目执行该标准有明确时限要求的，按新发布或修订的标准执行。"该项目验收监测时间为2019年3月，故废水、工艺废气均应执行GB 15581—2016中的相关限值。而该项目验收监测报告中，废水总排口执行原环评批复的GB 15581—95，废气执行GB 16297—1996，属于执行标准错误。

②标准限值执行错误。污水处理站恶臭气体执行《恶臭污染物排放标准》（GB 14554—93）中表2标准，该排气筒高18 m，根据该标准6.1.2条规定，"凡在表2所列两种高度之间的

排气筒，采用四舍五入方法计算其排气筒的高度"，因此该项目应执行排气筒高度 20 m
对应的排放限值。而该项目氨、硫化氢均执行的 15 m 对应的排放限值，属于执行标准错误。

③噪声标准执行错误。该项目环评报告及环评批复均要求噪声达到 2 类区标准，但验
收监测报告中厂界噪声按照 3 类区进行考核，属于噪声执行标准错误。

5.9.3　典型案例十九

（1）项目基本情况

某危险废物处置工程项目建设地点为某工业园区，主要为工业园区内及本市范围的危
险废物产生企业提供危险废物固化/稳定化处理、焚烧等处理，建设内容主要包括计量系统、
焚烧系统、资源化回收系统、预处理系统、固化/稳定化系统、自动控制系统、安全填埋场
等主体工程及公用辅助工程、储运工程和环保工程。

该项目环评批复要求，废水车间排放口一类污染物应达到《污水综合排放标准》
（GB 8978—1996）表 1 标准要求后，进入全厂污水处理站。污水处理站总排口应同时满足
《污水综合排放标准》（GB 8978—1996）及园区污水处理厂进水水质要求。焚烧烟气经处
理后达到《危险废物焚烧污染控制标准》（GB 18484—2001）相关要求后，50 m 高空排放，
其中二噁英排放浓度应达到 0.1 TEQ ng/m³。车间工艺废气应达到《大气污染物综合排放
标准》（GB 16297—1996）相关标准要求后 20 m 高空排放，其中有机仓库废气排放口非甲
烷总烃浓度应不大于 50 mg/m³。厂界噪声应达到《工业企业厂界环境噪声排放标准》
（GB 12348—2008）中 3 类区要求。此外，环评批复要求该项目应加强对厂区周边环境质
量的监测，确保达到相关标准要求。

（2）项目存在的问题及分析

该项目验收监测报告存在评价标准错误的情况，具体如下：

①废水评价标准有误。环评及批复要求该项目废水总排口同时满足《污水综合排放标
准》（GB 8978—1996）中表 4 中二级标准及园区污水处理厂进水水质要求，但在验收监测
结果仅用 GB 8978—1996 标准评价，没有用园区污水处理厂进水水质要求进行评价，而且
监测结果显示，SS、氨氮未达到园区污水处理厂进水水质要求。

②未执行环评及批复标准。本项目环评报告及批复为焚烧炉排放的二噁英及有机仓库
废气排放的非甲烷总烃设定了比现行排放标准更严格的标准限值，该排放限值一经批准，
具有法律效力，建设项目必须执行。但该项目验收监测报告中，焚烧炉排放的二噁英仍用
《危险废物焚烧污染控制标准》（GB 18484—2001），有机仓库废气排放的非甲烷总烃仍用
《大气污染物综合排放标准》（GB 16297—1996），属于执行标准错误。

③环境空气标准执行错误。环评报告中明确了该项目周边环境空气应执行《环境空气
质量标准》（GB 3095—2012）二级标准，同时对于该标准中没有规定的污染因子如非甲烷

总烃等，环评报告给出了执行标准。但该项目监测报告中非甲烷总烃等未执行环评报告给出的标准。此外，该项目环境空气中总悬浮颗粒物（TSP）仅监测了的小时均值，但用 GB 3095—2012 中 TSP 的日均值标准进行评价，属于执行标准错误。

验收评价标准是衡量建设项目污染排放是否达标的尺子，在验收监测中具有至关重要的作用。而评价标准错误是企业自主验收监测中常出现的问题，包括标准选错，如应执行地方标准的，但实际执行的是国家标准；或者标准中的标准限值选择错误，如应执行二级标准，但执行的却是三级标准等。

5.10 质控缺失问题

5.10.1 相关规定

《建设项目竣工环境保护验收技术指南 污染影响类》规定，验收监测采样方法、监测分析方法、监测质量保证和质量控制要求均按照《排污单位自行监测技术指南总则》（HJ 819）执行。HJ 819 要求排污单位应建立自行监测质量管理制度，按照相关技术规范要求做好监测质量保证与质量控制。对于建设单位委托第三方机构开展监测的，建设单位不用建立监测质量体系，但应对检（监）测机构的资质进行确认。

（1）监测体系的建立

排污单位应根据本单位自行监测的工作需求，设置监测机构，梳理监测方案制定、样品采集、样品分析、监测结果出具、样品留存、相关记录保存等监测环节，为保证监测工作质量应制定的工作流程、管理措施与监督措施，建立自行监测质量体系。

质量体系应包括对以下内容的具体描述：监测机构、监测人员、监测辅助设施和实验室环境、出具监测数据所需仪器设备、监测方法技术能力验证、监测活动质量控制与质量保证等。

1）监测机构

监测机构应具有与监测任务相适应的技术人员、仪器设备和实验室环境，明确监测人员和管理人员的职责、权限和相互关系，有适当的措施和程序保证监测结果准确可靠。

2）监测人员

应配备数量充足、技术水平满足工作要求的技术人员，规范监测人员录用、培训教育和能力确认/考核等活动，建立人员档案，并对监测人员实施监督和管理，规避人员因素对监测数据正确性和可靠性的影响。

3）监测设施和环境

根据仪器使用说明书、监测方法和规范等的要求，配备必要的如除湿机、空调、干湿度温度计等辅助设施，以使监测工作场所条件得到有效控制。

4）监测仪器设备和实验试剂

应配备数量充足、技术指标符合相关监测方法要求的各类监测仪器设备、标准物质和实验试剂。

监测仪器性能应符合相应方法标准或技术规范要求，根据仪器性能实施自校准或者检定/校准、运行和维护、定期检查。

标准物质、试剂、耗材的购买和使用情况应建立台账予以记录。

5）监测方法技术能力验证

应组织监测人员按照其所承担监测指标的方法步骤开展实验活动，测试方法的检出浓度、校准（工作）曲线的相关性、精密度和准确度等指标，实验结果满足方法相应的规定以后，方可确认该人员实际操作技能满足工作需求，能够承担测试工作。

6）监测质量控制

编制监测工作质量控制计划，选择与监测活动类型和工作量相适应的质控方法，包括使用标准物质、采用空白试验、平行样测定、加标回收率测定等，定期进行质控数据分析。

7）监测质量保证

按照监测方法和技术规范的要求开展监测活动，若存在相关标准规定不明确但又影响监测数据质量的活动，可编写《作业指导书》予以明确。

编制工作流程等相关技术规定，规定任务下达和实施，分析用仪器设备购买、验收、维护和维修，监测结果的审核签发、监测结果录入发布等工作的责任人和完成时限，确保监测各环节无缝衔接。

设计记录表格，对监测过程的关键信息予以记录并存档。定期对自行监测工作开展的时效性、自行监测数据的代表性和准确性、管理部门检查结论和公众对自行监测数据的反馈等情况进行评估，识别自行监测存在的问题，及时采取纠正措施。管理部门执法监测与排污单位自行监测数据不一致的，以管理部门执法监测结果为准，作为判断污染物排放是否达标、自动监测设施是否正常运行的依据。

（2）监测方法的选择

《关于实施生态环境监测方法新标准相关问题的复函》（监测函〔2019〕4号）明确："国家环境质量标准和国家污染物排放标准中规定的生态环境监测方法标准应规范使用，若新发布的生态环境监测方法标准与指定的监测方法不同，但适用范围相同的，也可以使用。"

5.10.2 典型案例二十

（1）项目基本情况

某医药股份公司新建药品生产基地项目主要生产各种冻干粉针，其建设内容包括生产车间、质检楼以及配套的公用工程、辅助工程及环保工程等。

建设单位委托某第三方检测公司于 2018 年 6 月对该项目进行验收监测，监测内容包括废水处理站进、出口及废水总排口，锅炉废气、工艺废气、无组织废气，厂界噪声等。

（2）项目存在的问题及分析

该项目验收监测报告存在质控措施不规范的情况，具体如下：

①废气监测方法错误。该项目锅炉废气中二氧化硫、颗粒物的监测方法错误。其中，验收监测中二氧化硫使用的监测方法《固定污染源废气　二氧化硫的测定　定电位电解法》（HJ 57—2007）已废止，自 2018 年 1 月 1 日起，应使用《固定污染源废气　二氧化硫的测定　定电位电解法》（HJ 57—2017）。颗粒物使用的监测方法为《固定污染源排气中颗粒物测定与气态污染物采样方法》（GB/T 16157—1996），监测结果为 10～15 mg/m³，均小于 20 mg/m³。根据《固定污染源排气中颗粒物测定与气态污染物采样方法》（GB/T 16157—1996）修改单及《固定污染源废气低浓度颗粒物的测定重量法》（HJ 836—2017）相关规定，当固定污染源废气中颗粒物排放浓度小于 20 mg/m³，应采用 HJ 836—2017 开展监测，故该项目颗粒物监测方法错误。

②无质控措施及质控数据。该项目无验收监测的废水、废气、噪声质量控制及质量保证措施，无相关质控数据，不足以支撑监测数据的有效性。

5.10.3　典型案例二十一

（1）项目基本情况

某机械设备有限公司数控机床项目年产 3 000 台数控机床。主要生产设备有剪板机、折弯机、切割机、焊机、激光切割机等机械设备，配套建设办公室、仓库区等公用辅助工程及环保设施焊烟除尘装置。

（2）项目存在的问题及分析

建设单位委托某第三方检测公司于 2017 年 12 月对该项目进行验收监测。但该检测公司于 2017 年 11 月因超出资质认定证书规定的检验检测能力范围，擅自向社会出具具有证明作用数据及出具虚假检验检测数据等问题，被省质量技术监督局撤销资质认定证书。因此，该检测公司出具的监测报告无效，无法支撑验收监测结果达标的结论。

5.10.4　典型案例二十二

（1）项目基本情况

某工程塑料有限公司聚碳酸酯建设项目主要建设内容包括聚碳酸酯合成、造粒、各制造单元，公用工程设施、辅助生产设施及环保设施等。

建设单位委托某第三方检测公司开展验收监测，监测内容包括废水（有机废水、无机废水等）、废气（焚烧炉废气、工艺废气、厂界无组织废气等）、厂界噪声等。

（2）项目存在的问题及分析

该项目验收监测报告存在质控措施不规范的情况，具体如下：

①废水监测方法错误。该项目有机废水中化学需氧量监测方法为《高氯废水化学需氧量的测定 氯气校正法》（HJ 70—2001），该方法的适用范围为氯化物浓度小于 20 000 mg/L。而该项目有机废水中氯化物的浓度高达 40 000 mg/L，已远超 HJ 70—2 001 适用的氯化物上限，故该监测方法不适用。

②质控措施不全面，质控数据不完整。质控措施不全面，质控频次不符合要求，如废水缺少 10%平行样质控措施等。质控数据不完整，缺少监测分析方法检出限、监测仪器型号及编号等基本信息，缺少无组织排放、有组织排放采样器流量计校准记录等相关信息。

质控措施是监测数据的生命线，是数据准确性的重要保证。质控措施薄弱，数据的可靠性、可信度将大打折扣。

5.11 结果表示与数据处理及总量计算问题

5.11.1 相关规定

监测结果的表示与数据处理是建设项目竣工环境保护设施验收中重要的一个环节。结果的表示是否正确、数据处理是否合理，影响着监测数据在评价中的科学应用。结果的表示与数据的处理一般应遵循以下原则：

（1）监测结果应按要素标注正确的表示方法，如废水污染物浓度单位常用表示方法为 mg/L、μg/mL，大气污染物浓度单位常用表示方法为 mg/m^3、μg/m^3，噪声等效声级常用表示方法为 dB（A）。

（2）应按照评价标准，注意大气污染物是否需将实测浓度折算为基准氧含量排放浓度，或换算为基准排气量排放浓度；废水污染物是否需将实测浓度换算为基准排水量排放浓度。

（3）排放同一种污染物的近距离（距离小于几何高度之和）排气筒应按等效源评价。

（4）废气排放速率应使用污染物实测浓度进行计算。

（5）应按照《数值修约规则与极限数值的表示和判定》（GB/T 8170）、《环境监测质量管理技术导则》（HJ 630）等相关标准进行异常值的判断、处理及数据修约。数据有效位数应符合排放标准、方法标准及技术规范相关要求。

（6）废气污染物以单次有效评价数据进行处理设施效率计算，处理效率计算按照进出口污染物的量（排气流量×实测浓度）进行计算。

（7）废水污染物以日均值进行处理设施效率计算。若处理设施进、出口不是一一对应，需按照处理设施进出口污染物的量（水量×浓度）进行处理效率计算；当处理单元进出口水量一致时，可直接用浓度进行处理效率计算。

（8）验收监测期间生产负荷率在 75%及以上的，废气污染物年排放总量为实测浓度（mg/m^3）×排气流量（m^3/h）×年运行时间（h）；废水污染物年排放总量为日均值实测浓度（mg/L）×排水量（m^3/d）×年运行时间（d）。验收监测期间生产负荷率不足 75%的，按照《污染源源强核算技术指南》中污染源排放量核算方法核算。

（9）《建设项目环境保护管理条例》第三条规定，"建设产生污染的建设项目，必须遵守污染物排放的国家标准和地方标准；在实施重点污染物排放总量控制的区域内，还必须符合重点污染物排放总量控制的要求"。

（10）《建设项目竣工环境保护验收技术指南 污染影响类》附录 2 "验收监测报告（表）推荐格式"中 9.2.2.5 给出了污染物排放总量核算的一般要求，具体如下：

"根据各排污口的流量和监测浓度，计算本工程主要污染物排放总量，评价是否满足环境影响报告书（表）及审批部门审批决定、排污许可证规定的总量控制指标，无总量控制指标的计算后不评价，列出环境影响报告书（表）预测值即可。

对于有'以新带老'要求的，按环境影响报告书（表）列出'以新带老'前原有工程主要污染物排放量，并根据监测结果计算出'以新带老'后主要污染物产生量和排放量，涉及'区域削减'的，给出实际区域平衡替代削减量，核算项目实施后主要污染物增减量。附主要污染物排放总量核算结果表。

若项目废水接入污水处理厂的只核算出纳管量，无须核算排入外环境的总量。"

5.11.2 典型案例二十三

（1）项目基本情况

某电子科技有限公司电子线路板扩建项目主要新增双层、四层挠性印刷线路板的生产线，同时改造生产废水处理站和生活污水处理站，调整部分储运设施的布置，增加纯水制备系统等公用设施，同时配套建设废气治理系统等设施。

（2）项目存在的问题及分析

该项目存在总量计算错误，具体如下：

①全厂氮氧化物总量计算错误。环评批复要求该项目建成后全厂氮氧化物排放总量指标为 3.47 t/a，其中包括该项目建设前原有项目排放量 2.01 t/a，环评预测该项目排放量 1.46 t/a。验收期间，根据监测结果计算出本项目氮氧化物排放量为 1.87 t/a，该项目验收报告以 1.87 t/a 作为全厂氮氧化物排放量，得出本项目废气氮氧化物排放总量达标的结论。事实上，正确的全厂氮氧化物排放总量应为原有项目排放量与本项目实际排放量之和，即 3.88 t/a，超过环评批复许可值。

②废水污染物排放总量计算方式错误。本项目废水总排口各污染物监测 2 d，每天 4 次，共采 8 个样品。该项目在废水污染物总量计算时，取 8 次结果中的最低浓度，用来计算废水污染物排放总量，计算方式错误，总量计算结果偏低。正确的计算方式应该取监测期间污染物的平均排放浓度。

5.11.3　典型案例二十四

（1）项目基本情况

某电池有限公司年产 91 200 万 A·h 锂离子电池建设项目，主要建设圆柱形锂离子电芯生产线、方形锂离子电芯生产线、锂离子电芯老化和筛查生产线、蒸汽锅炉 6 台、导热油炉 6 台、轮转式 NMP 回收系统 7 套等。项目于 2019 年 10 月 2 日开展现场验收监测，生产负荷为 80%。验收报告表明：验收期间外排废水监测 4 次，COD_{Cr} 监测结果分别为 35 mg/m³、49 mg/L、40 mg/L、38 mg/L，日均值为 40.5 mg/L，排水量为 700 m³/d，年运行时间为 300 d，年排放量计算为 35×700×300=7.35 t/a。

（2）项目存在的问题及分析

① COD_{Cr} 属于废水污染物，其浓度表示方法应为 mg/L，报告中 35 mg/m³ 表示方法错误。

②《水质　化学需氧量的测定　重铬酸盐法》（HJ 828—2017）要求："当 COD_{Cr} 测定结果小于 100 mg/L 时保留至整数位；当测定结果大于或等于 100 mg/L 时，保留三位有效数字。"报告中日均值 40.5 mg/L 表示错误，应为 40 mg/L。

③废水污染物年排放总量为日均值实测浓度（mg/L）×排水量（m³/d）×年运行时间。

④报告中用 35 mg/L 进行总量计算错误，应用 40 mg/L 进行计算。

5.11.4　典型案例二十五

（1）项目基本情况

某电子科技有限公司扩建项目，其环评报告表明，现有工程有组织污染源包括工艺废气和锅炉废气，全厂现有工程氮氧化物排放总量为 2.563 t/a。扩建工程中新增氮氧化物污染源仅为工艺废气，其环评预估值为 0.063。扩建工程建成后全厂氮氧化物排放总量预估为 2.626 t/a。该项目审批决定中要求，"扩建工程建成后，全厂氮氧化物排放总量指标为 2.62 t/a"。该项目在扩建工程验收期间对现有工程锅炉废气和扩建工程工艺废气进行了监测，其中现有工程锅炉废气氮氧化物年排放量核算为 2.33 t/a，扩建工程工艺废气氮氧化物排放量核算为 0.082 t/a，超过了环评预估值，全厂氮氧化物总量核算为 2.33+0.082=2.412 t/a。

（2）项目存在的问题及分析

该项目全厂氮氧化物总量核算错误，缺少现有工程工艺废气氮氧化物的年排放量，实际全厂氮氧化物总量应采用环评报告中现有工程氮氧化物排放量与扩建工程氮氧化物排放量相加得出，即为2.563+0.082=2.645 t/a。

5.11.5　典型案例二十六

（1）项目基本情况

某公司年产100万t电解铝项目，于2019年9月10日进行验收监测，期间COD_{Cr}实测排放浓度日均值为40 mg/L，铝产量为1 000 t/d，排水量为2 000 m³/d，结论采用40 mg/L进行评价。

（2）项目存在的问题及分析

《铝工业污染物排放标准》（GB 25465—2010）要求，单位产品实际排水量超过单位产品基准排水量时应将实测水污染物浓度换算为水污染物基准排水量排放浓度，并以水污染物基准排水量排放浓度作为判定排放是否达标的依据。由标准可知，电解铝厂单位产品基准排水量为1.5 m³/t铝，当天基准排水量应为1 000×1.5=1 500 m³，该项目实际排水量为2 000 m³/d，因此应将实测水污染物浓度（40 mg/L）换算为水污染物基准排水量排放浓度，而不应直接作为判定排放是否达标的依据。

5.12　验收监测报告其他常见问题

5.12.1　相关要求

验收监测报告是依据相关管理规定和技术要求，对监测数据和检查结果进行分析、评价得出结论的技术文件，是建设项目竣工环境保护设施验收报告中的主要组成部分。验收监测报告的编制应符合相应技术规范的要求，且表述全面、真实。

《建设项目竣工环境保护验收暂行办法》第四条规定建设单位是建设项目竣工环境保护验收的责任主体，应当按照本办法规定的程序和标准，组织对配套建设的环境保护设施进行验收，编制验收报告，公开相关信息，接受社会监督，确保建设项目需要配套建设的环境保护设施与主体工程同时投产或者使用，并对验收内容、结论和所公开信息的真实性、准确性和完整性负责，不得在验收过程中弄虚作假。

《建设项目竣工环境保护验收技术指南　污染影响类》要求，"验收监测报告内容应包括但不限于以下内容：建设项目概况、验收依据、项目建设情况、环境保护设施、环境影响报告书（表）主要结论与建议及审批部门审批决定、验收执行标准、验收监测内容、质量保证和质量控制、验收监测结果、验收监测结论、建设项目环境保护'三同时'竣工验收登记表等。编制环境影响报告书的建设项目应编制建设项目竣工环境保护验收监测报告，编制环境影响报告表的建设项目可视情况自行决定编制建设项目竣工环境保护验收监测报告书或表"。

5.12.2　典型案例二十七

（1）项目基本情况

某火电厂项目建设 3×85 MW（120 t/h）热水锅炉，配套建设热网工程（管网、换热站）、辅助工程（煤场、物料储存、燃煤运输、灰渣运输）、公用工程（给排水、供热、供电）、环保治理设施等。编制的验收监测报告中只有项目概况、验收监测内容、监测结果和监测结论。

（2）项目存在的问题及分析

验收监测报告的编制应符合相关技术规范的要求，《建设项目竣工环境保护验收技术指南　污染影响类》《建设项目竣工环境保护验收技术规范　火力发电厂》（HJ/T 255—2006）中均明确规定了验收监测报告章节内容，该项目项目建设情况、环境保护设施、环境影响报告书（表）主要结论与建议及审批部门审批决定、验收执行标准、监测期间工况、质量保证和质量控制、建设项目环境保护"三同时"竣工验收登记表等均未表述，章节内容缺失严重。

5.12.3　典型案例二十八

（1）项目基本情况

某公司试剂氨水车间项目主要建设内容为新建设 1 条年产 $1.8×10^4$ t 的试剂级氨水生产线，主要利用纯水对外购氨水进行稀释。其环评审批决定要求"厂区须设置事故池，废水、雨排口设置切断回流装置，避免发生环境污染事故"。验收监测报告对此项审批决定的落实情况表述为"生产装置区建有围堰；污水处理站地下新建储存能力为 1 300 m^3 事故池"。

（2）项目存在的问题及分析

验收监测报告中应对照项目审批决定的要求进行逐一说明，内容不可缺项。该项目中未对废水、雨排口设置切断回流装置进行调查描述。

5.12.4　典型案例二十九

（1）项目基本情况

某汽车公司年产 6 万辆皮卡项目主要建设内容主要包括新建冲压车间、焊装车间、涂装车间、总装车间、小件喷涂车间及车间办公室、食堂、淋雨棚、仓库、试修车间等辅助工程，同时配套建设涂装车间废水预处理设施、厂区污水处理站、电泳烘干废气直接燃烧装置、涂装车间废气处理等环保设施。项目环境影响报告书表明喷漆工段的漆雾收集系统产生含油漆滤棉、活性炭，机加设备更换的废油等危险废物，而验收报告中无该部分危险废物产生量、处置方式的相关内容。

（2）项目存在的问题及分析

危险废物的产生及处置是验收监测报告中不可缺少的内容，应对环境影响报告书中预测的危险废物种类、数量、来源、处置措施等进行实际情况核实，并予以准确表述。

5.12.5　典型案例三十

（1）项目基本情况

某水泥厂新建 1 条日产 5 500 t 熟料的新型干法水泥生产线并配套余热发电工程，包括石灰石均化、原料配料、生料均化粉磨、原煤均化粉磨、熟料烧成、水泥粉磨、水泥储存包装、余热锅炉、汽轮机、发电机等设施设备以及其他配套辅助工程。项目验收监测报告生产设备一览表中描述水泥磨、煤磨运行时间为 22 h、24 h，而验收监测结果中描述水泥磨、煤磨运行时间均为 10 h。

（2）项目存在的问题及分析

验收监测报告内容应与实际相符，且前后文字表述应一致。该项目生产设施的运行时间前后明显表述不一致。

5.12.6　典型案例三十一

（1）项目基本情况

某污水处理厂 10 000 m³/d 项目，主要建设进水井、粗格栅及进水泵房、细格栅及旋流除砂池、调节池及事故池、反应混合絮凝池、A²/O 池、二沉池、紫外线消毒池、出水分析室、污泥脱水机房及加药间、配电间及机修间、综合办公楼、门卫等。项目主要处理工业园区企业废水。其验收监测报告表明项目污泥中不含重金属，而监测报告附件《污泥检测报告》中显示项目污泥中有铜、钴、镍等重金属检出。

（2）项目存在的问题及分析

项目进行验收时，应根据初步设计文件、环评文件等资料对实际运行情况进行详细调查，并在监测报告中如实表述。本项目未核实项目实际处理水质中是否含有重金属，进而导致监测报告中表述与实际不符，且正文内容与支持材料内容矛盾。

5.12.7 典型案例三十二

（1）项目基本情况

某焦化厂年产 100 万 t 焦化项目主要建设内容为 2 座 42 孔高 7 m 焦炉，配套建设破碎、转运、装煤推焦、筛焦、熄焦塔、冷鼓、库区焦油及各类苯储槽洗净塔等。验收监测报告表明 2# 干熄焦地面除尘站排气筒高度为 20 m，经现场核实，实际排气筒高度为 15 m。

（2）项目存在的问题及分析

项目进行验收时，应根据初步设计文件、环评文件等资料对实际运行情况进行详细调查，并在监测报告中如实表述。该项目未对排气筒高度进行实际测量核实，导致监测报告中表述与实际不符。

5.12.8 典型案例三十三

（1）项目基本情况

某公司年产 300 万 t 氧化铝项目，建有原料车间、焙烧车间，包括常压脱硅、高压泵房及溶出车间、赤泥沉降、分解分级、成品过滤、焙烧、氧化铝堆栈及贮仓等，配套建设煤气车间、给水泵房、空压站、中心化验室等辅助设施。其验收监测报告前言章节中监测日期为 2018 年 6 月 25—28 日，监测结果章节中监测日期为 2018 年 7 月 23 日、7 月 26 日。

（2）项目存在的问题及分析

验收报告中监测日期应与实际相符，报告中前后表述应一致。

5.12.9 典型案例三十四

（1）项目基本情况

某电子公司年产 40 万 m² 挠性电子线路板（FPC）扩建项目改造生产废水处理站和生活污水处理站，调整药液罐区布置，增加建设危险废物暂存场所、纯水制备系统、配套的废气治理系统等设施。其"三同时"验收登记表中仅填写扩建工程废气污染物排放量，未填写废气污染物排放浓度等内容；验收报告中化学需氧量排放量为 864 t/a，在"三同时"登记表中填写为 462 t/a。

（2）项目存在的问题及分析

"三同时"验收登记表是验收监测报告的重要组成部分，其填写应准确、全面。现有工程和扩建工程的污染物排放浓度、产生量、排放量、消减量均应正确填写。若项目存在"区域替代""以新带老"等工程，其相应消减量也应正确填写。

5.12.10　典型案例三十五

（1）项目基本情况

某污水处理厂二期 4 000 m³/d 项目，主要建设进水井、粗格栅及进水泵房、细格栅及旋流除砂池、调节池及事故池、反应混合絮凝池、A²/O 池、二沉池、紫外线消毒池、出水分析室、污泥脱水机房及加药间、配电间及机修间、综合办公楼、门卫等。验收监测报告中厂区平面示意图表明污水处理站好氧池在厂区东侧，经核查好氧池实际在厂区南侧，厂界噪声监测点位使用"★"符号标注，无现场监测照片。

（2）项目存在的问题及分析

验收监测报告是对项目实际建设情况的表述，而该项目表述的好氧池建设位置与实际情况不符。报告中所用图表和符号等应规范、清晰、明了，技术规范要求厂界噪声监测点位应以"▲"符号标注。在报告中厂区平面示意图还应标注项目与周边关系，水量平衡图、废水处理工艺流程图等各类图件也应表述清晰，应给出监测点位及环境保护设施和现场监测等的相关照片。

5.13　信息公开常见问题

5.13.1　相关要求

在环境问题上，公众享有知情权、监督权和参与权。

《环境保护法》第五十三条规定公民、法人和其他组织依法享有获取环境信息、参与和监督环境保护的权利。第五十五条规定重点排污单位应当如实向社会公开其主要污染物的名称、排放方式、排放浓度和总量、超标排放情况，以及防治污染设施的建设和运行情况，接受社会监督。第六十二条规定违反本法规定，重点排污单位不公开或者不如实公开环境信息的，由县级以上地方人民政府环境保护主管部门责令公开，处以罚款，并予以公告。

《企业事业单位环境信息公开办法》第三条规定企业事业单位应当按照强制公开和自愿公开相结合的原则，及时、如实地公开其环境信息。第九条规定了重点排污单位应当公开的信息内容。第十条规定重点排污单位应当通过其网站、企业事业单位环境信息公开平台或者当地报刊等便于公众知晓的方式公开环境信息，同时可以采取以下一种或者几种方式予以公开：①公告或者公开发行的信息专刊；②广播、电视等新闻媒体；③信息公开服务、监督热线电话；④本单位的资料索取点、信息公开栏、信息亭、电子屏幕、电子触摸屏等场所或者设施；⑤其他便于公众及时、准确获得信息的方式。第十六条规定重点排污单位违反本办法规定，有下列行为之一的，由县级以上环境保护主管部门根据《环境保护法》的规定责令公开，处三万元以下罚款，并予以公告：①不公开或者不按照本办法第九条规定的内容公开环境信息的；②不按照本办法第十条规定的方式公开环境信息的；③不按照本办法第十一条规定的时限公开环境信息的；④公开内容不真实、弄虚作假的。法律、法规另有规定的，从其规定。

《建设项目竣工环境保护验收暂行办法》第四条规定建设单位是建设项目竣工环境保护验收的责任主体，应当按照本办法规定的程序和标准，公开相关信息，接受社会监督，并对所公开信息的真实性、准确性和完整性负责，不得在验收过程中弄虚作假。第十一条规定除按照国家需要保密的情形外，建设单位应当通过其网站或其他便于公众知晓的方式，向社会公开下列信息：①建设项目配套建设的环境保护设施竣工后，公开竣工日期；②对建设项目配套建设的环境保护设施进行调试前，公开调试的起止日期；③验收报告编制完成后5个工作日内，公开验收报告，公示的期限不得少于20个工作日。第十三条规定验收报告公示期满后5个工作日内，建设单位应当登录全国建设项目竣工环境保护验收信息平台，填报建设项目基本信息、环境保护设施验收情况等相关信息，环境保护主管部门对上述信息予以公开。

5.13.2　典型案例三十六

（1）项目基本情况

某造纸项目环境保护设施于2018年6月6日竣工，计划于2018年7月7日—17日进行调试，其竣工和调试时间均未公开。项目验收报告完成时间为2018年8月12日，2018年8月15日组织召开验收会，形成验收意见，2018年8月20日完成验收报告，2018年9月20日进行了网站公示。公示时间为2018年9月20日—10月2日。

（2）项目存在的问题及分析

该项目信息公开内容、公开时间及期限不符合要求。《建设项目竣工环境保护验收暂行办法》第十一条明确规定建设项目配套建设的环境保护设施竣工后，公开竣工日期；对建设项目配套建设的环境保护设施进行调试前，公开调试的起止日期。项目验收报告完成到公示结束，时间较短，不符合第十一条规定的"验收报告编制完成后5个工作日内，公开验收报告，公示的期限不得少于20个工作日"的要求。

5.13.3　典型案例三十七

（1）项目基本情况

A企业项目验收结束后采取互联网公开的方式，公开了其项目验收报告，但需付费后才可浏览；B企业项目验收报告公示网站无法打开相关内容；C企业项目验收报告等信息在企业内公示板公示。

（2）项目存在的问题及分析

以上三种信息公开的方式均不便于公众知晓。不符合《建设项目竣工环境保护验收暂行办法》第十一条规定，即除按照国家需要保密的情形外，建设单位应当通过其网站或其他便于公众知晓的方式，向社会公开信息。

5.13.4 典型案例三十八

（1）项目基本情况

某建设项目只公开了验收监测报告，未公开"其他需要说明的事项"和验收意见。

（2）项目存在的问题及分析

根据《建设项目竣工环境保护验收暂行办法》规定，验收报告包括验收监测报告、"其他需要说明的事项"和验收意见。建设单位对项目进行信息公开时，三者应一并公开，缺一不可。

5.13.5 典型案例三十九

（1）项目基本情况

某建设项目于 2019 年 5 月 20 日完成验收报告，但未通过任何渠道公开相关信息。

（2）项目存在的问题及分析

建设项目验收报告完成后应及时公开，该项目不符合《建设项目竣工环境保护验收暂行办法》第十一条规定的"验收报告编制完成后 5 个工作日内，公开验收报告，公示的期限不得少于 20 个工作日"的要求。

5.13.6 典型案例四十

（1）项目基本情况

某焦化厂项目于 2017 年 5 月 12 日由市环境保护局作出审批决定，2017 年 9 月 20 日竣工，2019 年 2 月 21 日完成验收报告，2019 年 2 月 21 日—3 月 21 日公开了验收报告，2019 年 4 月 17 日在全国建设项目竣工环境保护信息系统上填报信息。其审批单位填写为"生态环境部"，审批决定时间填写为 2017 年 5 月 30 日，实际建成时间填写为 2017 年 10 月 1 日。未填写竣工时间、调试时间、验收监测工况内容。审批决定中要求"建设 2 座 65 孔 5.5 m 捣固焦炉、2 台 3 机 3 流异型坯连铸机和 2 台 4 机 4 流方坯连铸机"，实际建设"2 座 65 孔 4.3 m 顶装焦炉和 4 台 7 机 7 流方坯连铸机"，此变动情况在系统中未填写。

（2）项目存在的问题及分析

按照《建设项目竣工环境保护验收暂行办法》第十三条规定，要求验收报告公示期满后 5 个工作日内，建设单位应当登录全国建设项目竣工环境保护验收信息平台，填报建设项目基本信息、环境保护设施验收情况等相关信息。信息的填报，应及时、全面、准确。该项目验收报告公示期满后近 20 个工作日才登陆全国建设项目竣工环境保护信息系统上填报信息，填报不及时，填报的信息不全面、不准确。

5.13.7　典型案例四十一

（1）项目基本情况

某项目于 2018 年 3 月 1 日组织召开验收会，专家提出部分整改意见，建设单位在未完成整改、未形成最终验收意见的情况下，于 2018 年 3 月 5 日进行了网站公示。

（2）项目存在的问题及分析

建设单位在未完成整改情况下公开了不完整的验收报告，公众对项目的最终实际情况无法知晓。

5.14　验收意见编写常见问题

5.14.1　相关要求

验收意见是验收报告的重要组成部分之一，是对项目建设运行和环保设施运行情况的概括和总结，是建设项目是否可以投产的重要依据。

《建设项目竣工环境保护验收暂行办法》第七条规定，验收监测（调查）报告编制完成后，建设单位应当根据验收监测（调查）报告结论，逐一检查是否存在本办法第八条所列验收不合格的情形，提出验收意见。存在问题的，建设单位应当进行整改，整改完成后方可提出验收意见。

验收意见包括工程建设基本情况、工程变动情况、环境保护设施落实情况、环境保护设施调试效果、工程建设对环境的影响、验收结论和后续要求等内容，验收结论应当明确该建设项目环境保护设施是否验收合格。

第八条规定建设项目环境保护设施存在下列情形之一的，建设单位不得提出验收合格的意见：①未按环境影响报告书（表）及其审批部门审批决定要求建成环境保护设施，或者环境保护设施不能与主体工程同时投产或者使用的；②污染物排放不符合国家和地方相关标准、环境影响报告书（表）及其审批部门审批决定或者重点污染物排放总量控制指标要求的；③环境影响报告书（表）经批准后，该建设项目的性质、规模、地点、采用的生产工艺或者防治污染、防止生态破坏的措施发生重大变动，建设单位未重新报批环境影响报告书（表）或者环境影响报告书（表）未经批准的；④建设过程中造成重大环境污染未治理完成，或者造成重大生态破坏未恢复的；⑤纳入排污许可管理的建设项目，无证排污或者不按证排污的；⑥分期建设、分期投入生产或者使用依法应当分期验收的建设项目，其分期建设、分期投入生产或者使用的环境保护设施防治环境污染和生态破坏的能力不能满足其相应主体工程需要的；⑦建设单位因该建设项目违反国家和地方环境保护法律法规受到处罚，被责令改正，尚未改正完成的；⑧验收报告的基础资料数据明显不实，内容存在重大缺项、遗漏，或者验收结论不明确、不合理的；⑨其他环境保护法律法规规章等规定不得通过环境保护验收的。

第九条规定为提高验收的有效性，在提出验收意见的过程中，建设单位可以组织成立验收工作组，采取现场检查、资料查阅、召开验收会议等方式，协助开展验收工作。验收工作组可以由设计单位、施工单位、环境影响报告书（表）编制机构、验收监测（调查）报告编制机构等单位代表以及专业技术专家等组成，代表范围和人数自定。

《建设项目竣工环境保护验收技术指南　污染影响类》以附录的形式给出了验收意见推荐格式，主要包括工程建设基本情况、工程变动情况、环境保护设施建设情况、环境保护设施调试效果、工程建设对环境的影响、验收结论、后续要求、验收人员信息等。

5.14.2　典型案例四十二

（1）项目基本情况

某项目于 2018 年 3 月 1 日组织召开验收会，形成验收意见。验收意见表明，项目存在部分问题，需整改。建设单位在未完成整改、未形成最终验收意见的情况下，于 2018 年 3 月 5 日在网站公示了 3 月 1 日的验收意见。

（2）项目存在的问题及分析

《建设项目竣工环境保护验收暂行办法》第七条规定，项目存在问题的，建设单位应当进行整改，整改完成后方可提出验收意见。该项目应在整改完成后，将整改过程、结果等内容写入验收报告，重新召开验收会，形成最终验收意见。

5.14.3　典型案例四十三

（1）项目基本情况

某钢铁项目环评及审批决定中要求建设的石灰窑车间（$\Phi 4 \times 70\,m$ 回转窑 1 座）、球团车间（20 m^2 球团竖炉 2 座）、中型 H 型钢生产线 1 座、热电站（$2 \times 15\,MW$ 单抽汽轮发电机组、3 台 75 t/h 锅炉）均未建设，其验收意见章节只包括工程建设基本情况、环境保护设施调试效果、验收结论等内容。

（2）项目存在的问题及分析

《建设项目竣工环境保护验收暂行办法》第七条规定，验收监测（调查）报告编制完成后，建设单位应当根据验收监测（调查）报告结论，逐一检查是否存在本办法第八条所列验收不合格的情形，提出验收意见。存在问题的，建设单位应当进行整改，整改完成后方可提出验收意见。验收意见包括工程建设基本情况、工程变动情况、环境保护设施落实情况、环境保护设施调试效果、工程建设对环境的影响、验收结论和后续要求等内容。

该项目在实际建设中因部分主体设施未建设，建设内容发生变动，相应地缺少工程变动情况、环境保护设施落实情况、工程建设对环境的影响和对未建设工程的后续要求等章节内容。验收意见亦未与《建设项目竣工环境保护验收暂行办法》第八条进行逐一对照。验收意见不全面、不完整。

5.14.4　典型案例四十四

（1）项目基本情况

某药业公司微生物药业生产项目建有林可霉素发酵车间、发酵液过滤烘干车间、盐酸林可霉素提取车间、盐酸林可霉素精制车间、溶媒回收车间，配套建设贮运工程，液体（溶媒）罐区及排水、供热、废气处理、给水处理、噪声治理等工程。其验收意见环保措施落实情况章节，只说明了项目包含废水、废气、噪声和固体废物四大类污染，环保设施运行效果章节只简单描述为各类污染物排放浓度、处理效率和总量均符合标准要求。

（2）项目存在的问题及分析

《建设项目竣工环境保护验收暂行办法》《建设项目竣工环境保护验收技术指南　污染影响类》给出了验收意见各章节应包含的内容要求，在说明污染物种类的同时，应说明各要素主要污染因子、主要处理设施的设计参数和去除效率、排放去向等内容。环保设施运行效果章节应体现污染物排放浓度、处理效率和总量的具体数值并进行评价分析。该项目验收意见内容过于简单。

5.14.5　典型案例四十五

（1）项目基本情况

某市生活垃圾焚烧发电厂项目，建设规模为日处理生活垃圾 1 200 t，年处理生活垃圾 45 万 t。建设 2×550 t/d 机械炉排炉、1×20 MW 凝汽式汽轮发电机组、2×50 t/h 余热锅炉，配套建设垃圾接收、贮存与输送系统，烟气处理系统，废水处理系统，渗滤液处理系统，飞灰稳定化产物暂存间及其他公辅工程。项目形成的验收意见中，提出了整改要求和建议，结论为："在落实验收工作组提出的整改措施和建议的前提下，符合建设项目竣工环境保护验收条件。"

（2）项目存在的问题及分析

《建设项目竣工环境保护验收暂行办法》第七条明确规定，验收结论应当明确该建设项目环境保护设施是否验收合格。该项目的验收意见不明确，其验收结论应该明确写为"项目验收合格"或"项目验收不合格"，而不应带有"完成某些工作前提下"等附加条件。

5.14.6　典型案例四十六

（1）项目基本情况

某石化项目于 2019 年 6 月 20 日召开验收会，验收组成员分别为建设单位生产副总、生产车间主任、环保专工及其他部门人员。

（2）项目存在的问题及分析

《建设项目竣工环境保护验收暂行办法》第九条规定，为提高验收的有效性，在提出验收意见的过程中，建设单位可以组织成立验收工作组，采取现场检查、资料查阅、召开验收会议等方式，协助开展验收工作。验收工作组可以由设计单位、施工单位、环境影响报告书（表）编制机构、验收监测（调查）报告编制机构等单位代表以及专业技术专家等组成，代表范围和人数自定。建设项目竣工验收是一项专业、科学、严肃的工作，应对验收的法律法规、程序文件、技术规范、监测方法等具有一定的知识和经验，该项目验收组成员均为企业内部人员，且无相关专业知识，难以真正发现项目验收过程中存在的问题，不能真正做到有效完成项目验收工作。所以在石化、钢铁、焦化等重点行业，建议验收组成员中必须含有 3 个以上专业技术专家，以提高验收的有效性和可信度。

5.15　验收结论不可信常见问题

5.15.1　相关要求

验收结论是对建设项目竣工环保验收工作的最终评价，是项目是否通过验收的最终结论，是验收工作的总结和落脚，其可信度的高低是整个项目的关键点。

《建设项目竣工环境保护验收暂行办法》第八条明确规定了建设单位不得提出建设项目环境保护设施验收合格意见的九种情形：①未按环境影响报告书（表）及其审批部门审批决定要求建成环境保护设施，或者环境保护设施不能与主体工程同时投产或者使用的；②污染物排放不符合国家和地方相关标准、环境影响报告书（表）及其审批部门审批决定或者重点污染物排放总量控制指标要求的；③环境影响报告书（表）经批准后，该建设项目的性质、规模、地点、采用的生产工艺或者防治污染、防止生态破坏的措施发生重大变动，建设单位未重新报批环境影响报告书（表）或者环境影响报告书（表）未经批准的；④建设过程中造成重大环境污染未治理完成，或者造成重大生态破坏未恢复的；⑤纳入排污许可管理的建设项目，无证排污或者不按证排污的；⑥分期建设、分期投入生产或者使用依法应当分期验收的建设项目,其分期建设、分期投入生产或者使用的环境保护设施防治环境污染和生态破坏的能力不能满足其相应主体工程需要的;⑦建设单位因该建设项目违反国家和地方环境保护法律法规受到处罚,被责令改正,尚未改正完成的;⑧验收报告的基础资料数据明显不实,内容存在重大缺项、遗漏,或者验收结论不明确、不合理的;⑨其他环境保护法律法规规章等规定不得通过环境保护验收的。

5.15.2 典型案例四十七

(1)项目基本情况

某钢铁项目环评审批决定中要求项目主体工程建成后全厂生产规模达到生铁 800 万 t/a、钢坯 920 万 t/a,而实际产能为生铁 1 250 万 t/a、优质钢 1 322 万 t/a,分别增产 56% 和 44%,项目报告表述为未发生重大变动,建设单位未重新报批环境影响报告书。其验收结论为验收合格。

(2)项目存在的问题及分析

《钢铁建设项目重大变动清单(试行)》要求烧结、炼铁、炼钢工序生产能力增加 10% 及以上;球团、轧钢工序生产能力增加 30% 及以上属于重大变动。而该项目实际生产能力显然超过了清单要求,属于《建设项目竣工环境保护验收暂行办法》第八条第 3 种情形,即"环境影响报告书(表)经批准后,该建设项目的性质、规模、地点、采用的生产工艺或者防治污染、防止生态破坏的措施发生重大变动,建设单位未重新报批环境影响报告书(表)或者环境影响报告书(表)未经批准的"。验收合格的结论不可信。

5.15.3 典型案例四十八

(1)项目基本情况

某电子项目环境影响报告书中氮氧化物年排放量预测值为 33 t/a,审批决定中未对氮氧化物总量给予规定。经核算,实际氮氧化物年排放量为 49 t/a。其验收结论为验收合格。

(2)项目存在的问题及分析

建设项目环境影响报告书及其审批决定是验收的重要依据,建设项目应满足环评及审批决定的每项内容。虽然该项目审批决定中未对氮氧化物总量给出明确规定,但环境影响报告书中给出了氮氧化物的总量预测值,项目也应满足其要求。该项目属于《建设项目竣工环境保护验收暂行办法》第八条第 2 种情形"污染物排放不符合国家和地方相关标准、环境影响报告书(表)及其审批部门审批决定或者重点污染物排放总量控制指标要求的"。验收合格结论不可信。

5.15.4 典型案例四十九

（1）项目基本情况

某钢铁焦化项目验收过程中仅对高炉、烧结机机头、焦炉排气筒、废水、厂界无组织废气、厂界噪声进行了监测，而干熄焦地面除尘站等主要污染源 25 根排气筒、敏感点噪声、焦炉炉顶苯可溶物、电炉炼钢二噁英等均遗漏未测。其验收结论为验收合格。

（2）项目存在的问题及分析

《建设项目竣工环境保护验收暂行办法》第八条第 8 种情形要求验收报告的基础资料数据明显不实，内容存在重大缺项、遗漏，或者验收结论不明确、不合理的，建设单位不应给出验收合格的结论。该项目主要污染物及污染源遗漏较多，无法判断是否达标及总量是否满足要求，明显不符合相关规定，验收合格结论不可信。

5.15.5 典型案例五十

（1）项目基本情况

某热电项目在验收监测期间部分污染源排放的烟尘、氮氧化物等污染物浓度超标，验收监测报告通过类比预测的方法，将超标污染源与同类型达标污染源进行比较，认为只要企业技改时更换与达标污染源相同型号的低氮燃烧器即可实现达标排放。其验收结论为验收合格。

（2）项目存在的问题及分析

《建设项目竣工环境保护验收暂行办法》第八条第 8 种情形要求验收报告的基础资料数据明显不实，内容存在重大缺项、遗漏，或者验收结论不明确、不合理的，建设单位不得给出验收合格的结论。该项目仅通过类比方式即判定污染物达标排放的方法不可取，各类污染治理设施安装在不同的地方、运行人员的不同、运行的方式不同等众多因素导致治理效果未必完全一样，应在企业整改完成后，采取手工监测的手段来进行污染物是否达标排放的判断。其验收合格结论不可信。

5.15.6 典型案例五十一

（1）项目基本情况

某焦化项目于 2018 年 5 月 18 日因未按规定时限完成验收，曾受到地方生态环境主管部门 5 万元的处罚。验收意见表述为项目从立项至今无处罚记录，其验收结论为验收合格。

（2）项目存在的问题及分析

《建设项目竣工环境保护验收暂行办法》第八条第 7 种情形"建设单位因该建设项目违反国家和地方环境保护法律法规受到处罚，被责令改正，尚未改正完成的"及第 8 种情形"验收报告的基础资料数据明显不实，内容存在重大缺项、遗漏，或者验收结论不明确、不合理的"，均不得给出验收合格的结论。该项目受到过行政处罚，而验收意见中却表述为未受过处罚，与事实不符。验收合格结论不可信。

5.15.7 典型案例五十二

（1）项目基本情况

某危险废物处理项目验收会召开日期为 2018 年 1 月 6 日，而二噁英检测分析日期为 2018 年 1 月 9 日—10 日，二噁英检测报告出具日期为 2018 年 1 月 10 日，验收组专家签字时间为 2018 年 3 月 12 日。其验收结论为验收合格。

（2）项目存在的问题及分析

《建设项目竣工环境保护验收暂行办法》第八条第 8 种情形要求验收报告的基础资料数据明显不实，内容存在重大缺项、遗漏，或者验收结论不明确、不合理的，建设单位不得给出验收合格的结论。该项目在二噁英检测报告出具之前就给出了验收合格的结论，且专家签字时间在验收会召开之后较长时间，其基础资料明显不合逻辑，给出项目验收合格的结论不可信。

5.16 "其他需要说明的事项"常见问题

5.16.1 相关要求

2017 年 10 月 1 日起新的《建设项目环境保护管理条例》正式实施，建设项目竣工环境保护验收的行政审批改为建设单位自主验收，明确了建设单位在验收中的主体责任。

2017 年 11 月，《建设项目竣工环境保护验收暂行办法》开始实行，对建设项目竣工后建设单位自主开展环境保护验收的程序和标准做出详细规定。其第四条规定验收报告分为验收监测（调查）报告、验收意见和其他需要说明的事项三项内容。第十条规定建设单位在"其他需要说明的事项"中应当如实记载环境保护设施设计、施工和验收过程简况、环境影响报告书（表）及其审批部门审批决定中提出的除环境保护设施外的其他环境保护对策措施的实施情况，以及整改工作情况等。相关地方政府或者政府部门承诺负责实施与项目建设配套的防护距离内居民搬迁、功能置换、栖息地保护等环境保护对策措施的，建设单位应当积极配合地方政府或部门在所承诺的时限内完成，并在"其他需要说明的事项"中如实记载前述环境保护对策措施的实施情况。

2018 年 5 月 15 日，《建设项目竣工环境保护验收技术指南　污染影响类》发布实施，对"其他需要说明的事项"作了进一步规范和细化，给出了推荐格式内容。

"其他需要说明的事项"分清了建设项目验收过程中政府、政府部门及建设单位的责任。除环境保护设施外的其他环境保护对策措施的实施，如居民搬迁、功能置换等不再是制约项目验收合格的"拦路虎"，建设单位仅需积极配合，并如实记载即可。建设单位仅负责环境影响报告书（表）及其审批决定中要求的环境保护设施的验收。这样就极大地减轻了建设单位的压力和项目验收的难度。

目前，因建设单位对政策理解尚未成熟，大部分项目验收中将"其他需要说明的事项"仍编制在验收监测报告中。

5.16.2　典型案例五十三

（1）项目基本情况

某热电项目为"区域替代"项目，其环评审批决定中要求拆除区域内 56 座小锅炉，而验收监测报告中表述的已拆除的 12 座小锅炉中部分锅炉并不属于审批决定要求的 56 座小锅炉。

（2）项目存在的问题及分析

根据《建设项目竣工环境保护验收暂行办法》规定，锅炉拆除工作的主体责任不是建设单位，但建设单位应如实记载锅炉拆除情况。该项目中建设单位将不属于审批决定要求拆除的锅炉记载入拆除范围，其事项说明不准确。

5.16.3　典型案例五十四

（1）项目基本情况

某项目验收报告未单独编制"其他需要说明的事项"，验收监测报告中亦未涉及环境影响报告书（表）及其审批部门审批决定中提出的除环境保护设施外的其他环境保护对策措施的实施情况，如环境监测计划、环境管理规章制度、环境风险应急预案等。且无环保设施设计、施工和验收过程简况，建设、验收期间环保投诉情况，验收过程中的整改情况等内容。

（2）项目存在的问题及分析

《建设项目竣工环境保护验收暂行办法》第十条明确规定建设单位在"其他需要说明的事项"中应当如实记载环境保护设施设计、施工和验收过程简况、环境影响报告书（表）及其审批部门审批决定中提出的除环境保护设施外的其他环境保护对策措施的实施情况，以及整改工作情况等。《建设项目竣工环境保护验收技术指南　污染影响类》中对"其他需要说明的事项"该如何编制给出了推荐格式内容。该项目对应需要说明的事项未进行表述，说明事项不全面。

5.16.4 典型案例五十五

（1）项目基本情况

某钢铁项目审批决定要求该项目的建设需淘汰 A 公司 2 座 180 m^3 的高炉。但项目建成投产后，需淘汰高炉仍正常生产。项目验收监测报告中将 B 公司已淘汰的 1 座 420 m^3 高炉作为本工程淘汰落后产能内容。未说明原因，且无法提供淘汰对象发生变化的相关许可证明。同时，根据环评及审批决定要求，项目涉及搬迁甲村和乙村的居民，而实际搬迁丙村和丁村的居民。未说明原因，且无法提供相关证明。

（2）项目存在的问题及分析

《建设项目竣工环境保护验收暂行办法》第十条规定相关地方政府或者政府部门承诺负责实施与项目建设配套的防护距离内居民搬迁、功能置换、栖息地保护等环境保护对策措施的，建设单位应当积极配合地方政府或部门在所承诺的时限内完成，并在"其他需要说明的事项"中如实记载前述环境保护对策措施的实施情况。该项目对淘汰对象和搬迁居民为何发生变化，均未表述清楚，且无相应的证明材料。项目事项说明不清晰、支撑材料不足。

6 建设项目竣工环境保护验收实例

为更好地指导企业开展自行验收，本章以火力发电项目为实例，详细介绍建设项目竣工环境保护验收工作从启动到验收监测报告的编制各环节的工作内容和要求。

6.1 启动验收

建设项目竣工后，需要对配套建设的环境保护设施进行调试的，在产生排污行为前先申领排污许可证，排污许可证申领后，第一步是启动验收工作。首先收集、查阅资料，了解项目环保手续履行情况、审批部门决定及实际建设情况；其次进行现场踏勘，了解工程概况和周边环境特点，明确有关环境保护要求，在此基础上制订验收工作计划，明确企业自测或委托技术机构监测的验收监测方式、验收工作进度安排。

与建设项目相关的资料主要包括环保资料、与环保相关的工程资料和图件，具体如下：

①环保资料：建设项目环境影响报告书及审批部门审批决定（如有变动环境影响报告书还应收集变动环境影响报告书及审批部门审批决定）、总量批复文件、排污许可证等。

②与环保相关的工程资料：初步设计（环保篇）、环境监理报告或施工监理报告（环保部分）、施工合同（环保部分）、环境保护设施技术文件、工程竣工资料等。

③图件资料：与实际建设情况一致的建设项目地理位置图，厂区平面布置及周边环境关系图（注明主要生产装置、废气污染源、废水和雨水排放口、灰渣及脱硫石膏贮存库、事故水池、环境敏感目标，以及敏感目标与厂界或主要污染源的距离、所在地风向玫瑰图等），项目及贮灰场谷歌截图，水平衡图，生产工艺流程及产污节点示意图，工业废水、脱硫废水、含煤废水、含油污水、生活污水处理工艺流程示意图，废气处理工艺流程示意图，废水及雨水流向示意图等。

6.2 验收自查

6.2.1 自查目的

建设单位通过对建设项目开展自查，主要实现以下目的：

①确定建设项目是否具备开展验收及验收监测工作的条件。

②充分了解环境影响报告书（表）及其审批部门审批决定要求。

③充分了解工程设计文件对环境影响报告书（表）及其审批部门审批决定要求的落实情况。

④充分了解工程的建设内容、建设规模、主要生产工艺和生产设施及其建设完成情况，工程的污染源及配套的环境保护设施和措施及其落实情况。

⑤对"以新代老"和"改（扩）建"项目，充分了解原有污染源、污染因子、污染物总量排放及变化情况。

⑥了解项目周边环境，有无环境保护敏感目标，废水受纳水体、所在区域空气和噪声的执行标准及级别。

⑦确定产排污节点、各排污节点污染因子，依据点位设置情况判断是否具备监测条件。

⑧确定是否存在环境风险点及其环境风险内容。

⑨确定固体废物贮存、处置是否符合相关管理要求。

⑩通过以上工作和国家有关规定及标准，确定建设项目验收监测的范围、验收监测执行标准和具体监测内容。

6.2.2 自查程序

6.2.2.1 资料核查

根据国家建设项目竣工环境保护验收相关规定，建设单位在开展验收监测前，应针对性地收集、查阅项目有关资料。通过资料核查，全面了解建设项目环境影响报告书（表）及其审批部门审批决定要求、工程设计及实际建设情况等，具体包括：

①环境影响报告书（表）及其审批部门审批决定、变更环境影响报告书（表）及其审批部门审批决定（如有）。

②生态环境主管部门对项目的督察、整改要求。

③环保设计资料（初步设计环保篇章、施工图等）。

④施工合同（环保部分）。

⑤环境监理报告或施工监理报告环保部分（如有）。

⑥工程竣工资料等。

建设单位可以表 6-1 所列资料清单为参考收集、核查项目资料。

表 6-1　建设项目竣工环境保护验收资料清单

一、建设项目环保手续资料
1．建设项目环境影响报告书（表）、变更环境影响报告书（表）；
2．生态环境主管部门对建设项目环境影响报告书（表）、变更环境影响报告书（表）的审批决定；
3．生态环境主管部门提出的执行环境质量和污染物排放标准的文件或函；
4．环保设计资料（初步设计、施工图等）；
5．工程设计和施工中的变更及相应的报批手续和批文；
6．国家、省、市生态环境行政主管部门对建设项目检查或督察的报告、通知、整改要求等；
7．环境影响报告书（表）审批决定中要求开展环境监理的建设项目，应具有施工期环境监理报告；
二、建设项目工程图件等资料
8．工程地理位置图；
9．建设项目厂区平面位置图；
10．工程平面布置图，应标明建设项目布局、主要污染源位置、排水管网及厂界等；
11．生产工艺流程图，应标明主要产污环节；
12．工程水量平衡图、主要物料平衡图；
13．污水、雨水流向图；
14．废气、废水处理工艺流程图；
三、建设项目环境保护设施资料
15．环保设施清单
废气：烟囱位置、数量、高度、出入口直径，主要污染物及排放量，已设监测点位或监测孔位置，监测平台情况，污染源在线监测仪等；
废水：来源及主要污染物，排放量，循环水利用率，废水流向、排放去向等；
噪声：采取的降噪设施或措施；
固体废物：固体废物（危险废物）的来源、数量、运输方式、处理及综合利用情况，涉及委托处理或处置固体废物单位的资质证明等；
16．主要环保设施建成情况表（根据环评及其审批决定、设计资料的要求，对应实际建成运行情况及变更说明）；
17．环境风险源防范设施建成情况。

6.2.2.2　现场核查

在查阅资料的基础上，对建设项目开展现场核查，以进一步核实项目实际建设情况。现场检查工作包括对建设项目主体工程（生产设施）的检查、对配套建设的环境保护设施的检查、对建设项目环境保护敏感目标及存在的潜在环境风险的调查。通过现场核查，确定建设项目能否开展验收监测，进一步确定验收监测范围，制订验收监测方案。

现场核查主要核对以下几个方面情况：

①主体工程设计建设及实际完成情况。

②与主体工程配套建设的环境保护设施设计、实际完成情况，包括废气、废水、噪声和固体废物治理处置设施建设情况。

③现场监测条件，包括监测孔、监测采样平台、采样点设置情况。

④环境风险防范设施设计建设及实际完成情况。

⑤排污口规范化建设情况，包括排污口流量计、在线监测设备设置情况等。

⑥"以新带老"、"改（扩）"建项目的原有工程改造完成情况。

⑦建设项目周边环境敏感保护目标分布情况，包括水环境敏感目标、大气环境敏感目标、声环境敏感目标等。

6.2.2.3 确定验收内容

建设单位通过资料查阅、现场核查等工作对建设项目环保手续履行情况、实际建设情况有了全面了解，可以确定能否开展验收工作，划定验收范围，确定验收内容。根据建设项目竣工环境保护验收相关管理规定，分期建设、分期投入生产或使用的建设项目，其相应的环境保护设施应当分期验收。建设单位应根据项目的批复及实际建设情况，确定项目是整体验收还是分期验收，落实验收监测范围。

对于分期验收的建设项目，应特别注意落实建设项目整体建设内容和将要开展验收监测的建设内容之间的关系，尤其是将要开展验收的工程设施和环境保护设施之间的匹配关系，应保证分期建设、分期投入生产或使用的环境保护设施防治环境污染和生态破坏的能力要满足其相应的主体工程需要。

跨两个或两个以上建设地点的建设项目或异地建设不同内容建设项目的验收监测工作，在落实工作范围时，首先还应调查清楚所涉及的每一建设项目的整体情况、几个建设项目之间的关系，特别是每一地方所建设的环保设施和采取的环保措施的针对性。

6.2.3 自查内容

6.2.3.1 环保手续履行情况

环保手续是建设项目在建设前、建设期及投运后按照相关管理要求应该履行的管理手续，是决定项目能否开展验收工作的条件。建设单位开展验收监测前，应全面检查各项环保手续履行情况。各项环保手续主要包括环境影响评价制度落实情况，工程初步设计对环保要求的落实情况，国家与地方生态环境主管部门对项目的督察、整改要求的落实情况，建设过程中的重大变动及相应手续履行情况，排污许可证申领情况等。如建设项目未按要求履行相关环保手续，则不具备开展验收的条件，应补办相关手续或进行相应整改后再启动验收工作。

（1）环境影响评价制度落实情况

根据《环境影响评价法》有关规定，建设项目在开工建设前应开展环境影响评价，并报有审批权的生态环境主管部门审批；建设项目的环境影响评价文件经批准后，建设项目的性质、规模、地点、采用的生产工艺或防治污染、防止生态破坏的措施发生重大变动的，建设单位应当重新报批；建设项目的环境影响评价文件自批准之日起超过5年，才决定该项目开工建设的，其环境影响评价文件应当报原审批部门重新审核；建设项目的环境影响评价文件未依法经审批部门审查或审查后未予批准的，建设单位不得开工建设。

建设单位应当按照《环境影响评价法》相关规定开展环境影响评价工作，执行环境影响评价制度。在项目自查中对环境影响评价制度执行情况主要了解的内容为：

①建设项目建设前是否编制了环境影响报告书（表）。

②建设项目环境影响报告书（表）是否按照环境影响评价制度分级管理原则，由相应级别生态环境主管部门对其进行了审批或由相应级别生态环境主管部门委托下一级生态环境主管部门进行了审批。

建设项目建设前进行了环境影响评价，但未按环境影响评价制度要求由相应级别生态环境主管部门对其进行审批或由相应级别生态环境主管部门委托下一级生态环境主管部门进行审批，是否已按要求重新进行了环境影响评价或由相应级别生态环境主管部门进行了审核或确认。

③环境影响报告书（表）自批准之日起满5年，建设项目才开工建设的，是否按规定重新报批环境影响报告书（表）。

④建设项目环境影响报告书（表）经批准后，建设项目发生重大变动的，是否重新报批环境影响报告书（表）。

经自查发现，建设项目未按要求开展环境影响评价或审批工作，建设单位应及时补办相关手续，待手续补办后方能开展验收工作。对于按照要求进行了环境影响评价工作或补做了环境影响评价的建设项目，应了解环境影响评价情况的如下内容：

①环境影响报告书（表）的编制单位和完成时间；

②环境影响报告书（表）的审批部门和审批时间；

③环境影响报告书（表）的主要结论和审批部门审批决定中，重点规定了哪些环境保护设施、措施和注意事项。

（2）工程初步设计对环保要求的落实情况

工程初步设计是建设项目的建设依据，初步设计应当按照环境保护设计规范要求，编制环境保护篇章，提出落实环境影响报告书（表）及审批决定中提出的重点环境保护设施和措施的建设计划和内容，以及环境保护设施投资概算。

对工程初步设计的检查，主要检查环境保护篇章中是否落实了环境影响报告书（表）及其审批决定中提出的要求。在工程初步设计环境保护篇章中，一般可以查找到工程所涉及的废水、废气、噪声、固体废物等方面污染防治的环保设施和措施，设施采用的技术原理等。对于一些既是生产设施又是环保设施的设备、装置，需要从工程初步设计其他相关篇章中查找，如上下水管网等。

特别值得注意的是，如在自查时发现建设项目存在以下情形，建设单位应当采取改进措施，避免对环境产生新的影响：

①建设项目环保设计文件未能全面落实环境影响报告书（表）及其审批部门审批决定的情形；

②环保设计文件落实了环境影响报告书（表）及其审批部门审批决定的要求，但在建设中未能按其实施；

③环境影响报告书（表）未能预测到、审批部门审批决定中也未要求、工程环保设计文件中没有设计，但工程建设完成后又出现了环境问题。

（3）国家与地方生态环境主管部门对项目的督察、整改要求的落实情况

建设项目环境影响报告书（表）一般会对项目建设期应采取的环境保护措施或管理工作提出具体要求，建设单位在自查时应检查建设过程中是否按照环境影响报告书（表）及其审批部门审批决定中提出的要求进行施工，施工过程中是否发生过环境污染事故，国家、省、市生态环境主管部门是否对建设项目提出检查或督察报告、通知、整改要求，对存在的问题是否采取了整改或改进措施。

（4）建设过程中的重大变动及相应手续履行情况

建设项目在建设过程中会因多种原因发生变动，如因建设项目对周边环境的影响等造成原选建设地点迁址；由于建设期较长，建设期生产工艺发生较大变化；由于市场变化、产品需求的改变，造成产品及生产规模发生变化，同时也会出现部分设施停建或缓建的情况；由于建设项目中的建设内容发生变动，配套的环境保护设施或随之发生变化。

《建设项目竣工环境保护验收暂行办法》第八条规定："环境影响报告书（表）经批准后，该建设项目的性质、规模、地点、采用的生产工艺或者防治污染、防止生态破坏的措施发生重大变动，建设单位未重新报批环境影响报告书（表）或者环境影响报告书（表）未经批准的，建设单位不得提出验收合格的意见。"可见，建设项目在建设过程中如发生重大变动，其变更环境影响报告书（表）审批手续履行情况是决定项目能否通过验收的条件。建设单位在对项目开展自查时，应对建设项目变动情况进行重点检查，检查内容包括：

①建设地点是否发生变动；

②生产的产品及生产规模是否发生变动；

③采用的生产工艺是否发生变动；

④采取的环境保护设施或措施是否发生变动。

通过自查，如建设项目存在重大变动而未重新报批环境影响评价文件，建设单位应立即补办相关手续；如建设项目发生变动，但不属于重大变动，建设单位可组织有关机构（如原环评报告编制机构）对项目发生的变动情况进行环境影响分析，并在验收监测报告中如实描述项目变动情况。

关于建设项目重大变动的界定，原环境保护部以《关于印发环评管理中部分行业建设项目重大变动清单的通知》（环办〔2015〕52 号）、《关于印发制浆造纸等十四个行业建设项目重大变动清单的通知》（环办环评〔2018〕6 号）、《关于印发淀粉等五个行业建设项目重大变动清单的通知》（环办环评函〔2019〕934 号）对火电、石油炼制与石油化工、造纸、制药、农药、化肥、水处理等 28 个行业制定了重大变动清单，建设单位可对照检查。未制定重大变动清单的行业，按照《关于印发〈污染影响类建设项目重大变动清单（试行）〉的通知》（环办环评函〔2020〕688 号）建设单位应在建设项目性质、建设地点、生产规模、生产工艺、环境保护措施等方面进行检查，五个因素中有一项或一项以上发生可能导致重大变动的情况，且可能导致环境影响显著变化，特别是不利环境影响加重的，都应该界定为重大变动。部分省市也出台了针对建设项目变动的管理规定，如上海市《上海市建设项目变更重新报批环境影响评价文件工作指南（2016 年版）》、重庆市《关于印发〈重庆市建设项目重大变动界定规定程序〉的通知》（渝环发〔2014〕65 号）、江苏省《关于加强建设项目重大变动环评管理的通知》（苏环办〔2016〕256 号），建设单位可按相关规定执行或参照执行。

（5）排污许可证申领情况

排污许可制度是我国对固定污染源管理的一项基本制度，原环境保护部以第 45 号部令颁布的《固定污染源排污许可分类管理名录（2017 年版）》，对固定污染源实施排污许可分类管理。《建设项目竣工环境保护验收暂行办法》第十四条规定："纳入排污许可管理的建设项目，排污单位应当在项目产生实际污染物排放之前，按照国家排污许可有关管理规定要求，申请排污许可证，不得无证排污或不按证排污。"建设项目竣工环境保护验收监测是在主体工程工况稳定、环境保护设施运行正常的情况下进行的，即验收监测时已产生实际污染物排放，根据此条规定，建设单位在开展验收监测前应先申请并取得排污许可证。

6.2.3.2 项目建成情况

对照环境影响报告书及其审批部门审批决定，自查项目建设内容（包括主体工程、公辅工程和依托工程）、建设规模、建设地点、建设性质、实际总投资等。若为改、扩建项目应了解"以新带老、总量削减""淘汰落后生产设备、等量替换"等的完成情况。

例如，某火力发电项目建设情况自查内容如下：

1）主体工程：主要包括锅炉、汽轮机、发电机。

自查内容：锅炉种类、数量及蒸发量；汽机种类、数量及出力；发电机种类、数量及容量；主要生产工艺流程及产污节点。

2）辅助工程：主要包括供水与排水系统、化学水处理系统、循环水供水系统、除灰渣系统、燃料贮运系统、灰场及运灰系统、码头、脱硫剂及脱硝剂贮运工程。

自查内容：生产用水及生活用水来源、用水量、回用水量、排水量、排放口数量及位置、排放去向；化学水处理方式；循环冷却水供水方式、处理方式、排放量、排放口数量及位置；除灰、除渣方式，灰、渣输送方式，灰仓、渣仓数量及库容，灰、渣产生量及处理处置量；燃料种类、来源、运输方式、贮存方式、贮存量、设计及实际煤质、耗煤量，煤场（或煤仓）位置；灰场位置、距厂区距离，灰场周边环境关系，有无环境敏感目标，库容及实际贮灰量，防渗工程建设情况及其他环境污染防治设施；码头位置、泊位数量及吨位数；脱硫剂、脱硝剂来源、设计及实际消耗量、贮运方式。

3）依托工程：火力发电常见的依托工程主要包括厂内、园区或其他企业污水处理设施、固体废物贮存设施等。自查内容主要为依托设施的建成情况及依托的可行性。

6.2.3.3 环境保护设施建设情况

对照环境影响报告书（表）及其审批部门审批决定要求，全面梳理废气、废水、噪声、固体废物的产生情况及采取的污染治理或处置设施，通过现场检查逐项核实污染治理设施的建成情况，作为确定验收监测方案中监测点位、频次、因子等监测内容的依据。通过自查，如发现存在环境保护设施未与主体工程同步建设或建成的环境保护设施不能满足工程污染防治需求，那么建设项目不具备验收条件，应进行整改且满足环境保护要求后方能开展验收工作。

例如，某火力发电项目环境保护设施建设情况自查内容如下：

（1）废气治理设施

火力发电项目废气治理设施主要为锅炉烟气治理设施、原辅料贮存及输送无组织排放废气治理设施，自查内容如下：

①主体工程平面布局。

②废气种类、来源、主要污染因子、治理设施、烟气量；烟气脱硝设施、除尘设施、脱硫设施安装位置、数量及工艺流程；各处理设施进出口位置、数量，采样孔及采样平台的规范化建设情况；烟囱数量、高度、内径，烟道平直段长度及截面几何尺寸；烟气在线监测装置位置、监测因子、联网情况。

③原辅料贮运方式，贮煤场为封闭还是半封闭或露天，有无防风抑尘网，防风抑尘网长度、高度，喷淋设施位置、数量。

（2）废水治理设施

火力发电项目废水治理设施主要有工业废水、脱硫废水、含煤废水、含油废水、生活污水等的处理设施，自查内容如下：

①废水种类、来源、主要污染因子、处理工艺、排放量及排放去向；废水处理设施设计规模、处理工艺、进水及出水口位置；废水外排口位置、数量及规范化建设情况；废水回用量、排放量及最终排放去向；

②厂区排水方式，清污分流、雨污分流情况，雨水排放口数量、位置，雨水最终排放去向。

（3）噪声

自查内容包括主要噪声源设备、台数、源强、安装位置、降噪措施。

（4）固体废物

自查内容主要包括锅炉灰渣、脱硫石膏、废催化剂、废水处理设施产生的污泥、生活垃圾等固体废物的产生量、类别、处理处置量、处置方式、综合利用情况、委托处置协议，危险废物转移联单及危险废物处置单位的经营许可证等。

（5）其他环境保护设施

①环境风险防范设施：事故状态下污水应急储存设施，包括酸碱罐区、油罐区、液氨罐区围堰尺寸及有效容积，事故水池数量、位置及有效容积；事故水池进入污水处理设施的切换阀，排放口与外部水体间的切断设施等；液氨泄漏，氨报警器；应急设备、物资、材料配备情况等。

②地下水污染防治设施：灰场防渗设施（防渗层材料、结构、防渗系数等）、地下水监测（控）井的布设（位置、数量、井深、水位）等情况。

③对于改建、扩建项目，自查环境影响报告书（表）及其审批部门审批决定提出的"以新带老"改造工程，关停或拆除现有工程（旧机组或装置），淘汰落后生产装置等落实情况。

通过全面自查，发现环保审批手续不全的、发生重大变动且未重新报批环境影响报告书（表）或环境影响报告书（表）未经批准的、未按照环境影响报告书（表）及其审批部门审批决定要求建成环境保护设施的、未取得国家排污许可证的，应中止验收程序，补办相关手续或整改完成后再继续开展验收工作。排放口不具备监测条件的，如采样平台、采样孔设置不规范，应及时整改，以保证现场监测数据质量与监测人员安全。

6.3 验收监测报告编写

验收监测报告应包括但不限于以下内容：

建设项目概况、验收依据、项目建设情况、环境保护设施、环境影响报告书（表）结论与建议及审批部门审批决定、验收监测执行标准、验收监测内容、质量保证和质量控制、验收监测结果、验收监测结论，及相关附件，如建设项目环境保护"三同时"竣工验收登记表等。

6.3.1　项目概况

项目概况部分主要包括三项内容：

1）建设项目名称（以环评批复名称为准，若建设期或投运后项目名称发生变化的，在此叙述变化的原因、过程并附变更认可文件）、建设性质及建设地点。若为扩建工程或技改工程，应简述原有工程建设规模、建设时间及验收情况。

2）项目环保手续的履行情况，包括环评报告的编制情况、审批情况、开工建设和竣工时间及调试时间、排污许可证申领情况等。

3）验收监测项目的由来、验收工作启动时间、验收监测方式（企业自行监测或是委托检测机构监测）、现场勘查时间、明确验收监测的范围及监测内容、验收监测方案或会议纪要形成过程及时间、实施验收监测时间、简述验收监测报告的形成过程。

【例】

项目概况

××电厂原有工程装机容量 4×600 MW（1#机组—4#机组），其中，一期 2 台机组于××××年年底投产，××××年××月通过环境保护验收；二期 2 台机组分别于××××年××月××日和××月××日投产，××××年××月通过环境保护验收。本次验收工程为××电厂三期（2×1 000 MW）"上大压小"扩建工程，属煤电一体化项目。××××年××月，××设计院编制完成该工程环境影响报告书，××××年××月，环境保护部以××号文对该环境影响报告书予以批复。

××××年，本工程为满足国家发改委对××煤电基地电力项目评选要求，将冷却方式由二次循环冷却变更为直接空冷，××××年××月××日，环境保护部以环审变办字〔××××〕××号《关于同意××电厂三期（2×1 000 MW）"上大压小"扩建工程发电机组冷却方案变更申请的函》予以批复。但工程建设过程中，并未实施变更，仍采用二次循环冷却方式，且未履行变动审批手续。××××年××月××日，环境保护部以××函〔××××〕××号对本工程做出处罚并责令停工整改的决定，要求其履行环评变动手续。××××年××月，建设单位重新报送《××电厂三期（2×1 000 MW）"上大压小"扩建工程变更环境影响报告书》，××××年××月××日，环境保护部以环审变办字〔××××〕××号予以批复，同意冷却方式由直接空冷变动为二次循环冷却方式。在此期间，××××年××月××日，环境保护部以环办函〔××××〕××号《关于同意××电厂三期（2×1 000 MW）"上大压小"扩建工程脱硫系统 GGH 变更及增设烟气脱硝设施的函》

同意三期工程取消安装 GGH，同步安装 SNCR 烟气脱除氮氧化物装置。

该工程于×××年××月开工建设，2 台机组（5#机组、6#机组）分别于××××年××月、××××年××月建成，××××年××月申领了排污许可证（许可证编号：××××），××××年××月正式调试。目前，工程生产及各项环保设施运行基本正常，经自查具备建设项目竣工环境保护验收监测条件。

根据国务院令第 682 号《建设项目环境保护管理条例》、环境保护部国环规环评〔2017〕4 号《建设项目竣工环境保护验收暂行办法》、生态环境部公告 2018 年第 9 号《关于发布〈发建设项目竣工环境保护验收技术指南　污染影响类〉的公告》，××电厂于××××年××月××日启动验收工作，××××年××月××日委托××检测公司对本项目开展环境保护验收监测。受××电厂委托，××检测公司于××××年××月进行了资料收集及研阅，××××年××月对该项目进行了现场勘查，检查了污染物治理设施及排放、环保措施的落实情况，在此基础上形成《××电厂三期（2×1 000 MW "上大压小"扩建工程竣工环保验收监测现场勘查会议纪要》（以下简称会议纪要），确定了验收监测范围和验收监测内容。

××××年××月××日至××日，××检测公司依据会议纪要，对该项目进行了竣工环境保护验收监测和检查。针对该项目环保设施的建设及运行情况、污染物排放浓度和排放总量监测结果、环境影响报告书及审批决定的落实情况，对照有关国家标准，编制了本验收监测报告。

6.3.2　验收依据

验收依据包括验收项目竣工环境保护验收的相关法律法规、管理条例等有关文件，工程环境影响报告书（表）、环评预审意见、环评批复意见、工程初步设计（环保篇）、施工期环境监理报告（若有）、总量指标批复文件等。

【例】

验收依据

（1）《环境影响评价法》（2018 年 12 月修订）；

（2）《建设项目环境保护管理条例》（国务院令　第 682 号）；

（3）《建设项目竣工环境保护验收暂行办法》（国环规环评〔2017〕4 号）；

（4）《关于发布〈发建设项目竣工环境保护验收技术指南　污染影响类〉的公告》（生态环境部公告　2018 年第 9 号）；

（5）《建设项目竣工环境保护验收技术规范　火力发电厂》（HJ/T 255—2006）；

（6）《关于××电厂三期（2×1 000 MW）"上大压小"扩建工程环境影响报告书的批复》（环境保护部环审〔××××〕××号，××××年××月）；

（7）《关于同意××电厂三期（2×1 000 MW）"上大压小"扩建工程发电机组冷却方案变更申请的函》（环境保护部环审变办字〔××××〕××号）；

（8）《关于同意××电厂三期（2×1 000 MW）"上大压小"扩建工程变更的函》（环境保护部环审变办字〔××××〕××号，××××年××月）；

（9）《关于同意××电厂三期（2×1 000 MW）"上大压小"扩建工程脱硫系统 GGH 变更及增设烟气脱硝设施的函》（环办函〔××××〕××号，××××年××月）；

（10）《关于××电厂三期工程项目主要污染物排放总量的初步意见》（××省环境保护局××环文〔××××〕××号，××××年××月）；

（11）《关于××电厂三期工程环评执行标准的意见》（××省环境保护局××环文〔××××〕××号，××××年××月）；

（12）《××电厂三期（2×1 000 MW）"上大压小"扩建工程环境影响报告书》（××院，××××年××月）；

（13）《××电厂三期（2×1 000 MW）"上大压小"扩建工程发电机组冷却方案变更环境影响报告书》（××院，××××年××月）；

（14）《××电厂三期（2×1 000 MW）"上大压小"扩建工程变更环境影响报告书》（××院，××××年××月）；

（15）《××电厂三期（2×1 000 MW）"上大压小"扩建工程初步设计》（环保篇）（××设计院，××××年××月）；

（16）《××电厂三期（2×1 000 MW）"上大压小"扩建工程竣工环保验收监测现场勘查会议纪要》（××检测公司（或××建设单位），××××年××月××日）；

（17）《关于××电厂三期工程（2×1 000 MW）竣工环境保护验收监测的委托书》（××发电厂××电发〔××××〕××号，××××年××月）。

6.3.3 项目建设情况

6.3.3.1 地理位置及平面布置

项目所处地理位置，所在省市、县区，周边易于辨识的交通要道及其他环境情况，重点突出项目所处地理区域内有无环境敏感目标，附项目地理位置图。简述项目厂区布局及周边环境，附厂区总平面布置图。厂区总平面布置图上要注明厂区周边环境情况、主要污染源位置、废水和雨水排放口位置、厂界周围噪声敏感点位置、敏感点与厂界或排放源的距离，噪声监测点、无组织监测点位也可在图上标明。

【例】

某项目位于××省××市以西约 12.5 km 的××岭山脉北坡脚下，属××市××工业区。厂区南靠××铁路，北邻 310 国道，北距××河约 12 km。主厂区位于××火车站西北侧，南面为××岭山脉，占地面积 10 hm²。本期工程在现有二期、三期工程西侧约 60 m 处进行建设，在改道后的 310 国道以南、××铁路干线以北的狭长地带，距山脚约 1.5 km。本项目主厂房固定端朝东南，由南至北依次布置主厂房和升压站，其他辅助设施依次向西布置。厂区地理位置图见图×-1（略），厂区平面布置及监测点位见图×-2。

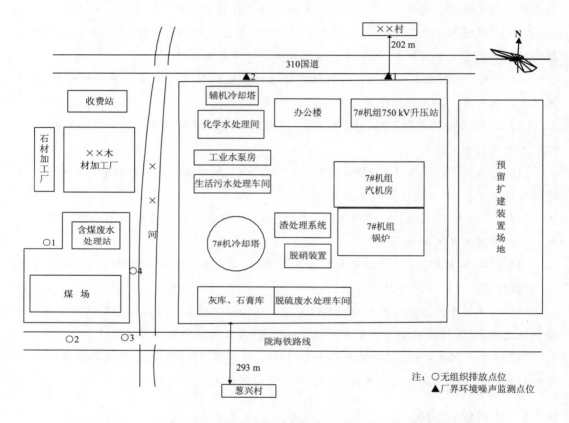

图×-2 某项目厂区平面布置及噪声、无组织排放监测点位

6.3.3.2 建设内容

建设内容包括主体工程、辅助工程、环保工程、产品名称、建设规模、工程实际总投资等，并附表说明项目实际建设内容与环评建设内容。

对于改、扩建项目应简单介绍原有工程及公辅设施情况，以及本项目与原有工程的依托关系等。

【例】

某"上大压小"扩建工程原有工程及扩建工程建设内容分别见表×-1、表×-2。

表×-1 原有工程基本情况

项目	一期	二期	三期
	1号、2号机	3号、4号机	5号机
锅炉蒸发量/（t/h）	2×1 938	2×1 938	1×1 938
汽机功率/MW	2×600	2×600	1×600
发电机功率/MW	2×600	2×600	1×600
总装机容量/MW	5×600		
发电机冷却方式	海水直流供水冷却		
辅助工程	1座5万t级泊位的运煤码头，1座5 000 t级泊位的重件码头，1座油码头，1座总库量860×10⁴ m³的淡水水库，厂前公路等基础设施及海边厂区护岸和港池防浪堤，循环水取水口、引水明渠及循环水排水系统		
烟气治理设施	锅炉采用低氮燃烧器，采用SCR脱硝，双室四电场静电除尘器除尘，石灰-石灰石湿法脱硫		
废水治理设施	工业废水处理系统、含油废水处理系统及生活污水处理系统等		
固体废物处理处置设施	1座库容428×10⁴ m³贮灰场		
验收情况	已全部通过环保验收		

表×-2 扩建工程建设内容

设备/设施		环评建设内容	实际建成情况	变动情况
机组		2×1 000 MW	2×1 000 MW	无变动
主体工程	锅炉	2台，最大连续蒸发量3 123 t/h，燃油点火装置	最大连续蒸发量3 091 t/h，其余与环评建设内容相同	变动
	汽轮机	2台，额定功率1 000 MW，超超临界、中间再热、单轴、四缸四排汽凝汽式	与环评建设内容相同	变动
	发电机	2台，额定功率1 000 MW，自并励静止励磁系统	与环评建设内容相同	无变动
辅助工程	直流供水冷却系统	在一期工程预留的位置上新建循环水取水口、引水明渠，海水直流冷却，流量64 m³/s	与环评建设内容相同	无变动
	海水淡化系统	新建1套出力12 000 t/d的海水淡化装置作为水库水量不足时的补充	利用一期原有专用大坑水库作为淡水水源，未新建海水淡化装置	变动
	电气出线	500 kV输出线路，各两回	与环评建设内容相同	无变动
	升压站	新建500 kV配电装置，采用屋内GIS	与环评建设内容相同	无变动
贮运工程	煤场	在一期已建煤场东面扩建全封闭网架煤场；"以新带老"对一期工程露天煤场建设防风抑尘网	扩建的煤场位于厂区内东南端，同步建设采用防风抑尘网；建设一期煤场防风抑尘网	无变动
	输煤系统	码头至煤场依托一期工程建设的全厂共用输煤系统，煤场后至煤仓间建设输煤系统2套（双路）	与环评建设内容相同	无变动

	设备/设施	环评建设内容	实际建成情况	变动情况
贮运工程	专用煤码头	在一期工程原有 5 万 t 级专用煤码头泊位南端续建 1 个 5 万 t 级煤码头泊位，利用一期工程已建成的港池航道、防波堤、重件码头、工作码头、油码头	与环评建设内容相同	无变动
	除灰、渣系统	灰渣分除、干灰干排、粗细分排的除灰系统，建设贮灰库 3 座、渣仓 2 个、石膏库 1 座	与环评建设内容相同	无变动
环保工程	液氨贮存区（废气处理）	设计 3 个 90 m^3 氨罐，1 座 27 m^3 氨区废水池	实际 2 个 90 m^3/氨罐，1 座 27 m^3 氨区废水池	变动
	除尘系统	4 台三室四电场静电除尘器	与环评建设内容相同	无变动
	脱硫系统	2 套石灰石-石膏湿法脱硫，不设 GGH，不设烟气旁路	与环评建设内容相同	无变动
	脱硝系统	低氮燃烧器+2 套 SCR	与环评建设内容相同	无变动
	烟囱	240 m 双管钢内筒-钢筋砼外筒式烟囱	与环评建设内容相同	无变动
	烟气自动监测系统	安装烟气自动连续监测装置	烟气自动连续监测装置 4 套（烟气脱硫、脱硝处理系统进、出口安装）	无变动
	含油废水处理系统（废水处理）	依托一期工程建设的含油废水处理系统	与环评建设内容相同	无变动
	工业废水处理系统	扩建工业废水处理系统	依托一期工程工业废水处理系统，新建 6 000 m^3 储水池	无变动
	脱硫废水处理系统	新建 1 座 20 t/h 脱硫废水处理系统	与环评建设内容相同	无变动
	含煤废水处理系统	新建 2 座 50 t/h 含煤废水处理系统	与环评建设内容相同	无变动
	生活污水处理系统	依托已建处理能力为（15+2×30）t/h 生活污水处理系统	与环评建设内容相同	无变动
灰场		利用一期××山 428×10⁴ m^3 灰厂，"以新带老"增设上游截洪沟 3 420 m、排水盲沟 850 m、铺设防渗膜 19.2×10⁴ m^2	与环评建设内容相同	无变动

6.3.3.3 "以新带老"改造工程

说明环评及批复中要求的需要检查或监测的"以新带老"等改造工程等附带要求。存在"以新带老""总量削减"、关停或拆除现有工程（旧机组或装置）、淘汰落后生产装置等情况的项目，需对改造工程进行简要分析叙述。

【例】

××项目"以新带老"要求及落实情况见表×-1。

表×-1　"以新带老"要求及落实情况

序号	环评及批复要求	实际落实情况
1	本期工程建设的同时将"以新带老"对现有 1 号、2 号机组进行脱硫改造，解决了电厂现有 1 号、2 号机组在来煤含硫量高时 SO₂ 超标的问题，也减少了区域污染物排放总量	1 号、2 号机组脱硫改造已完成，并通过了验收（见附件×）
2	对二期工程 1 台机组设置 SCR 烟气脱硝系统，脱硝效率不低于 70%	二期工程 3 号、4 号机组已改造，均增加 SCR 烟气脱硝系统（脱硝效率大于 70%），并通过验收（见附件×）
3	对二期灰场进行防渗改造，实施分区贮存	二期灰场防渗改造已完成，且实施分区贮存（见附件× 环境监理报告）

6.3.3.4　主要原辅材料及燃料

列表说明实际主要原辅料名称、来源、消耗量，并给出燃料成分分析。

【例】

本项目燃煤主要由××煤业股份有限公司、××无烟煤矿业集团有限责任公司供应。石灰石来源于××商贸有限公司，液氨来源于××公司。项目原辅材料消耗见表×-1 至表×-4。

表×-1　某火力发电项目燃料消耗一览表

项目	单位	2×1 000 MW 机组	
		设计煤种	校核煤种
小时耗煤量	t/h	780.7	774.9
日耗煤量	t/d	15 613	15 497
年耗煤量	10⁴ t/a	429.4	426.2
年运行时数	h	5 500	

表×-2　某火力发电项目煤质分析一览表

项目		符号	单位	设计煤种	校核煤种	实际煤种
工业分析	干燥无灰基挥发分	V_{daf}	%	14.23	23.83	21.16
	空气干燥基水分	M_{ad}	%	1.37	1.44	3.25
	收到基低位发热量	$Q_{net.ar}$	MJ/kg	21.45	21.61	22.6
元素分析	收到基硫分	S_{ar}	%	0.48	0.81	1.08
	收到基水分	M_{ar}	%	7.5	9.0	9.96
	收到基灰分	A_{ar}	%	26.87	21.63	21.22

表×-3　某火力发电项目石灰石消耗量

项目	单位	2×1 000 MW 机组	
		设计煤种	校核煤种
石灰石消耗量	t/h	10.4	17.5
	t/d	209	350
	10^4 t/a	5.74	9.61

表×-4　某火力发电项目液氨消耗量

序号	项目	单位	设计煤种		校核煤种	
1	锅炉台数	台	1	2	1	2
2	每小时耗量	t/h	0.55	1.10	0.55	1.10
3	日耗量	t/d	13.2	26.4	13.2	26.4
4	年耗量	10^3 t/a	4.81	9.62	4.81	9.62

6.3.3.5　水源及水平衡

说明建设项目生产用水和生活用水来源、用水量、循环水量、废水回用量和排放量，附实际运行的水量平衡图。通过核查水平衡了解各单元的用水、耗水和排水以及废水的回用情况，分析废水排放的合理性。

【例】

本工程生产及生活用水主要来源于市政供水、××水库地表水、××污水处理厂中水及矿井疏干水和一期、二期循环排污水。夏季平均用水量为 2 354 m³/h，冬季平均用水量为 2 103 m³/h。工程水平衡见图×-1。

6.3.3.6　生产工艺

简要介绍主要生产工艺原理或流程，并附生产工艺流程与产污排污环节示意图。

【例】

本工程原煤由铁路运到电厂煤场，用皮带输送机送入主厂房原煤煤斗，经过磨粉、分离制备煤粉，然后由热风送入锅炉燃烧，将锅炉给水加热成高温高压的蒸汽送入汽轮机做功，带动发电机发电；电能通过升压站送往输电线路，供用户使用，汽轮机乏汽进入空冷凝汽器冷却后送回锅炉循环使用。煤粉燃烧后产生的烟气经 SCR 脱硝、静电除尘器后，进入烟气脱硫装置，最后由高 180 m 自然通风间冷塔排入环境空气。工艺流程及产污环节见图×-2。

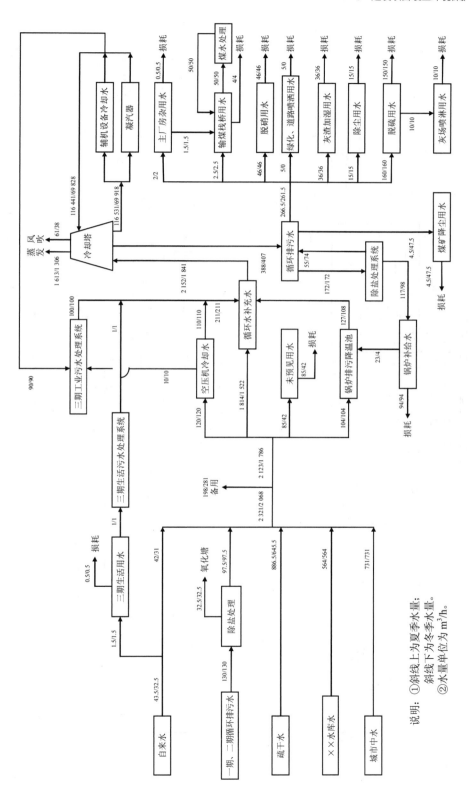

图X-1 某项目水平衡图

说明：①斜线上为夏季水量；
斜线下为冬季水量。
②水量单位为 m³/h。

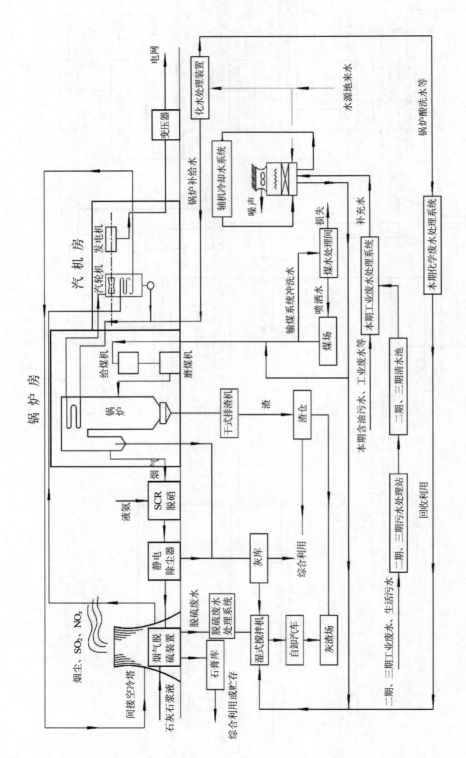

图×-2 某电厂生产工艺及产污流程

6.3.3.7　项目变动情况

根据环境影响报告书和环评批复要求，核实与实际建设情况有无变化，并列表进行详细说明，包括变动原因，属于重大变动的有无重新报批环境影响报告书（表）及审批文件、非重大变动的有无相关变动说明。

【例】

本项目在实际建设中与环评相比发生了变动，变动情况见表×-1。

表×-1　某项目变更情况一栏表

序号	环评及审批要求	实际建设情况	变动原因	备注
1	建设脱硫废水、工业废水、化学废水、含煤废水、生活污水处理系统	新建脱硫废水、化学废水、含煤废水及生活污水处理系统；工业废水处理系统未建，而是依托原有工业废水处理系统	原工业废水处理系统处理规模为 400 m³/h，因原 1 号、2 号、3 号机组已关停，4 号、5 号、6 号机组工业废水及生活污水产生量约 200 m³/h，7 号机组工业废水产生量约 30 m³/h，合计约 230 m³/h，因此处理能力可满足	建设单位对项目变动情况进行了论证，并向生态环境主管部门上报，批复见附件×
2	脱硝还原剂采用液氨进行脱硝	脱硝还原剂采用尿素进行脱硝	可以减少运输及贮存过程中的环境风险	
3	采用烟塔合一排放方式，由 170 m 高自然通风间冷塔排放烟气；塔高 170 m，底径 153 m，出口直径 85 m	塔高 180 m，底径 128 m，出口直径 85 m	增大塔内空气流速，使烟塔出口风速提高	

6.3.4　环境保护设施

6.3.4.1　污染物治理/处置设施

（1）废水污染源及治理设施

简述废水类别、来源于何种工序、污染物种类、治理设施、排放去向，并列表说明。附主要废水治理工艺流程图、全厂废水及雨水流向示意图、废水治理设施图片。

【例】

某电厂废水主要包括生活污水和生产废水，其中生产废水包括工业废水、脱硫废水、含油废水、含煤废水等。生产废水和生活污水处理及排放情况如下：

a.　生活污水

生活污水主要产生于食堂、办公楼及车间等。该工程利用原一期一体化生活污水处理设施，采用生物接触氧化法处理工艺处理，处理设施处理能力为 3×20 m³/h（3 套并列），该处理设施采取间断运行方式，当水量达到液位后自动运行。经处理后的排水进入新增的中水处理设施（曝气、混凝、过滤）处理后进入复用水池回于绿化、脱硫工艺用水补水与冲洗等。生活污水设施处理工艺流程见图×-1。

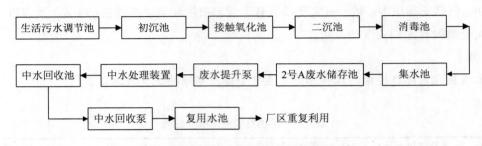

图×-1　某电厂生活污水处理设施工艺流程

b. 工业废水

工业废水主要为化学水处理车间（纯水采用超滤、反渗透、离子交换工艺）排水、含油废水、精处理再生水、锅炉酸洗水、空气预热器冲洗废水等。该工程利用一期工业废水处理设施，该设施处理能力为 100 m^3/h，采取间断运行方式，废水经处理合格后回用。工业废水处理设施工艺流程见图×-2。

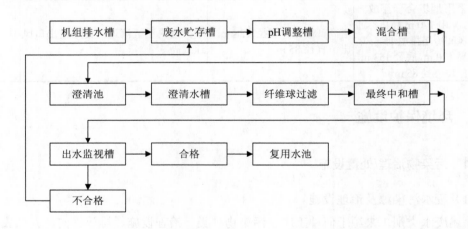

图×-2　某电厂工业废水处理工艺流程

c. 含煤废水

含煤废水主要为输煤系统冲洗排水、输煤栈桥煤仓间冲洗水及煤场雨水等，主要污染物为SS。该工程新建含煤废水处理站，处理站安装两套含煤废水净化装置，单套处理能力为 20 m^3/h，设备随沉淀池水位高低启停，当水位达到设计水位时启动。该部分废水为间断产生，处理澄清后的废水进入复用水池回用。含煤废水处理工艺流程见图×-3。

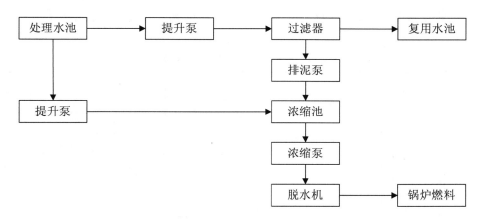

图×-3 某电厂含煤废水处理工艺流程

d. 含油废水

含油废水主要来自油罐区，本工程新建 1 套高效油水分离器，含油污水经油水分离处理达标后排入复用水池，回用于干灰调湿和煤场喷洒。含油废水处理工艺流程见图×-4。

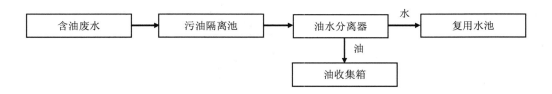

图×-4 某电厂含油废水处理工艺流程

e. 脱硫废水

本工程新建 1 套脱硫废水处理系统，处理能力为 10 m³/h，用以处理脱硫装置排出的脱硫废水，废水经处理后回用于灰渣加湿。脱硫废水处理产生的污泥经脱水机脱水后运至煤场自然风干，风干后的污泥掺入煤中，混合后进入锅炉燃烧。脱硫废水处理流程见图×-5。

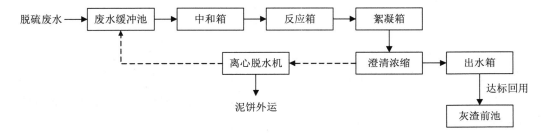

图×-5 某电厂脱硫废水处理工艺流程

各废水的产生量、排放方式、处理措施及排放去向见表×-1。废水流向见图×-6。

表×-1　某电厂废水处理及排放情况

废水名称	排放方式	实际产生量/（m³/h）	主要污染因子	处理方式	排水去向
生活污水	间断	6	COD、BOD、SS	接触氧化、消毒	复用水池，回收利用
工业废水	间断	34	pH、COD、SS、石油类	酸碱中和、絮凝沉淀	
含煤废水	间断	16	SS	澄清、膜过滤	
含油废水	间断	2	石油类	隔油、分离	
脱硫废水	连续	10	pH、Hg、As 等重金属	中和、絮凝、澄清	灰渣加湿
温排水	连续	95 000	温升	直排	长江

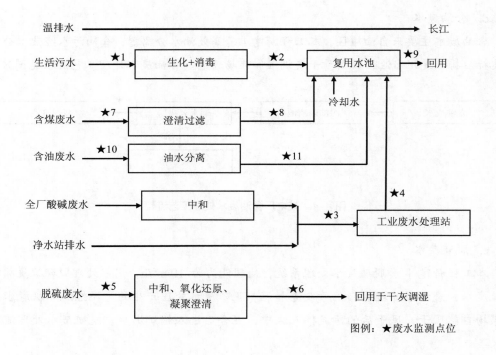

图×-6　废水流向

（2）废气污染源及治理设施

简述或附表说明项目废气来源、主要污染物、排放形式（有组织排放、无组织排放）及治理设施，治理工艺、设计指标、排气筒高度与内径尺寸、排放去向、监测点设置或开孔情况等，附主要废气治理工艺流程图、治理设施图片。

【例】

某电厂废气主要来源于锅炉燃煤烟气及燃煤运输贮存过程中产生的无组织排放等，具体情况如下：

a. 有组织排放废气

有组织排放废气主要来源于锅炉燃煤燃烧过程中产生的烟气，其主要污染物为烟尘、SO_2、NO_x 等。烟气采用 SCR 脱硝、三室四电场静电除尘、石灰石-石膏湿法脱硫，处理后的烟气经一根 240 m 高的烟囱排入大气，两炉共用 1 根烟囱。

b. 无组织排放废气

无组织排放废气主要来源于煤装卸、输送、堆存过程中产生的煤粉和除尘灰装卸过程中产生的扬尘，以及液氨在接卸过程和设备检修维护中泄漏的氨。

煤场北、东、南侧设置总长 3 200 m、高 18.6 m 的防风抑尘网，煤场每隔 50 m 设置 1 个自动摇臂喷洒喷头，定时向煤场喷水。输煤采用密闭带式输煤机，运煤系统的各转运点、煤仓间设置静电除尘器 2 台、水力管式除尘器 3 台、布袋除尘器 34 台。

静电除尘器产生的干灰由气力输送至 $3 \times 3\,500$ m³ 的灰库临时贮存，灰库的库顶设置 3 套布袋除尘器，干渣通过干渣发送器送至渣仓临时贮存。

液氨罐区设置有两套水喷淋装置。

废气治理情况见表×-1，脱硝工艺流程见图×-1，除尘工艺流程见图×-2，脱硫工艺流程见图×-3。

表×-1　某电厂废气来源及治理设施

类别	污染源	排放方式	主要污染物	处理措施	
有组织排放	两台锅炉烟气	连续	NO_x	低氮燃烧器，SCR 脱硝，脱硝效率≥80%	两炉共用 1 根 240 m 高的烟囱，处理后的烟气经烟囱排入大气
			烟尘	三室四电场静电除尘，除尘效率≥99.7%	
			SO_2	石灰石-石膏湿法脱硫，脱硫效率≥95%	
无组织排放	煤场	连续	颗粒物	煤场北、东、南侧设置防风抑尘网，煤场内装有喷雾抑尘装置	
	输煤系统	连续	颗粒物	输煤采用密闭带式输煤机，煤仓间设置水力管式除尘器、静电除尘器、布袋除尘器	
	灰库	连续	颗粒物	灰库库顶安装布袋除尘器	
	液氨装卸及贮存	间歇	氨	液氨罐区安装水喷淋装置	

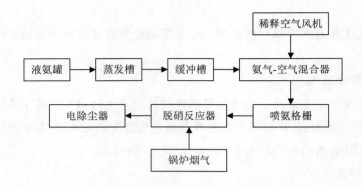

图×-1 脱硝工艺流程示意图

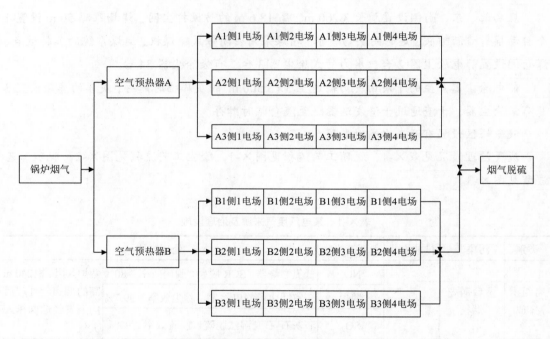

图×-2 除尘工艺流程示意图

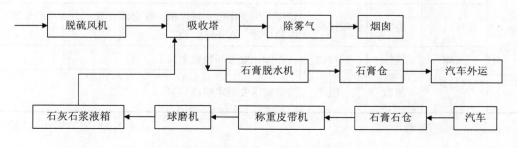

图×-3 脱硫工艺流程示意图

（3）噪声污染源及治理设施

简述并附表说明项目主要噪声设备、源强、运行方式及治理措施等。

【例】

本项目噪声主要来源于汽轮机、磨煤机、送风机、给水泵等在运转过程中产生的机械噪声，以及各类风管、汽管中介质的扩容、节流等产生的气体噪声。治理措施主要有安装低噪声设备；所有转动机械部位加装减振固肋装置；锅炉点火及事故排气管道出口安装消声器；对于噪声影响较大的车间如汽机间、锅炉房等均设隔音室。

主要设备噪声限值及防噪措施见表×-1。

表×-1　主要设备噪声限值及防噪措施

设备	设备台数	安装位置	单机噪声级/ dB（A） （设备 1 m 处）	运行方式	采取措施
冷却塔	2	室外	82	连续	—
引风机	4	室外	85	连续	隔声罩
送风机（吸风口前 3 m 处）	4	室外	90	连续	消声器 隔声罩
发电机	2	汽机房	90	连续	厂房隔声
汽轮机	2	汽机房	90	连续	厂房隔声
励磁机	2	汽机房	90	间歇	厂房隔声
磨煤机	8	锅炉房	90	间歇	隔声罩 厂房隔声
碎煤机	2	碎煤机室	85	间歇	厂房隔声
空压机	2	空压机房	90	连续	消声器 厂房隔声
主变压器	6	室外	75	连续	—
脱硫系统氧化风机	3	风机房	95	连续	厂房隔声
汽动给水泵	2	泵房	90	间歇	厂房隔声
浆液输送泵	2		80	间歇	厂房隔声
浆液循环泵	2		90	间歇	隔声罩
浆液排出泵	2		80	间歇	—
真空泵	2		90	间歇	厂房隔声
湿式球磨机	2	脱硫系统	90	间歇	厂房隔声
锅炉排汽	2	—	110～130	间歇	消声器

（4）固（液）体废物来源及处理处置设施

简述或列表说明项目固体废物名称、来源、种类、产生量、处理处置量、处理处置方式，一般固体废物暂存与污染防治及合同签订情况，危险废物暂存与污染防治及合同签订、委托单位资质、危废转移联单情况等。

涉及固体废物储存场［如灰场、赤泥库、废石堆、尾矿（渣）库等］的，还应简述储存场地理位置、与厂区的距离、类型（山谷型或平原型）、储存方式、设计规模与使用年限、输送方式、输送距离、场区集水及排水系统、场区防渗系统、污染物及污染防治设施、场区周边环境敏感点情况等。

附相关生产设施、环保设施及敏感点图片。

【例】

本项目固体废物主要来源于燃煤产生的灰渣及烟气处理产生的除尘灰、脱硫石膏和废催化剂，固体废物产生量约为 39.18 万 t/a，其中灰 26.14 万 t/a、渣 2.91 万 t/a、脱硫石膏 10.13 万 t/a，废催化剂目前尚未产生。

本项目采用灰渣分除干除灰渣的方式，厂区建有 3 座 2 126 m³ 灰库，1 座 260 m³ 渣仓及 1 座 10 800 m³ 脱硫石膏库。目前，灰渣和脱硫石膏全部综合利用，当综合利用不畅时送至新建事故贮灰场贮存。固体废物产生及处理处置情况见表×-1。

新建××事故灰场项目厂址东北方向约 25 km，属山谷型灰场，沟道深切狭长，占地面积 32×10⁴ m²，有效库容为 930.5 万 m³。初期按本期容量 1×600 MW 机组 3 年灰渣及石膏量设置，远期按贮存规划容量 2×600 MW 机组 20 年左右灰渣及石膏量设置。

灰场设有管理站。灰场上游建设 1 座拦洪坝，下游建设 1 座初级坝及 1 座容积约为 1 万 m³ 的消力池，灰场内建设 1 座防洪溢流竖井；灰场外东、西两侧建有宽约 0.5 m 的防洪沟。灰场附近建设有 3 座地下水观测井，1 座位于灰场管理站上游、2 座位于灰场管理站下游。

根据该隐蔽工程验收记录单（见附件×），本工程灰场采用 0.42 mm 的 PE 土工膜进行防渗，土工膜采用黏接或焊接方式，其上覆土厚度 500 mm。

表×-1　××项目固体废物产生及处理处置情况

序号	固体废物名称	类别	实际产生量/（万 t/a）	综合利用量/（万 t/a）	处理方式	
					环评处理方式	实际处理方式
1	灰	一般废物	26.14	26.14	除灰系统采用正压浓相气力输送系统；干灰供综合利用，不能利用的调湿后经汽车运至灰场碾压贮存	同环评；该电厂与××环保有限公司签订灰渣供应销售协议（协议见附件×）；
2	渣	一般废物	2.91	2.91	除渣系统采用风冷干式机械除渣方式，由汽车外运综合利用。	该电厂与××公司签订脱硫石膏销售协议（协议见附件×）；
3	脱硫石膏	一般废物	10.13	10.13	脱水后存放在石膏仓库，由汽车外运至用户进行综合利用，当综合利用不畅时，在灰场单独划分一块场地堆放石膏	当利用不畅时送到××灰场

序号	固体废物名称	类别	实际产生量/（万 t/a）	综合利用量/（万 t/a）	处理方式	
					环评处理方式	实际处理方式
4	废催化剂	危险废物	目前未产生	—	本工程更换下来的废催化剂将采用由供应商回收的方式进行处置	目前废催化剂尚未产生；电厂根据催化剂寿命及脱硝效率的衰减情况制订了失效催化剂处理计划
合计			39.18	39.18	—	

6.3.4.2 其他环保设施

（1）环境风险防范设施

简述危险化学品贮罐区、生产装置区围堰尺寸，防渗工程、地下水监测（控）井设置数量及位置，事故池数量、有效容积及位置，初期雨水收集系统及雨水切换阀位置、切换方式及状态，危险气体报警器数量、安装位置、常设报警限值，事故报警系统，应急处置物资储备等。

【例】

本项目工业废水处理区域设有容积为 10 m³ 酸碱贮存罐各 1 个，并设有 10 m³ 围堰和收集沟，围堰内地面进行了防腐蚀、防渗滤处理。油库 2 个 2 000 m³ 油罐周边均设有 3 600 m³ 围堰、1 个 30 m³ 事故油池，罐区四周设有围墙及警示牌。2 个 90 m³ 液氨罐四周设置了容积为 225 m³ 的围堰及防溢流收集沟、39 m³ 的事故废水收集池，液氨罐上安装了氨泄漏检测装置及喷淋装置，氨罐区四周设置有围墙挂及警示牌。本项目两台机组脱硫系统各设置了 1 座容积为 3 500 m³ 的脱硫事故浆液罐。厂区还建有 1 座容积为 3 000 m³ 的事故应急池，作为突发事件消防储水池。

（2）排污口、监测设施及在线监测装置

简述废水、废气排放口规范化及监测设施建设情况，如废气监测平台建设、通往监测平台通道、监测孔等；在线监测装置的安装位置、数量、型号、监测因子、监测数据是否联网等。

【例】

本项目在脱硝设施进出口、除尘设施出口、脱硫设施出口均设置有规范的采样孔和采样平台，烟气排口设置有规范的标识牌。脱硝设施进出口、脱硫设施进口及烟囱 85 m 处均安装了在线自动连续监测装置，可监测氮氧化物浓度、氨气浓度、二氧化硫浓度和颗粒物浓度等参数。在线监测系统是上海××科技有限公司集合而成。

项目 6 号、7 号机组脱硫设施出口在线连续监测装置已与××省重点污染源自动监控平台联网，通过××市环保局验收（见附件×）。

（3）其他环境保护设施

环境影响报告书（表）及审批部门审批决定中要求采取的"以新带老"改造工程、关停或拆除现有工程（旧机组或装置）、淘汰落后生产装置、生态恢复工程、规范化排污口及监测设施、绿化工程、边坡防护工程、装置区围堰、防渗工程、事故池等其他环境保护设施。

【例】

××项目"以新带老"落实情况见表×-1。

表×-1 ××项目"以新带老"落实情况

序号	环评及环评批复要求	实际落实情况
1	对现有二期、三期工程4台机组进行脱硫改造	该电厂二期、三期工程4台机组烟气脱硫工程改造已完成，于2009年12月9日通过了××省环境保护厅组织的竣工验收（验收文件见附件×）
2	落实现有灰场封闭和改造工作，严格按照《一般工业固体废物贮存、处置场污染控制标准》（GB 18599—2001）要求制订详细的灰场改造和封闭方案	原有二灰场、三灰场已关闭，清空并覆土绿化；原有一灰场改造尚未实施，但改造方案已制订（一灰场改造方案见附件×）
3	为了加强粉煤灰综合利用、节约用水，电厂正在对粉煤灰机组实施除灰渣系统改造工程，将水力除灰系统改造为干式灰渣分除系统	该电厂已完成二期、三期工程除灰渣系统改造工程，将水力除灰系统改造为干式灰渣分除系统

6.3.4.3 环保设施投资及"三同时"落实情况

简述项目实际总投资额、环保投资额及环保投资占总投资额的百分比，列表按废水、废气、噪声、固体废物、绿化、其他等说明各项环保设施实际投资情况。说明施工合同中环保设施建设进度和资金使用情况、环保设施设计单位与施工单位。将环境影响报告书（表）、初步设计与实际建设环保设施列表对照，主要分废水、废气、固体废物、噪声等。

【例】

××项目环保投资情况见表×-1，环评、设计要求与实际建设情况对比见表×-2。

表×-1 ××项目环保投资情况

序号	项目	费用/万元
1	除尘系统	8 000
2	烟气脱硫系统	27 600
3	脱硝系统	15 000
4	烟囱及烟道	2 500
5	烟气连续监测系统	150
6	绿化及植被恢复	150
7	废污水处理系统	6 404

序号	项目	费用/万元
8	除灰渣系统	8 260
9	灰场	1 577
10	煤场（含防风网）	800
11	噪声控制措施	500
12	环境监测站仪器费	100
13	环保设施竣工验收测试	30
14	水土保持投资	3 911
15	输水管线环保投资	550
环保投资合计		71 071
本期工程总投资		634 965
环保投资占总投资比例/%		11.2

表×-2 ××项目环评、设计要求与实际建设情况对比

序号	环评及批复要求	初步设计	实际落实情况
废气	采用石灰石-石膏湿法脱硫工艺，脱硫效率 95%；采用四电场静电除尘器，除尘效率 99.8%；采用低氮燃烧技术及 SCR 法脱硝，脱硝效率 50%；工程不设烟气旁路；采用烟塔合一排烟方式，由 170 m 高自然通风间冷塔排放烟气	采用四电场静电除尘器，设计效率为 99.7%；本工程采用烟塔合一排烟方式，烟塔高 170 m；本期工程同步建设 SCR 烟气脱硝装置，脱硝效率≥50%，同步建设石灰石-石膏湿法烟气脱硫装置，脱硫系统效率≥95%	采用石灰石-石膏湿法脱硫工艺，脱硫效率 95.7%；采用四电场静电除尘器，除尘效率 99.92%；采用低氮燃烧技术及 SCR 法脱硝，脱硝效率 60.2%；工程未设烟气旁路和 GGH；采用烟塔合一排烟方式，由 180 m 高自然通风间冷塔排放烟气
废水	按照"清污分流、雨污分流"原则设计、建设和完善厂区排水系统及污水处理设施，不断提高水的利用率；采用现有工程废水深度处理装置的回水和××市城市污水处理厂中水作为工业水源，将来自各系统的废水分别处理或集中于工业废水处理系统和生活污水处理站进行处理，处理后废水全部回用；锅炉排水、酸碱废水、空气预热器冲洗排水等，经过中和处理后回收用于输煤系统冲洗、煤场喷洒、干灰调湿用水等；输煤栈桥、转运站等冲洗用水和煤场雨水等含煤废水经各冲洗段收集后，经混凝沉淀处理后继续供输煤系统重复使用；含油废水采用油水分离器隔油分离处理；脱硫废水采用中和、絮凝、澄清法处理后用于干灰增湿；全厂生活污水采用生物接触氧化法处理工艺进行处理；正常工况下，所有废水经处理后全部回用，不外排	本期厂区下水道采用分流制，自流排水，设独立的生活污水下水道、含油废水下水道、工业废水下水道、雨水下水道等；电厂××区生活污水处理站已建成；出水经深度处理后用于本期工程工业用水和锅炉补给水源；电厂本期工程设两套生活污水处理设备，处理后的水用于厂区绿化；电厂本期设两套工业废水处理系统，废水经工业废水处理系统统一处理后补给辅机冷却水系统和用于厂区绿化用水等；电厂本期设两套煤水处理设备，经处理后进入煤水处理间清水池内，供运煤系统重复使用；本期电厂设两套脱硫废水处理系统，处理后回用于干灰加湿	已按照"清污分流、雨污分流"原则对排水管道进行设计，新建生活污水处理系统、脱硫废水处理系统、含煤废水处理系统、化水处理系统（废水深度处理系统），工业废水处理系统使用老厂原有工业废水处理系统；各类废水分类处理，处理后的废水全部回用，该企业未设置废水外排口；厂区排水系统采用雨污分流，雨水经雨水管网收集后由雨水口直接排入××河；电厂××区生活污水处理站中水及××市城市污水处理厂的中水（供水协议见附件×）经深度处理后回用于项目工业用水及锅炉补水

序号	环评及批复要求	初步设计	实际落实情况
噪声	优化厂区平面布置，选用低噪声设备，合理布置高噪声设备；对高噪声设备采取隔声、消声等降噪措施，厂界噪声执行《工业企业厂界环境噪声排放标准》（GB 12348—2008）3 类标准；项目建成投运后应加强跟踪监测，对噪声超标敏感点应采取有效防护措施或实施搬迁，防止噪声扰民；吹管、锅炉排气应采取降噪措施，吹管期间应公告周围居民；加强厂区及周边绿化并设置噪声防护区	在设备选型中，同类设备中选择噪声较低的设备，采用基础阻尼减震处理，设置隔声罩，加装消声器；配隔热罩壳，采用独立基础，减震设计，锅炉排汽口安装高效排汽消声器	该项目采用消声器、基础减震处理、门窗隔声、隔声罩、泵房做吸声处理等降噪减振措施；同时，在 7 号机组吹管期间，以公告形式告知周围居民；已委托××电力设计院进行噪声防护区距离测定（测定报告见附件×）
固体废物	落实现有灰场封闭和改造工作，严格按照《一般工业固体废物贮存、处置场污染控制标准》（GB 18599—2001）要求制订详细的灰场改造和封闭方案；严格按照有关规定，对固体废物实施分类处理、处置，做到"资源化、减量化、无害化"；采用灰渣分除、干除灰的除灰渣系统，灰、渣应立足于全部综合利用，综合利用不畅时运至灰场；灰场的建设和使用应符合《一般工业固体废物贮存、处置场污染控制标准》（GB 18599—2001）Ⅱ类场地要求，库底采用复合土工膜防渗，灰场内设排洪设施，设排水竖井及排水沟，采用分层碾压、洒水抑尘，分块运行堆放；灰场周围设置 500 m 的卫生防护距离；设置地下水质监控井，定期对灰场周边地下水水质进行监测，防止对地下水造成污染	本工程××灰场主要由初期坝、排水设施、灰场底部防渗层、堆灰作业设备、灰场管理站和防风林带构成；本工程除灰渣系统采用灰渣分除、干灰干排、粗细分排方式，渣和灰库下的调湿灰以及脱硫石膏可用自卸汽车送至综合利用用户	原有二灰场、三灰场已关闭，清空并覆土绿化；原有一灰场改造修整方案已制订（改造方案见附件×），目前该公司未对该灰场进行改造；该工程新灰场（××灰场）现已建成，已按照环评及批复以及相关技术规范要求采用复合土工膜进行防渗处理，并建有排洪设施、排水竖井及排水沟、监测井等；该企业未对××灰场周围卫生防护距离进行测定；该工程产生的灰渣采取灰渣分除、干灰干排措施；产生的灰、渣及脱硫石膏全部综合利用（销售协议见附件×）；综合利用不畅时，运至××灰场分区堆放；目前，本项目脱硝系统未产生废催化剂；该企业已委托××设计院对灰场防护距离进行测定（测定报告见附件×）

6.3.5 建设项目环境影响报告书（表）的主要结论与建议、审批部门审批决定

6.3.5.1 建设项目环境影响报告书（表）的主要结论与建议

以表格形式摘录环境影响报告书（表）中对废水、废气、固体废物及噪声污染防治设施效果的要求、工程建设对环境的影响及要求、其他在验收中需要考核的内容，有重大变动环境影响报告书（表）的，也要摘录变动环境影响报告书（表）报告的相关要求。

6.3.5.2 审批部门审批决定

原文抄录环境保护部门对项目环境影响报告书（表）的审批决定，对有重大变动环境影响报告书（表）审批决定的，也要抄录对变动环境影响报告书（表）审批决定的意见。

6.3.6 验收监测执行标准

建设项目竣工环境保护验收污染物排放标准原则上执行环境影响报告书（表）及其审批部门审批决定所规定的标准。在环境影响报告书（表）审批之后发布或修订的标准对建设项目执行该标准有明确时限要求的，按新发布或修订的标准执行。特别排放限值的实施地域范围、时间，按国务院生态环境主管部门或省级人民政府规定执行。

建设项目排放环境影响报告书（表）及其审批部门审批决定中未包括的污染物，执行相应的现行标准。

按环境要素分别以表格形式列出验收执行的国家或地方污染物排放标准、环境质量标准的名称、标准号、标准等级和限值，主要污染物总量控制指标与审批部门审批文件名称、文号，以及其他执行标准的标准来源、标准限值等。

主要污染物排放总量执行环评批复或地方环保主管部门核定的总量控制指标。

【例】

（1）废气排放评价标准

有组织废气污染物排放执行《火电厂大气污染物排放标准》（GB 13223—2003）第 3 时段标准；厂界无组织排放颗粒物执行《大气污染物综合排放标准》（GB 16297—1996）表 2 标准，液氨罐区无组织排放氨执行《恶臭污染物排放标准》（GB 14554—93）表 1 二级标准。

标准限值见表×-1、表×-2。

表×-1　锅炉废气排放评价标准

污染物		执行标准		
		（GB 13223—2011）表 2 排放限值	环审〔××××〕××号	×环函〔××××〕××号
烟尘	排放浓度/（mg/m³）	20	—	—
	除尘效率/%	—	—	≥99.85
二氧化硫	排放浓度/（mg/m³）	50	—	—
	脱硫效率/%	—	—	≥95
氮氧化物	排放浓度/（mg/m³）	100	—	—
	脱硝效率/%	—	≥85	≥85
汞及其化合物	排放浓度/（mg/m³）	0.03	—	—
烟气黑度（林格曼黑度，级）		1	—	—

表×-2　无组织排放评价标准

污染物	浓度限值/（mg/m³）	标准来源
颗粒物	1.0	《大气污染物综合排放标准》（GB 16297—1996）表 2
氨	1.5	《恶臭污染物排放标准》（GB 14554—93）表 1 二级标准

（2）废水排放评价标准

脱硫废水中重金属执行《污水综合排放标准》（GB 8978—1996）表 1 中标准，废水排放执行《污水综合排放标准》（GB 8978—1996）表 4 一级标准和《××河水系（××段）污水综合排放标准》（DB 61/224—2006）一级标准。雨水口排水参照执行《污水综合排放标准》（GB 8978—1996）表 4 一级标准。

标准限值见表×-1。

表×-1　废水排放评价标准　　　　　单位：mg/L（pH 量纲一）

项目	标准值	标准依据
COD	80	《××河水系（××段）污水综合排放标准》（DB 61/224—2006）一级标准
BOD₅	20	
石油类	5	
氨氮	12	
pH	6~9	《污水综合排放标准》（GB 8978—1996）表 1 和表 4 中一级标准
硫化物	1.0	
悬浮物	70	
动植物油	10	
总磷	0.5	
阴离子表面活性剂（LAS）	5.0	
氟化物	10	
总砷	0.5	
总铅	1.0	
总镉	0.1	
总汞	0.05	

（3）噪声评价标准

厂界噪声执行《工业企业厂界环境噪声排放标准》（GB 12348—2008）3 类标准，厂区附近敏感点执行《声环境质量标准》（GB/T 3096—2008）中 2 类标准。标准限值见表×-1。

表×-1　噪声评价标准　　　　　　　　　　　　　　单位：dB（A）

类别	污染物类别	标准限值	标准
厂界噪声	等效连续 A 声级	昼间 65	GB 12348—2008
		夜间 55	3 类
敏感点噪声		昼间 60	GB 3096—2008
		夜间 50	2 类

（4）地下水评价标准

灰场地下水执行《地下水质量标准》（GB/T 14848—93）Ⅲ类标准。标准限值见表×-1。

表×-1　地下水评价标准　　　　　　　　单位：mg/L（pH 量纲一）

项目	标准值	项目	标准值
pH	6.5～8.5	亚硝酸盐氮	≤0.02
氟化物	≤1.0	铅	≤0.05
砷	≤0.05	镉	≤0.01
六价铬	≤0.05	汞	≤0.001
总硬度	≤450		

（5）污染物排放总量控制指标

项目主要污染物总量控制指标见表×-1。

表×-1　主要污染物总量控制指标　　　　　　　　　单位：t/a

项目	总量指标	依据
烟尘	2 500	×环保文〔××××〕××号
二氧化硫	9 000	

6.3.7　验收监测内容

6.3.7.1　环境保护设施调试运行效果

通过对污染物排放及治理设施处理效率的监测结果说明环境保护设施调试运行效果。

（1）废水监测内容

列表给出废水类别、监测点位、监测因子、监测频次及监测周期，雨水排口也应设点监测（有水则测），附废水（包括雨水）监测点位布置图。

【例】

废水监测点位、监测因子、监测周期及频次见表×-1，监测点位布设详见图×-1。

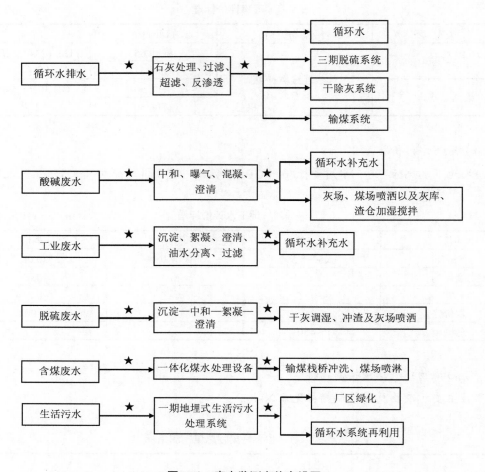

图×-1 废水监测点位布设图

表×-1 废水监测内容

分类	监测点位	监测项目	监测频次
含煤废水	含煤废水处理设施进、出口	SS、处理效率	2 d，4 次/d
酸碱废水	酸碱废水处理设施进、出口	pH	
工业废水	工业废水处理间进口	pH、COD、SS、石油类	
	工业废水处理间出口	pH、COD、SS、石油类	
生活污水	生活污水处理设施进口	pH、COD、BOD_5、氨氮、SS、LAS、总磷、	
	生活污水处理设施出口	动植物油、处理效率	
脱硫废水	脱硫废水处理设施进、出口	pH、氟化物、氯化物、SS、砷、汞、铅、镉	
总排口（有水流即监测）		pH、COD、BOD_5、氨氮、SS、LAS、总磷、	
雨排口（有水流即监测）		动植物油、石油类	

（2）废气监测内容

列表给出废气名称、来源、监测点位、监测因子、监测频次及监测周期，并附废气监测点位布置图，涉及等效排气筒的还应附各排气筒相对位置图。无组织排放监测时，同时监测并记录各监测点位的风向、风速等气象参数。

【例】

有组织排放废气监测内容见表×-1，监测点位布设见图×-1。无组织排放废气监测内容见表×-2，监测点位布设见图×-2。

表×-1　废气监测内容

污染源	监测点位	监测点位数量	监测项目	监测频次
2台 1 000 MW 机组	SCR 脱硝进口	2×2 个断面	烟气参数、氮氧化物	3 次/d，2 d
	SCR 脱硝出口	2×2 个断面	烟气参数、氮氧化物、脱硝效率	
	三室四电场静电除尘器进口	2×6 个断面	烟气参数、烟尘	
	三室四电场静电除尘器出口	2×6 个断面	烟气参数、烟尘、除尘效率	
	脱硫塔进口	2×1 个断面	烟气参数、烟尘、二氧化硫	
	脱硫塔出口	2×1 个断面	烟气参数、烟尘、二氧化硫、氮氧化物、汞及其化合物、脱硫效率、除尘效率、总除尘效率	
240 m 集束烟囱出口		1 根烟囱	烟气黑度	3 次/d，2 d

表×-2　无组织排放废气监测内容

序号	监测点位	监测项目	监测频次
1	厂周界上风向 1 个对照点，下风向设 3 个监控点	颗粒物（小时均值）	
2	液氨储罐区周界上风向 1 个对照点，下风向设 3 个监控点	氨	2 d，4 次/d
3	同时监测气象因子（气温、气压、风向、风力）		

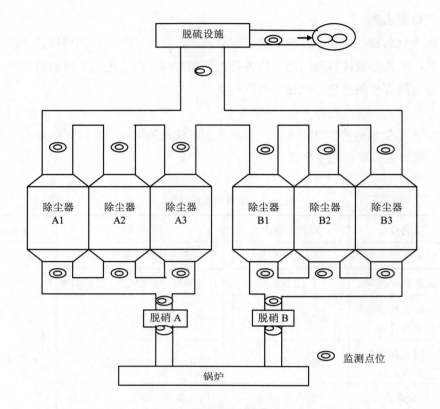

图×-1 锅炉烟气监测点位布设图

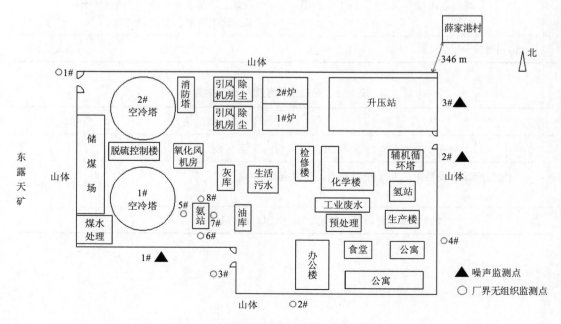

图×-2 无组织排放废气监测点位布设图

（3）噪声监测内容

列表说明厂界噪声监测点位名称、监测量、监测频次及监测周期，附噪声监测点位布设图。

【例】

××项目厂界噪声监测点位、监测因子、监测周期及频次见表×-1，监测点位布设见图×-1。

表×-1　噪声监测内容

噪声类别	监测点位及编号	监测项目	监测频次
厂界噪声	东厂界（▲1、▲2） 北厂界（▲3、▲4） 西北厂界（▲5）	等效声级（L_{eq}）	昼、夜间各 1 次/d，2 d

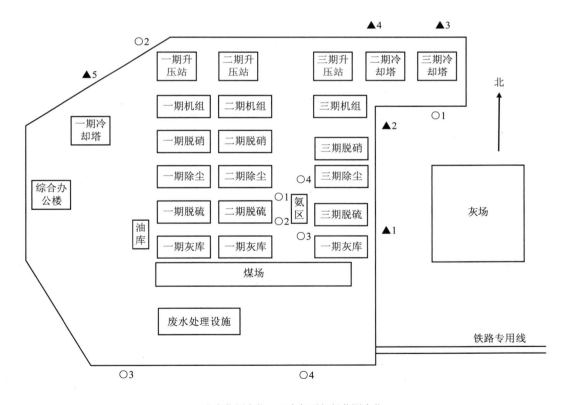

▲噪声监测点位　○废气无组织监测点位

图×-1　厂区平面位置图

6.3.7.2 环境质量监测内容

按环境要素列表说明各环境要素监测点位名称、监测项目、监测频次及监测周期，附相应监测点位布设图。

【例】

（1）敏感点噪声

××项目敏感点噪声监测内容见表×-1，监测点位布设见上页图×-1。

表×-1 敏感点噪声监测内容

噪声类别	监测点位及编号	监测项目	监测频次
敏感点噪声	△9（王×村）	等效声级（L_{eq}）	昼、夜间各1次/d，2 d
	△10（黄×村）		
	△11（××院）		

（2）地下水

灰场周边地下水监测内容见表×-1。

表×-1 灰场周边地下水监测内容

分类	监测点位	监测项目	监测频次
地下水	红×村、张×村、韩×村	pH、高锰酸盐指数、总硬度、铅、汞、砷、镉、六价铬、氟化物，同时测定井深、水深、水温	1次/d，连续2 d

6.3.8 质量保证及质量控制

6.3.8.1 监测分析方法

首选国家标准分析方法，当国家标准分析方法不能满足要求时参考《空气和废气监测分析方法》（第四版）和《水和废水监测分析方法》（第四版）。列表说明废气、废水及噪声监测分析方法名称、方法标准号、方法来源、分析方法的最低检出限、监测仪器名称及型号。

【例】

验收监测分析方法见表×-1。

表×-1　监测分析方法一览表

监测项目		分析方法	分析方法标准号或来源	检出限
废水	pH	便携式 pH 计法	《水和废水监测分析方法》（第四版增补版）	—
	SS	重量法	GB/T 11901—1989	10 mg/L
	COD	快速消解分光光度法	HJ/T 399—2007	15 mg/L
	BOD_5	稀释与接种法	HJ 505—2009	2 mg/L
	氨氮	纳氏试剂比色法	GB/T 7479—1987	0.025 mg/L
	动植物油、石油类	红外分光光度法	GB/T 16488—1996	0.1 mg/L
	总磷	钼酸铵分光光度法	GB/T 11893—1989	0.01 mg/L
	挥发酚	4-氨基安替比林光度法	HJ 503—2009	0.002 mg/L
	脱硫海水 COD	碱性高锰酸钾法	GB/T 17378.4—2007	—
	As	氢化物发生原子荧光法	《水和废水监测分析方法》（第四版增补版）	0.2 μg/L
	Hg	电感耦合等离子体质谱法	EPA 6020	0.01 μg/L
	Cd	电感耦合等离子体质谱法	EPA 6020	0.005 μg/L
废气有组织排放	二氧化硫	定电位电解法	HJ/T 57—2000	2.86 mg/m³
	氮氧化物		《空气和废气监测分析方法》（第四版）	NO₂: 2.05 mg/m³ NO: 1.34 mg/m³
	氧气	氧传感器法	GB/T 16157—1996	—
	烟尘	重量法	GB/T 5468—1991	0.4 mg
	烟温	热电偶法	GB/T 16157—1996	—
	烟气湿度	干湿球法	GB/T 16157—1996	0.1%
	烟气流速	S 型皮托管法	GB/T 5468—1991	—
废气无组织排放	颗粒物	重量法	GB/T 15432—1995	0.001 mg/m³
	氨	纳氏试剂分光光度法	HJ 533—2009	0.03 mg/m³
噪声	厂界噪声	声级计法	GB 12348—2008	30 dB（A）

6.3.8.2　监测仪器

按照监测项目给出所使用的仪器名称、型号、编号及计量检定情况。

【例】

验收监测仪器见表×-1。

表×1 验收监测仪器一览表

监测项目		仪器名称及型号	仪器编号	备注
废水	pH	pH-HJ90B 便携式 pH 计	9000-00115	监测仪器在计量检定有效期内使用
	SS	AG204 电子天平	1125241671	
	COD$_{Cr}$	DR2800COD 快速测定仪	26110027	
	BOD$_5$	LRH-250-A 生化培养箱	26110029	
	氨氮	Uv-1700 紫外可见分光光度计	11024130221CS	
	动植物油、石油类	420 型红外分光测油仪	1090150	
	总磷	Uv-1700 紫外可见分光光度计	11024130221CS	
	As	Agilent 7500a 电感耦合等离子体质谱仪	JP14101203	
	Hg	Agilent 7500a 电感耦合等离子体质谱仪		
	Cd	Agilent 7500a 电感耦合等离子体质谱仪		
废气有组织排放	二氧化硫	KM-9106 烟气分析仪	50399080	
	氮氧化物			
	烟尘	TH880-IV 烟尘全自动采样器	45804457	
废气无组织排放	氨	TH-600 便携式大气采样器	30907143	
	总悬浮颗粒物	TH-150C 智能中流量总悬浮无碳刷采样器	806337、806248、806314、806341、806358	
	噪声	HS6288D 多功能噪声仪	90010067	

6.3.8.3 人员能力

简述参加验收监测人员的资质或能力情况。

6.3.8.4 水质监测分析过程中的质量保证和质量控制

水样的采集、运输、保存、实验室分析和数据计算的全过程均按《环境水质监测质量保证手册》(第四版)的要求进行。选择的方法的检出限应满足要求。采样过程中应采集不少于10%的平行样；实验室分析过程一般应进行空白试验和不少于10%的平行双样测定、加标回收率测定等，对无法进行加标回收的测试样品，做质控样分析或采取其他质控措施，并对质控数据进行分析，附质控数据分析表。

【例】

本项目水质监测质量控制结果见表×-1。

表×-1　水质监测质量控制结果一览表

监测项目	水样编号	平行双样			标准样品	
		测定值/（mg/L）	相对偏差/%	允许偏差/%	真值	测定值
pH	40-13-1	8.50	0.01（差值）	≤0.05 单位	—	—
	M₁	8.51				
	48-13-1	7.69	0（差值）			
	M₂	7.69				
	40-14-2	8.51	0.01（差值）			
	M₃	8.50				
	48-14-2	7.81	0.01（差值）			
	M₄	7.80				
	51-13-1	7.74	0.01（差值）			
	M₅₁	7.75				
	K₅₂	7.65	—			
COD	40-13-1	70	1	≤15	（81.7±6.3）mg/L	76.3 mg/L
	M₁	72				
	48-13-1	28	3	≤20		
	M₂	30				
	40-14-2	26	4			85.4 mg/L
	M₃	28				
	48-14-2	34	6			
	M₄	38				
BOD₅	48-13-1	6.6	7	≤20	—	—
	M₂	5.7				
	48-14-2	5.6	2			
	M₄	5.8				
总硬度	51-13-1	178	2	≤10		
	M₅₁	185				
石油类	—	—	—	—	（65.0±3.5）mg/L	66.0 mg/L
动植物油	—	—	—	—	（65.0±3.5）mg/L	66.0 mg/L
总磷	48-13-1	0.750	0.3	≤5	—	—
	M₂	0.754				
	48-14-2	0.720	0.7			
	M₄	0.710				
LAS	48-13-1	0.165	0.3	≤25	—	—
	M₂	0.164				
	48-14-2	0.077	0			
	M₄	0.077				
氨氮	48-13-1	9.48	0.2	≤10	—	—
	M₂	9.45				
	48-14-2	3.05	0			
	M₄	3.05				

监测项目	水样编号	平行双样			标准样品	
		测定值/（mg/L）	相对偏差/%	允许偏差/%	真值	测定值
高锰酸盐指数	51-13-1	0.6	0	≤25	—	—
	M$_{51}$	0.6		—	—	—
	K$_{52}$	0.5 L	—			
氟化物	51-13-1	0.502	0.2	≤15	—	—
	M$_{51}$	0.500		—	—	—
	K$_{52}$	0.05 L	—			
砷	51-13-1	2.00×10^{-4}	0		（60.6±4.2）μg/L	60.7 μg/L
	M$_{51}$	2.00×10^{-4}				
汞	51-13-1	5.90×10^{-5}	2		（5.02±0.51）μg/L	5.06 μg/L
	M$_{51}$	6.10×10^{-5}				5.11 μg/L
铅	51-13-1	0.010 L	0		（1.02±0.04）mg/L	0.991 mg/L
	M$_{51}$	0.010 L				
镉	51-13-1	0.008 L	0		（0.102±0.006）mg/L	0.100 mg/L
	M$_{51}$	0.008 L				
六价铬	51-13-1	0.004 L	0	≤15	—	—

注：未检出表示为"方法检出限 L"。

6.3.8.5　气体监测分析过程中的质量保证和质量控制

①选择合适的方法尽量避免或减少被测排放物中共存污染物对目标化合物的干扰。方法的检出限应满足要求。

②被测排放物的浓度在仪器量程的有效范围。

③烟尘采样器在进入现场前应对采样器流量计等进行校核。烟气监测（分析）仪器在监测前按监测因子分别用标准气体和流量计对其进行校核（标定），在监测时应保证其采样流量的准确性。附烟气监测校核质控表。

【例】

本项目废气监测质控结果见表×-1 至表×-3。

表×-1　烟气采样仪质控一览表

仪器名称	仪器型号	标气名称	标气浓度/（μmol/mol）	校准浓度/（μmol/mol）
KM9106 烟气分析仪	23309002	SO$_2$	32.6	33
		NO	55.7	56
	13003306	SO$_2$	1 060	1 069
	23309001	NO	496	493
	24307059	NO	55.7	55

表×-2　烟尘测试仪器校准一览表　　　　　　单位：L/min

仪器型号	仪器编号	仪器读数			标准流量计读数		
	451209157	20	35	50	20	35	50
	451209158	20	35	50	20	35	50
TH-880F 烟气分析仪	451209159	20	35	50	20	35	50
	451209160	20	35	50	20	35	50
	451209161	20	35	50	20	35	50
TH-880F2 烟气分析仪	411210012	20	35	50	20	35	50
	411210011	20	35	50	20	35	50
	A09040200	15	35	50	15	35	50
	A09002580D	15	35	50	15	35	50
3012H（D）烟尘测试仪	A09002320D	15	35	50	15	35	50
	A09002200D	15	35	50	15	35	50
	A09002480D	15	35	50	15	35	50
	A09002120D	15	35	50	15	35	50

表×-3　无组织废气采样仪校准一览表　　　　　　单位：L/min

仪器名称	编号	气路名称	标准流量计流量	对应实际流量
	30702042	A	100	100
	30702044	A	100	100
	30702045	A	100	100
TH-150CⅢ	30702046	A	100	100
	30601020	C	0.5	0.5
	30603024	C	0.5	0.5
	30701029	C	0.5	0.5
	30701035	C	0.5	0.5

6.3.8.6　噪声监测分析过程中的质量保证和质量控制

声级计在监测前后用标准发生源进行校准，附噪声仪器校验表。

【例】

本项目声级计校准结果见表×-1。

表×-1　声级计校准一览表

项目	监测时间	测量前校准值	测量后校准值	示值偏差	标准值	是否符合要求
噪声	2018.8.20 昼间	93.8 dB（A）	94.0 dB（A）	0.2 dB（A）	±0.5 dB（A）	是
	2018.8.20 夜间	93.8 dB（A）	93.9 dB（A）	0.1 dB（A）	±0.5 dB（A）	是
	2018.8.21 昼间	93.8 dB（A）	93.9 dB（A）	0.1 dB（A）	±0.5 dB（A）	是
	2018.8.21 夜间	93.8 dB（A）	93.8 dB（A）	0 dB（A）	±0.5 dB（A）	是

6.3.9 验收监测结果

6.3.9.1 生产工况

简述验收监测期间实际运行工况及各项环保设施运行状况，列表说明能反映设备运行负荷的数据或关键参数及燃料等消耗情况表、煤质分析表。

【例】

××项目验收监测期间，1#、2#锅炉运行负荷为78.1%～78.6%，发电负荷为80.2%～80.7%，燃用煤种为某煤矿产煤，废水及废气治理设施运行正常。

监测期间锅炉运行工况见表×-1，燃煤、石灰石及液氨消耗量见表×-2。监测前3个月及监测期间入炉煤质分析结果（月平均值）见表×-3。

表×-1　监测期间运行工况

机组	监测时间	发电量			蒸发量		
		设计值/ （MW/h）	实际值/ （MW/h）	生产负荷/ %	设计值/ （t/h）	实际值/ （t/h）	生产负荷/ %
1# 机组	2018.1.12	600	537.30	89.6	1 938	1 768.45	91.3
	2018.1.13		513.51	85.6		1 670.62	86.2
	2018.1.14		530.08	88.3		1 744.07	90.0
2# 机组	2018.1.12	600	475.60	79.3	1 938	1 473.60	76.0
	2018.1.13		482.11	80.4		1 486.86	76.7
	2018.1.14		498.00	83.0		1 556.50	80.3

表×-2　燃煤、石灰石及液氨消耗量

日期	燃煤量/（t/d）	石灰石用量/（t/d）	钙硫比	液氨消耗量/（t/d）
2017.10	74 962	2 260.4	1.36	—
2017.11	244 213	6 647	1.34	—
2017.12	202 742	9 817	1.02	—
2018.1.12	9 947	605.52	1.27	9.23
2018.1.13	10 511	694.1	1.69	9.48
2018.1.14	11 609	497.14	1.17	12.57
设计值	12 838	554.29	1.03	—

注：前3个月数据由企业提供。

表×-3 监测前 3 个月及监测期间入炉煤煤质分析结果

日期	收到基灰分 A_{ar}/%	收到基全硫 $S_{t,ar}$/%	干燥无灰基挥发分 V_{daf}/%	收到基低位发热量/(MJ/kg)
2017.10	32.94	0.79	42.03	17.67
2017.11	30.20	0.72	40.58	18.30
2017.12	32.64	1.69	42.44	7.4
2018.1.12	29.69	1.70	44.07	19.12
2018.1.13	23.71	1.39	41.05	20.72
2018.1.14	32.33	1.30	43.01	18.05
设计值	25.09	1.00	37.20	17.17

注：监测前 3 个月的煤质由企业提供。

6.3.9.2 环保设施调试运行效果

根据废水、废气等治理设施进、出口监测结果，计算主要污染物处理效率及排放浓度，评价各污染物去除率是否满足环境影响报告书（表）及审批部门审批决定要求或设计指标，污染物排放浓度是否达标，若不能满足要求应分析原因。

【例】

（1）废水治理设施运行效果及排放监测结果

本项目废水治理设施运行效果及废水排放监测结果见表×-1 至表×-5。

表×-1 含煤废水处理设施运行效果监测结果

监测点位	监测日期	SS/（mg/L）					处理效率/%
		第 1 次	第 2 次	第 3 次	第 4 次	日均值	
处理设施进口	2014.3.26	445	511	498	430	471	92.5
	2014.3.27	453	508	476	422	465	
处理设施出口	2014.3.26	40	30	35	32	34	
	2014.3.27	39	32	34	36	35	

表×-2 酸碱废水处理设施运行效果监测结果

监测点位	监测日期	pH			
		第 1 次	第 2 次	第 3 次	第 4 次
处理设施进口	2014.3.26	8.37	8.39	8.37	8.45
	2014.3.27	8.29	8.25	8.30	8.37
处理设施出口	2014.3.26	8.35	8.37	8.32	8.44
	2014.3.27	8.30	8.31	8.29	8.25

注：当进口废水 pH<6 时，酸碱废水处理设施自动开启运行；pH 为 6～9 时，酸碱废水处理设施不启动，该设施作为沉淀池使用。

表×-3　工业废水处理设施运行效果监测结果

监测位置	监测时间		pH	COD/（mg/L）	SS/（mg/L）	石油类/（mg/L）
工业废水处理设施进口	2014.3.26	9:00	8.23	40	70	0.42
		11:00	8.20	38	72	0.38
		15:00	8.34	37	79	0.49
		17:00	8.37	43	76	0.32
		日均值	/	40	74	0.41
	2014.3.27	9:00	8.24	39	50	0.40
		11:00	8.23	38	69	0.39
		15:00	8.37	37	87	0.50
		17:00	8.39	41	81	0.35
		日均值	/	39	71	0.43
	两日均值		/	40	72	0.42
工业废水处理设施出口	2014.3.26	9:00	8.05	20	40	0.13
		11:00	8.09	16	30	0.20
		15:00	8.10	18	29	0.17
		17:00	8.11	17	36	0.19
		日均值	/	18	34	0.17
	2014.3.27	9:00	8.01	18	37	0.18
		11:00	8.04	17	28	0.21
		15:00	8.13	21	30	0.19
		17:00	8.14	21	33	0.15
		日均值	/	19	32	0.18
	两日均值		/	18	33	0.17
处理效率/%			/	55.0	54.2	59.5

表×-4　生活污水处理设施运行效果监测结果

监测位置	监测时间		pH	SS/（mg/L）	COD/（mg/L）	氨氮/（mg/L）	BOD$_5$/（mg/L）	总磷/（mg/L）	LAS/（mg/L）	动植物油/（mg/L）
生活污水处理设施进口	2014.3.26	9:00	7.56	44	138	10.3	22.8	0.39	0.123	1.25
		11:00	7.47	51	132	13.2	25.5	0.36	0.160	1.27
		15:00	7.52	37	150	16.1	22.8	0.30	0.190	1.24
		17:00	7.48	40	144	21.4	21.6	0.36	0.118	1.24
		日均值	/	43	141	15.3	23.1	0.35	0.148	1.25
	2014.3.27	9:00	7.54	157	90	10.8	21.6	0.35	0.128	1.15
		11:00	7.49	148	96	13.3	22.2	0.28	0.155	1.29
		15:00	7.51	96	78	17.1	21.6	0.38	0.185	1.14
		17:00	7.45	82	99	21.0	23.1	0.33	0.115	1.32
		日均值	/	121	90	15.6	22.2	0.34	0.146	1.22
	两日均值		/	82	116	15.4	22.6	0.34	0.147	1.24

监测位置	监测时间		pH	SS/(mg/L)	COD/(mg/L)	氨氮/(mg/L)	BOD$_5$/(mg/L)	总磷/(mg/L)	LAS/(mg/L)	动植物油/(mg/L)
生活污水处理设施出口	2014.3.26	9:00	8.17	29	21	1.95	2.4	0.10	0.110	0.33
		11:00	8.03	31	19	1.78	2.0	0.14	0.089	0.20
		15:00	8.19	28	26	5.24	2.2	0.08	0.080	0.11
		17:00	8.10	30	24	5.82	2.2	0.09	0.065	0.13
		日均值	/	30	22	3.7	2.2	0.10	0.086	0.18
	2014.3.27	9:00	8.15	40	20	1.97	2.1	0.08	0.115	0.23
		11:00	8.05	32	18	1.75	2.1	0.11	0.096	0.21
		15:00	8.11	29	16	5.12	2.4	0.13	0.083	0.17
		17:00	8.13	31	17	5.43	2.2	0.08	0.073	0.15
		日均值	/	33	18	3.6	2.2	0.10	0.092	0.18
两日均值			/	32	20	3.6	2.2	0.10	0.089	0.18
处理效率/%			/	61.0	82.8	76.6	90.3	70.1	38.8	85.5

表×-5　脱硫废水处理设施运行效果监测结果　　　单位：mg/L，pH除外

监测位置	监测时间		pH	SS	氟化物	氯化物	总砷	总汞	总铅	总镉
脱硫废水处理设施进口	2014.3.26	9:00	6.85	20 694	32.8	5.52×10^3	1.12×10^{-2}	0.068	4.0×10^{-4} L	4.0×10^{-4} L
		11:00	6.88	14 802	32.9	6.87×10^3	1.54×10^{-2}	0.076	4.0×10^{-4} L	4.0×10^{-4} L
		15:00	6.85	13 661	34.3	6.18×10^3	1.62×10^{-2}	0.059	4.0×10^{-4} L	4.0×10^{-4} L
		17:00	6.87	19 537	33.4	5.28×10^3	1.38×10^{-2}	0.067	4.0×10^{-4} L	4.0×10^{-4} L
		日均值	/	17 174	33.4	5.96×10^3	1.42×10^{-2}	0.068	4.0×10^{-4} L	4.0×10^{-4} L
	2014.3.27	9:00	6.87	17 926	28.6	7.33×10^3	6.1×10^{-3}	0.081	4.0×10^{-4} L	4.0×10^{-4} L
		11:00	6.95	13 571	28.7	6.37×10^3	7.5×10^{-3}	0.077	4.0×10^{-4} L	4.0×10^{-4} L
		15:00	6.85	12 640	29.1	6.91×10^3	8.7×10^{-3}	0.061	4.0×10^{-4} L	4.0×10^{-4} L
		17:00	6.84	15 980	28.5	6.54×10^3	1.02×10^{-2}	0.065	4.0×10^{-4} L	4.0×10^{-4} L
		日均值	/	15 029	28.7	6.79×10^3	8.1×10^{-3}	0.071	4.0×10^{-4} L	4.0×10^{-4} L
脱硫废水处理设施出口	2014.3.26	9:00	8.62	39	7.00	166	1.0×10^{-4} L	3.5×10^{-4}	4.0×10^{-4} L	4.0×10^{-4} L
		11:00	8.62	28	7.16	166	1.0×10^{-4} L	2.8×10^{-4}	4.0×10^{-4} L	4.0×10^{-4} L
		15:00	8.67	27	5.55	186	1.0×10^{-4} L	4.8×10^{-4}	4.0×10^{-4} L	4.0×10^{-4} L
		17:00	8.69	26	5.98	181	1.0×10^{-4} L	3.9×10^{-4}	4.0×10^{-4} L	4.0×10^{-4} L
		日均值	/	31	6.42	175	1.0×10^{-4} L	3.8×10^{-4}	4.0×10^{-4} L	4.0×10^{-4} L
	2014.3.27	9:00	8.65	32	3.42	182	1.0×10^{-4} L	6.2×10^{-4}	4.0×10^{-4} L	4.0×10^{-4} L
		11:00	8.69	46	2.52	184	1.0×10^{-4} L	5.7×10^{-4}	4.0×10^{-4} L	4.0×10^{-4} L
		15:00	8.70	53	2.38	177	1.0×10^{-4} L	6.3×10^{-4}	4.0×10^{-4} L	4.0×10^{-4} L
		17:00	8.81	50	2.81	184	1.0×10^{-4} L	3.7×10^{-4}	4.0×10^{-4} L	4.0×10^{-4} L
		日均值	/	44	2.78	182	1.0×10^{-4} L	5.5×10^{-4}	4.0×10^{-4} L	4.0×10^{-4} L
处理效率/%			/	99.8	85.2	97.2	94.7	99.3	/	/
最大日均浓度			/	44	6.42	182	1.0×10^{-4} L	5.5×10^{-4}	4.0×10^{-4} L	4.0×10^{-4} L
达标情况			/	/	/	/	达标	达标	达标	达标
标准限值			/	/	/	/	0.5	0.05	1.0	0.1

注：未检出表示为"方法检出限 L"。

监测结果表明，验收监测期间：

含煤废水处理设施对悬浮物的处理效率为 92.5%；

工业废水处理设施对悬浮物、COD、石油类的处理效率分别为 54.2%、55.0%、59.5%；

生活污水处理设施对悬浮物、化学需氧量、氨氮、五日生化需氧量、总磷、阴离子表面活性剂、动植物油的处理效率分别为 61.0%、82.8%、76.6%、90.3%、70.1%、38.8%、85.5%。

脱硫废水处理设施出口废水中总铅、总砷、总汞、总镉均未检出，符合《污水综合排放标准》（GB 8978—1996）表 1 标准限值要求。

监测期间上述废水全部回用不外排；厂废水总排口和雨排口无流水，故未监测。

（2）废气治理设施运行效果及排放监测结果

1）有组织排放

废气治理设施运行效果及烟气排放监测结果见表×-6 至表×-18。

表×-6　1#锅炉脱硝设施监测结果

设施名称	监测日期	监测频次	测试位置	烟气流量/（m³/h）	氮氧化物			脱硝效率/%
					排放浓度/（mg/m³）		排放量/（kg/h）	
					实测值	折算值		
1#锅炉 SCR A 侧脱硝装置	2018.3.26	1	进口	1.41×10^6	483	/	681	85.5
			出口	1.42×10^6	70	/	99	
		2	进口	1.43×10^6	467	/	668	83.8
			出口	1.44×10^6	75	/	108	
		3	进口	1.35×10^6	477	/	644	84.0
			出口	1.36×10^6	76	/	103	
	2018.3.27	1	进口	1.43×10^6	473	/	676	81.8
			出口	1.43×10^6	86	/	123	
		2	进口	1.44×10^6	430	/	619	84.2
			出口	1.47×10^6	67	/	98	
		3	进口	1.46×10^6	438	/	639	83.3
			出口	1.48×10^6	72	/	107	
1#锅炉 SCR B 侧脱硝装置	2018.3.26	1	进口	1.57×10^6	496	/	778	83.4
			出口	1.59×10^6	81	/	129	
		2	进口	1.48×10^6	480	/	710	84.6
			出口	1.50×10^6	73	/	109	
		3	进口	1.50×10^6	474	/	711	85.1
			出口	1.52×10^6	70	/	106	
	2018.3.27	1	进口	1.63×10^6	451	/	735	84.5
			出口	1.65×10^6	69	/	114	
		2	进口	1.45×10^6	485	/	703	83.2
			出口	1.46×10^6	81	/	118	
		3	进口	1.57×10^6	468	/	735	83.1
			出口	1.59×10^6	78	/	124	
环评批复要求					/	/	80	
是否符合环评批复要求					/	/	符合	

表×-7 2#锅炉脱硝设施监测结果

设施名称	监测日期	监测频次	测试位置	烟气流量/（m³/h）	氮氧化物			脱硝效率/%
					排放浓度/（mg/m³）		排放量/（kg/h）	
					实测值	折算值		
2#锅炉SCR A侧脱硝装置	2018.3.26	1	进口	1.61×10^6	609	/	980	86.4
			出口	1.64×10^6	81	/	133	
		2	进口	1.52×10^6	612	/	930	86.6
			出口	1.54×10^6	81	/	125	
		3	进口	1.47×10^6	670	/	985	90.1
			出口	1.49×10^6	66	/	98	
	2018.3.27	1	进口	1.56×10^6	669	/	1.04×10^3	87.7
			出口	1.58×10^6	81	/	128	
		2	进口	1.55×10^6	669	/	1.04×10^3	89.5
			出口	1.58×10^6	69	/	109	
		3	进口	1.52×10^6	661	/	1.00×10^3	89.2
			出口	1.54×10^6	70	/	108	
2#锅炉SCR B侧脱硝装置	2018.3.26	1	进口	1.35×10^6	679	/	917	88.3
			出口	1.37×10^6	78	/	107	
		2	进口	1.40×10^6	690	/	966	88.3
			出口	1.41×10^6	80	/	113	
		3	进口	1.43×10^6	667	/	954	90.0
			出口	1.44×10^6	66	/	95	
	2018.3.27	1	进口	1.49×10^6	681	/	1.02×10^3	89.7
			出口	1.52×10^6	69	/	105	
		2	进口	1.41×10^6	673	/	949	89.6
			出口	1.42×10^6	70	/	99	
		3	进口	1.48×10^6	690	/	1.02×10^3	89.3
			出口	1.49×10^6	73	/	109	
环评批复要求					/	/	/	80
是否符合环评批复要求					/	/	/	符合

表×-8 1#锅炉A侧除尘器监测结果

设施名称	监测日期	监测频次	测试位置	烟气流量/（m³/h）	烟尘浓度/（mg/m³）		烟尘排放量/（kg/h）	除尘效率/%
					实测值	折算值		
1#锅炉A侧静电除尘器	2018.3.26	第1次	A1进口	5.34×10^5	2.81×10^4	/	1.50×10^4	99.82
			A2进口	5.04×10^5	3.08×10^4	/	1.55×10^4	
			A3进口	4.09×10^5	2.98×10^4	/	1.22×10^4	
			总进口	1.45×10^6	2.94×10^4	/	4.27×10^4	
			A1出口	5.58×10^5	51.7	/	28.8	
			A2出口	5.13×10^5	50.9	/	26.1	
			A3出口	4.29×10^5	53.9	/	23.1	
			总出口	1.50×10^6	52.0	/	78.0	

设施名称	监测日期	监测频次	测试位置	烟气流量/（m³/h）	烟尘浓度/（mg/m³） 实测值	折算值	烟尘排放量/（kg/h）	除尘效率/%
1#锅炉 A侧静电除尘器	2018.3.26	第2次	A1进口	5.51×10^5	2.85×10^4	/	1.57×10^4	99.82
			A2进口	5.19×10^5	3.14×10^4	/	1.63×10^4	
			A3进口	4.09×10^5	2.67×10^4	/	1.09×10^4	
			总进口	1.48×10^6	2.90×10^4	/	4.29×10^4	
			A1出口	5.56×10^5	51.0	/	28.4	
			A2出口	5.20×10^5	51.1	/	26.6	
			A3出口	4.12×10^5	51.0	/	21.0	
			总出口	1.49×10^6	51.0	/	76.0	
		第3次	A1进口	4.67×10^5	2.70×10^4	/	1.26×10^4	99.82
			A2进口	4.93×10^5	3.12×10^4	/	1.54×10^4	
			A3进口	4.43×10^5	2.98×10^4	/	1.32×10^4	
			总进口	1.40×10^6	2.94×10^4	/	4.12×10^4	
			A1出口	4.79×10^5	48.1	/	23.0	
			A2出口	5.07×10^5	52.1	/	26.4	
			A3出口	4.50×10^5	50.6	/	22.8	
			总出口	1.44×10^6	50.1	/	72.2	
环评批复要求				/	/	/	/	99.7
是否符合环评批复要求				/	/	/	/	符合

设施名称	监测日期	监测频次	测试位置	烟气流量/（m³/h）	烟尘浓度/（mg/m³） 实测值	折算值	烟尘排放量/（kg/h）	除尘效率/%
1#锅炉 A侧静电除尘器	2018.3.27	第1次	A1进口	5.39×10^5	2.62×10^4	/	1.43×10^4	99.82
			A2进口	5.07×10^5	3.37×10^4	/	1.71×10^4	
			A3进口	4.19×10^5	2.63×10^4	/	1.10×10^4	
			总进口	1.46×10^6	2.90×10^4	/	4.24×10^4	
			A1出口	5.46×10^5	46.9	/	25.6	
			A2出口	5.14×10^5	53.0	/	27.2	
			A3出口	4.27×10^5	54.2	/	23.1	
			总出口	1.49×10^6	50.9	/	75.9	
		第2次	A1进口	5.02×10^5	2.85×10^4	/	1.43×10^4	99.81
			A2进口	5.24×10^5	3.19×10^4	/	1.67×10^4	
			A3进口	4.49×10^5	2.61×10^4	/	1.17×10^4	
			总进口	1.48×10^6	2.89×10^4	/	4.27×10^4	
			A1出口	5.19×10^5	53.9	/	28.0	
			A2出口	5.34×10^5	55.1	/	29.4	
			A3出口	4.52×10^5	51.2	/	23.1	
			总出口	1.50×10^6	53.7	/	80.5	

设施名称	监测日期	监测频次	测试位置	烟气流量/（m³/h）	烟尘浓度/（mg/m³） 实测值	折算值	烟尘排放量/（kg/h）	除尘效率/%
1#锅炉A侧静电除尘器	2018.3.27	第3次	A1 进口	$5.33×10^5$	$2.63×10^4$	/	$1.40×10^4$	99.82
			A2 进口	$5.01×10^5$	$3.13×10^4$	/	$1.57×10^4$	
			A3 进口	$4.48×10^5$	$3.01×10^4$	/	$1.35×10^4$	
			总进口	$1.48×10^6$	$2.92×10^4$	/	$4.32×10^4$	
			A1 出口	$5.30×10^5$	49.8	/	26.4	
			A2 出口	$5.07×10^5$	54.9	/	27.8	
			A3 出口	$4.54×10^5$	48.6	/	22.1	
			总出口	$1.49×10^6$	51.2	/	76.3	
环评批复要求				/	/	/	/	99.7
是否符合环评批复要求				/	/	/	/	符合

表×-9 1#锅炉B侧除尘器监测结果

设施名称	监测日期	监测频次	测试位置	烟气流量/（m³/h）	烟尘浓度/（mg/m³） 实测值	折算值	烟尘排放量/（kg/h）	除尘效率/%
1#锅炉B侧静电除尘器	2018.3.26	第1次	B1 进口	$5.14×10^5$	$3.19×10^4$	/	$1.64×10^4$	99.81
			B2 进口	$5.01×10^5$	$2.99×10^4$	/	$1.50×10^4$	
			B3 进口	$6.35×10^5$	$2.24×10^4$	/	$1.42×10^4$	
			总进口	$1.65×10^6$	$2.76×10^4$	/	$4.56×10^4$	
			B1 出口	$5.16×10^5$	50.9	/	26.3	
			B2 出口	$5.09×10^5$	52.0	/	26.5	
			B3 出口	$6.43×10^5$	55.1	/	35.4	
			总出口	$1.67×10^6$	52.8	/	88.2	
		第2次	B1 进口	$5.01×10^5$	$2.42×10^4$	/	$1.21×10^4$	99.82
			B2 进口	$4.40×10^5$	$3.36×10^4$	/	$1.48×10^4$	
			B3 进口	$5.72×10^5$	$2.73×10^4$	/	$1.56×10^4$	
			总进口	$1.51×10^6$	$2.81×10^4$	/	$4.25×10^4$	
			B1 出口	$5.03×10^5$	49.0	/	24.6	
			B2 出口	$4.48×10^5$	49.9	/	22.4	
			B3 出口	$6.08×10^5$	48.3	/	29.4	
			总出口	$1.56×10^6$	49.0	/	76.4	
		第3次	B1 进口	$4.81×10^5$	$2.56×10^4$	/	$1.23×10^4$	99.82
			B2 进口	$4.80×10^5$	$3.27×10^4$	/	$1.57×10^4$	
			B3 进口	$5.71×10^5$	$2.56×10^4$	/	$1.46×10^4$	
			总进口	$1.53×10^6$	$2.78×10^4$	/	$4.26×10^4$	
			B1 出口	$4.88×10^5$	48.9	/	23.9	
			B2 出口	$4.88×10^5$	48.9	/	23.9	
			B3 出口	$5.86×10^5$	50.0	/	29.3	
			总出口	$1.56×10^6$	49.4	/	77.1	
环评批复要求				/	/	/	/	99.7
是否符合环评批复要求				/	/	/	/	符合

设施名称	监测日期	监测频次	测试位置	烟气流量/（m³/h）	烟尘浓度/（mg/m³）实测值	烟尘浓度/（mg/m³）折算值	烟尘排放量/（kg/h）	除尘效率/%
1#锅炉 B 侧静电除尘器	2018.3.27	第 1 次	B1 进口	5.08×10^5	2.91×10^4	/	1.48×10^4	99.82
			B2 进口	5.10×10^5	3.10×10^4	/	1.58×10^4	
			B3 进口	6.61×10^5	2.51×10^4	/	1.66×10^4	
			总进口	1.68×10^6	2.81×10^4	/	4.72×10^4	
			B1 出口	5.11×10^5	50.9	/	26.0	
			B2 出口	5.17×10^5	48.0	/	24.8	
			B3 出口	6.65×10^5	51.1	/	34.0	
			总出口	1.69×10^6	50.2	/	84.8	
		第 2 次	B1 进口	4.83×10^5	2.46×10^4	/	1.19×10^4	99.81
			B2 进口	4.48×10^5	3.26×10^4	/	1.46×10^4	
			B3 进口	5.68×10^5	2.71×10^4	/	1.54×10^4	
			总进口	1.50×10^6	2.79×10^4	/	4.19×10^4	
			B1 出口	4.84×10^5	52.2	/	25.3	
			B2 出口	4.56×10^5	49.2	/	22.4	
			B3 出口	5.86×10^5	53.4	/	31.3	
			总出口	1.53×10^6	51.6	/	79.0	
		第 3 次	B1 进口	5.09×10^5	3.08×10^4	/	1.57×10^4	99.82
			B2 进口	4.84×10^5	3.10×10^4	/	1.50×10^4	
			B3 进口	6.08×10^5	2.48×10^4	/	1.51×10^4	
			总进口	1.60×10^6	2.86×10^4	/	4.58×10^4	
			B1 出口	5.12×10^5	52.8	/	27.0	
			B2 出口	4.90×10^5	51.0	/	25.0	
			B3 出口	6.14×10^5	52.1	/	32.0	
			总出口	1.62×10^6	51.9	/	84.0	
环评批复要求				/	/	/	/	99.7
是否符合环评批复要求				/	/	/	/	符合

表×-10 2#锅炉 A 侧除尘器监测结果

设施名称	监测日期	监测频次	测试位置	烟气流量/（m³/h）	烟尘浓度/（mg/m³）实测值	烟尘浓度/（mg/m³）折算值	烟尘排放量/（kg/h）	除尘效率/%
2#锅炉 A 侧静电除尘器	2018.3.26	第 1 次	A1 进口	6.49×10^5	2.88×10^4	/	1.87×10^4	99.82
			A2 进口	4.97×10^5	3.22×10^4	/	1.60×10^4	
			A3 进口	5.05×10^5	2.46×10^4	/	1.24×10^4	
			总进口	1.65×10^6	2.85×10^4	/	4.71×10^4	
			A1 出口	6.51×10^5	50.1	/	32.6	
			A2 出口	4.96×10^5	51.8	/	25.7	
			A3 出口	5.09×10^5	50.0	/	25.5	
			总出口	1.66×10^6	50.5	/	83.8	

设施名称	监测日期	监测频次	测试位置	烟气流量/（m³/h）	烟尘浓度/（mg/m³）		烟尘排放量/（kg/h）	除尘效率/%
					实测值	折算值		
2#锅炉 A侧静电除尘器	2018.3.26	第2次	A1进口	$5.67×10^5$	$2.75×10^4$	/	$1.56×10^4$	99.83
			A2进口	$5.11×10^5$	$3.15×10^4$	/	$1.61×10^4$	
			A3进口	$5.03×10^5$	$3.08×10^4$	/	$1.55×10^4$	
			总进口	$1.58×10^6$	$2.99×10^4$	/	$4.72×10^4$	
			A1出口	$5.71×10^5$	51.2	/	29.5	
			A2出口	$5.13×10^5$	52.6	/	27.0	
			A3出口	$5.06×10^5$	49.1	/	24.8	
			总出口	$1.59×10^6$	51.1	/	81.3	
		第3次	A1进口	$5.02×10^5$	$2.53×10^4$	/	$1.27×10^4$	99.81
			A2进口	$5.25×10^5$	$3.20×10^4$	/	$1.68×10^4$	
			A3进口	$4.96×10^5$	$2.64×10^4$	/	$1.29×10^4$	
			总进口	$1.52×10^6$	$2.79×10^4$	/	$4.24×10^4$	
			A1出口	$5.06×10^5$	52.3	/	26.5	
			A2出口	$5.28×10^5$	51.2	/	27.0	
			A3出口	$5.01×10^5$	50.1	/	25.1	
			总出口	$1.54×10^6$	51.0	/	78.6	
环评批复要求				/	/	/	/	99.7
是否符合环评批复要求				/	/	/	/	达标
设施名称	监测日期	监测频次	测试位置	烟气流量/（m³/h）	烟尘浓度/（mg/m³）		烟尘排放量/（kg/h）	除尘效率/%
					实测值	折算值		
2#锅炉 A侧静电除尘器	2018.3.27	第1次	A1进口	$5.30×10^5$	$2.75×10^4$	/	$1.46×10^4$	99.82
			A2进口	$5.18×10^5$	$2.86×10^4$	/	$1.48×10^4$	
			A3进口	$5.43×10^5$	$2.76×10^4$	/	$1.50×10^4$	
			总进口	$1.59×10^6$	$2.79×10^4$	/	$4.44×10^4$	
			A1出口	$5.45×10^5$	53.0	/	28.9	
			A2出口	$5.25×10^5$	52.9	/	27.8	
			A3出口	$5.03×10^5$	47.6	/	23.9	
			总出口	$1.57×10^6$	51.3	/	80.6	
		第2次	A1进口	$5.54×10^5$	$2.91×10^4$	/	$1.61×10^4$	99.82
			A2进口	$5.28×10^5$	$3.07×10^4$	/	$1.62×10^4$	
			A3进口	$4.96×10^5$	$2.82×10^4$	/	$1.40×10^4$	
			总进口	$1.58×10^6$	$2.93×10^4$	/	$4.63×10^4$	
			A1出口	$5.58×10^5$	53.2	/	29.7	
			A2出口	$5.34×10^5$	54.0	/	28.8	
			A3出口	$5.02×10^5$	49.0	/	24.6	
			总出口	$1.59×10^6$	52.3	/	83.1	

设施名称	监测日期	监测频次	测试位置	烟气流量/（m³/h）	烟尘浓度/（mg/m³） 实测值	烟尘浓度/（mg/m³） 折算值	烟尘排放量/（kg/h）	除尘效率/%
2#锅炉A侧静电除尘器	2018.3.27	第3次	A1 进口	$5.16×10^5$	$2.83×10^4$	/	$1.46×10^4$	99.82
			A2 进口	$5.21×10^5$	$3.34×10^4$	/	$1.74×10^4$	
			A3 进口	$5.12×10^5$	$2.71×10^4$	/	$1.39×10^4$	
			总进口	$1.55×10^6$	$2.96×10^4$	/	$4.59×10^4$	
			A1 出口	$5.28×10^5$	51.9	/	27.4	
			A2 出口	$5.22×10^5$	52.6	/	27.5	
			A3 出口	$5.16×10^5$	49.8	/	25.7	
			总出口	$1.57×10^6$	51.3	/	80.6	
环评批复要求				/	/	/	/	99.7
是否符合环评批复要求				/	/	/	/	达标

表×-11 2#锅炉B侧除尘器监测结果

设施名称	监测日期	监测频次	测试位置	烟气流量/（m³/h）	烟尘浓度/（mg/m³） 实测值	烟尘浓度/（mg/m³） 折算值	烟尘排放量/（kg/h）	除尘效率/（%）
2#锅炉B侧静电除尘器	2018.3.26	第1次	B1 进口	$4.44×10^5$	$2.68×10^4$	/	$1.19×10^4$	99.82
			B2 进口	$4.14×10^5$	$3.19×10^4$	/	$1.32×10^4$	
			B3 进口	$5.25×10^5$	$2.53×10^4$	/	$1.33×10^4$	
			总进口	$1.38×10^6$	$2.78×10^4$	/	$3.84×10^4$	
			B1 出口	$4.47×10^5$	50.9	/	22.8	
			B2 出口	$4.17×10^5$	51.0	/	21.3	
			B3 出口	$5.26×10^5$	50.9	/	26.8	
			总出口	$1.39×10^6$	51.0	/	70.9	
		第2次	B1 进口	$4.39×10^5$	$2.78×10^4$	/	$1.22×10^4$	99.83
			B2 进口	$4.94×10^5$	$3.06×10^4$	/	$1.51×10^4$	
			B3 进口	$5.20×10^5$	$3.25×10^4$	/	$1.69×10^4$	
			总进口	$1.45×10^6$	$3.05×10^4$	/	$4.42×10^4$	
			B1 出口	$4.44×10^5$	51.0	/	22.6	
			B2 出口	$5.10×10^5$	51.9	/	26.5	
			B3 出口	$5.21×10^5$	48.0	/	25.0	
			总出口	$1.48×10^6$	51.1	/	74.1	
		第3次	B1 进口	$4.19×10^5$	$2.48×10^4$	/	$1.04×10^4$	99.81
			B2 进口	$5.02×10^5$	$3.19×10^4$	/	$1.60×10^4$	
			B3 进口	$5.07×10^5$	$2.64×10^4$	/	$1.34×10^4$	
			总进口	$1.43×10^6$	$2.78×10^4$	/	$3.98×10^4$	
			B1 出口	$4.40×10^5$	52.1	/	22.9	
			B2 出口	$5.12×10^5$	52.1	/	26.7	
			B3 出口	$5.07×10^5$	49.6	/	25.1	
			总出口	$1.46×10^6$	51.2	/	74.7	
环评批复要求				/	/	/	/	99.7
是否符合环评批复要求				/	/	/	/	符合

设施名称	监测日期	监测频次	测试位置	烟气流量/（m³/h）	烟尘浓度/（mg/m³）实测值	烟尘浓度/（mg/m³）折算值	烟尘排放量/（kg/h）	除尘效率/%
2#锅炉 B 侧静电除尘器	2018.3.27	第1次	B1 进口	$4.77×10^5$	$2.85×10^4$	/	$1.36×10^4$	99.83
			B2 进口	$5.36×10^5$	$3.26×10^4$	/	$1.75×10^4$	
			B3 进口	$5.39×10^5$	$2.89×10^4$	/	$1.56×10^4$	
			总进口	$1.55×10^6$	$3.01×10^4$	/	$4.67×10^4$	
			B1 出口	$4.80×10^5$	50.9	/	24.4	
			B2 出口	$5.46×10^5$	52.9	/	28.9	
			B3 出口	$5.47×10^5$	49.0	/	26.8	
			总出口	$1.57×10^6$	51.0	/	80.1	
		第2次	B1 进口	$4.52×10^5$	$2.65×10^4$	/	$1.20×10^4$	99.82
			B2 进口	$4.84×10^5$	$3.08×10^4$	/	$1.49×10^4$	
			B3 进口	$5.24×10^5$	$2.92×10^4$	/	$1.53×10^4$	
			总进口	$1.46×10^6$	$2.89×10^4$	/	$4.22×10^4$	
			B1 出口	$4.66×10^5$	51.7	/	24.1	
			B2 出口	$4.85×10^5$	51.0	/	24.7	
			B3 出口	$5.30×10^5$	50.1	/	26.6	
			总出口	$1.48×10^6$	50.9	/	75.4	
		第3次	B1 进口	$4.44×10^5$	$3.06×10^4$	/	$1.36×10^4$	99.82
			B2 进口	$5.44×10^5$	$2.98×10^4$	/	$1.62×10^4$	
			B3 进口	$5.30×10^5$	$2.79×10^4$	/	$1.48×10^4$	
			总进口	$1.52×10^6$	$2.93×10^4$	/	$4.46×10^4$	
			B1 出口	$4.56×10^5$	49.0	/	22.3	
			B2 出口	$5.49×10^5$	53.0	/	29.1	
			B3 出口	$5.40×10^5$	52.1	/	28.1	
			总出口	$1.54×10^6$	51.6	/	79.5	
环评批复要求				/	/	/	/	99.7
是否符合环评批复要求				/	/	/	/	符合

表×-12 脱硫岛除尘效率监测结果

设施名称	监测日期	监测频次	测试位置	烟气流量/（m³/h）	烟尘 烟尘排放浓度/（mg/m³）实测值	烟尘 烟尘排放浓度/（mg/m³）折算值	烟尘 烟尘排放量/（kg/h）	除尘效率/%	过量空气系数
1#锅炉 脱硫岛	2018.3.26	第1次	进口	$3.26×10^6$	43.0	/	140	39.1	/
			出口	$3.33×10^6$	25.6	24.9	85.2		1.36
		第2次	进口	$3.13×10^6$	56.6	/	177	62.1	/
			出口	$3.18×10^6$	21	20	67		1.36
		第3次	进口	$3.04×10^6$	45.4	/	138	48.6	/
			出口	$3.10×10^6$	23	23	71		1.37

设施名称	监测日期	监测频次	测试位置	烟气流量/(m³/h)	烟尘			除尘效率/%	过量空气系数
					烟尘排放浓度/(mg/m³)		烟尘排放量/(kg/h)		
					实测值	折算值			
1#锅炉脱硫岛	2018.3.27	第1次	进口	3.25×10⁶	52.2	/	170	46.6	/
			出口	3.34×10⁶	27.2	26	90.8		1.34
		第2次	进口	3.07×10⁶	39.4	/	121	50.4	/
			出口	3.17×10⁶	19	18	60		1.35
		第3次	进口	3.15×10⁶	58.2	/	183	64.5	/
			出口	3.24×10⁶	20	20	65		1.38
2#锅炉脱硫岛	2018.3.26	第1次	进口	3.10×10⁶	47.6	/	148	42.0	/
			出口	3.19×10⁶	26.9	26.3	85.8		1.37
		第2次	进口	3.06×10⁶	50.0	/	153	49.0	/
			出口	3.10×10⁶	25	25	78		1.39
		第3次	进口	3.05×10⁶	42.0	/	128	44.5	/
			出口	3.08×10⁶	23	23	71		1.37
	2018.3.27	第1次	进口	3.20×10⁶	54.4	/	174	47.0	/
			出口	3.28×10⁶	28.1	28.1	92.2		1.40
		第2次	进口	3.15×10⁶	55.3	/	174	52.4	/
			出口	3.16×10⁶	26.2	26.0	82.8		1.39
		第3次	进口	3.21×10⁶	49.2	/	158	41.1	/
			出口	3.25×10⁶	28.6	28.2	93.0		1.38
最大排放浓度/除尘效率范围					28.6	28.2	/	39.1~64.5	/
评价标准					/	50	/	/	/

表×-13 脱硫岛脱硫效率监测结果

设施名称	监测日期	监测频次	测试位置	烟气流量/(m³/h)	SO₂			脱硫效率/%	过量空气系数
					SO₂排放浓度/(mg/m³)		SO₂排放量/(kg/h)		
					实测值	折算值			
1#锅炉脱硫岛	2018.3.26	第1次	进口	3.26×10⁶	2 181	/	7.11×10³	96.0	/
			出口	3.33×10⁶	86	84	286		1.36
		第2次	进口	3.13×10⁶	2 109	/	6.60×10³	95.9	/
			出口	3.18×10⁶	85	83	270		1.36
		第3次	进口	3.04×10⁶	2 162	/	6.57×10³	96.2	/
			出口	3.10×10⁶	80	78	248		1.37
	2018.3.27	第1次	进口	3.25×10⁶	1 631	/	5.30×10³	96.1	/
			出口	3.34×10⁶	62	59	207		1.34
		第2次	进口	3.07×10⁶	1 728	/	5.30×10³	96.8	/
			出口	3.17×10⁶	53	51	168		1.35
		第3次	进口	3.15×10⁶	1 755	/	5.53×10³	97.1	/
			出口	3.24×10⁶	50	49	162		1.38

设施名称	监测日期	监测频次	测试位置	烟气流量/（m³/h）	SO₂			脱硫效率/%	过量空气系数
					SO₂排放浓度/（mg/m³）		SO₂排放量/（kg/h）		
					实测值	折算值			
2#锅炉脱硫岛	2018.3.26	第1次	进口	$3.10×10^6$	1 548	/	$4.80×10^3$	97.5	/
			出口	$3.19×10^6$	38	37	121		1.37
		第2次	进口	$3.06×10^6$	1 482	/	$4.53×10^3$	97.1	/
			出口	$3.10×10^6$	42	42	130		1.39
		第3次	进口	$3.05×10^6$	1 579	/	$4.82×10^3$	97.0	/
			出口	$3.08×10^6$	47	46	145		1.37
	2018.3.27	第1次	进口	$3.20×10^6$	1 661	/	$5.32×10^3$	97.7	/
			出口	$3.28×10^6$	38	38	125		1.40
		第2次	进口	$3.15×10^6$	1 582	/	$4.98×10^3$	97.3	/
			出口	$3.16×10^6$	43	43	136		1.39
		第3次	进口	$3.21×10^6$	1 559	/	$5.00×10^3$	96.6	/
			出口	$3.25×10^6$	53	52	172		1.38
最大排放浓度/脱硫效率范围					86	84	/	95.9～97.7	/
评价标准/环评批复要求					/	400		95	/

表×-14　NOₓ排放监测结果

设施名称	监测日期	监测频次	测试位置	烟气流量/（m³/h）	NOₓ			过量空气系数
					NOₓ排放浓度/（mg/m³）		NOₓ排放量/（kg/h）	
					实测值	折算值		
1#锅炉脱硫岛	2018.3.26	第1次	出口	$3.33×10^6$	64	62	213	1.36
		第2次	出口	$3.18×10^6$	66	64	210	1.36
		第3次	出口	$3.10×10^6$	69	68	214	1.37
	2018.3.27	第1次	出口	$3.34×10^6$	72	69	240	1.34
		第2次	出口	$3.17×10^6$	70	68	222	1.35
		第3次	出口	$3.24×10^6$	70	69	227	1.38
2#锅炉脱硫岛	2018.3.26	第1次	出口	$3.19×10^6$	72	70	230	1.37
		第2次	出口	$3.10×10^6$	66	66	205	1.39
		第3次	出口	$3.08×10^6$	64	63	197	1.37
	2018.3.27	第1次	出口	$3.28×10^6$	61	61	200	1.40
		第2次	出口	$3.16×10^6$	63	63	199	1.39
		第3次	出口	$3.25×10^6$	61	60	198	1.38
最大排放浓度					72	70	/	/
执行标准					/	450	/	/

表×-15 烟气黑度监测结果

监测点位	监测日期	监测频次	烟气黑度（林格曼级）
240 m 高烟囱出口	2018.3.26	第1次	<1
		第2次	<1
		第3次	<1
	2018.3.27	第1次	<1
		第2次	<1
		第3次	<1
GB 13223—2003 标准限值			1

表×-16 除尘器+脱硫岛联合除尘效率统计汇总

设施名称	监测时间	监测频次	测试位置	烟尘排放量/（kg/h）	总除尘效率/%
1#锅炉 除尘器+脱硫岛	2018.3.26	第1次	总进口	$8.83×10^4$	99.90
			总出口	85.2	
		第2次	总进口	$8.54×10^4$	99.92
			总出口	67	
		第3次	总进口	$8.38×10^4$	99.92
			总出口	71	
	2018.3.27	第1次	总进口	$8.92×10^4$	99.90
			总出口	90.8	
		第2次	总进口	$8.46×10^4$	99.93
			总出口	60	
		第3次	总进口	$8.90×10^4$	99.93
			总出口	65	
2#锅炉 除尘器+脱硫岛	2018.3.26	第1次	总进口	$8.55×10^4$	99.90
			总出口	85.8	
		第2次	总进口	$9.14×10^4$	99.91
			总出口	78	
		第3次	总进口	$8.22×10^4$	99.91
			总出口	71	
	2018.3.27	第1次	总进口	$9.11×10^4$	99.90
			总出口	92.2	
		第2次	总进口	$8.85×10^4$	99.91
			总出口	82.8	
		第3次	总进口	$9.05×10^4$	99.90
			总出口	93.0	
设计指标	/	/		/	/

注：总进口为除尘器6个进口加和。

表×-17　锅炉废气污染物排放监测结果统计表

污染源	烟尘 / （mg/m³）	SO₂ / （mg/m³）	NOₓ / （mg/m³）	烟气黑度 （林格曼级）
1# 锅炉	26	84	69	<1
2# 锅炉	28.2	45	70	<1
执行标准	50	400	450	1
参照标准	30	200	100	1
达标情况	达标	达标	达标	达标

表×-18　锅炉废气处理设施运行效率监测结果统计表

锅炉编号	脱硝效率/%	除尘效率/%	脱硫效率/%
1# 锅炉	81.8～85.5	99.81～99.82	95.9～97.1
2# 锅炉	86.4～90.1	99.81～99.83	97.1～97.7
环评批复要求	80	99.7	93
是否符合环评批复要求	符合	符合	符合

监测结果表明，验收监测期间：

1#锅炉外排烟气中烟尘、SO₂、NOₓ最大排放浓度分别为 26 mg/m³、84 mg/m³、69 mg/m³，2#锅炉外排烟气中烟尘、SO₂、NOₓ最大排放浓度分别为 28.2 mg/m³、45 mg/m³、70 mg/m³，烟囱出口烟气黑度小于林格曼 1 级，均符合环评批复标准《火电厂大气污染物排放标准》（GB 13223—2003）第 3 时段标准限值要求，同时符合参照标准《火电厂大气污染物排放标准》（GB 13223—2011）表 1 标准限值要求。

1#锅炉脱硝效率为 81.8%～85.5%，除尘效率为 99.81%～99.82%，脱硫效率为 95.9%～97.1%；2#锅炉脱硝效率为 86.4%～90.1%，除尘效率为 99.81%～99.83%，脱硫效率为 97.1%～97.7%，均符合环评批复要求。

2）无组织排放

无组织排放监测期间气象参数见表×-19，无组织排放废气监测结果见表×-20 和表×-21。

表×-19　厂界无组织排放监测期间气象参数

次数	××××年××月××日				××××年××月××日			
	气温/℃	气压/kPa	风速/（m/s）	风向	气温/℃	气压/kPa	风速/（m/s）	风向
第 1 次	−12	86.8	C	—	−11	87.0	C	—
第 2 次	−11	86.8	C	—	−10	87.0	C	—
第 3 次	−9	86.8	C	—	−8	87.0	C	—
第 4 次	−7	86.8	C	—	−7	87.0	C	—

表×-20 厂界颗粒物无组织排放监测结果   单位：mg/m³

日期	××××年××月××日				××××年××月××日			
点位编号	第1次	第2次	第3次	第4次	第1次	第2次	第3次	第4次
1#	0.172	0.153	0.154	0.270	0.373	0.268	0.172	0.173
2#	0.246	0.171	0.210	0.309	0.437	0.284	0.230	0.231
3#	0.285	0.172	0.191	0.404	0.584	0.322	0.190	0.251
4#	0.192	0.248	0.190	0.289	0.378	0.285	0.231	0.212
最大值	0.584							
标准限值	1.0							
达标情况	达标							

表×-21 液氨罐区周界氨无组织排放监测结果   单位：mg/m³

日期	××××年××月××日				××××年××月××日			
点位编号	第1次	第2次	第3次	第4次	第1次	第2次	第3次	第4次
5#	0.054	0.051	0.061	0.051	0.041	0.054	0.047	0.054
6#	0.054	0.127	0.067	0.051	0.047	0.054	0.047	0.054
7#	0.057	0.051	0.061	0.146	0.054	0.061	0.051	0.064
8#	0.163	0.064	0.064	0.051	0.041	0.225	0.061	0.074
最大值	0.225							
标准限值	1.5							
达标情况	达标							

监测结果表明，验收监测期间本项目厂界无组织排放颗粒物最大监控浓度为 0.584 mg/m³，符合《大气污染物综合排放标准》（GB 16297—1996）表2中无组织排放监控浓度限值要求。液氨罐区周界无组织排放氨最大浓度为 0.225 mg/m³，符合《恶臭污染物排放标准》（GB 14554—93）表1中新扩改建二级标准限值要求。

3）厂界噪声监测结果

厂界噪声监测结果见表×-22。

表×-22 厂界环境噪声监测结果   单位：dB（A）

监测点位	监测日期	昼间		夜间	
		监测值	达标情况	监测值	达标情况
▲1	11.7	56.9	达标	56.5	超标
	11.9	56.7	达标	56.4	超标
▲2	11.7	68.6	超标	68.4	超标
	11.9	68.7	超标	68.5	超标
标准限值		65		55	

监测结果表明，验收监测期间，北厂界 1 号点昼间噪声为 56.7～56.9 dB（A），符合《工业企业厂界环境噪声排放标准》（GB 12348—2008）3 类区排放限值，其夜间噪声为 56.4～56.5 dB（A），2 号点昼夜噪声分别为 68.6～68.7 dB（A）、68.4～68.5 dB（A），均超过《工业企业厂界环境噪声排放标准》（GB 12348—2008）3 类区排放限值要求，昼间最大超标 3.7 dB（A）、夜间最大超标 13.5 dB（A）。超标原因主要是北厂界西侧安装一套辅机冷却系统噪声偏高导致昼、夜厂界环境噪声超标。

6.3.9.3　工程建设对环境的影响

按环境要素列出各项污染物监测结果，并评价其达标情况（无执行标准不评价），若有超标现象应对超标原因进行分析。

【例】

（1）敏感点噪声监测结果

敏感点噪声监测结果见表×-1。

表×-1　敏感点噪声监测结果　　　　　　　　单位：dB（A）

监测点位	昼间			夜间		
	2 月 15 日	2 月 16 日	是否达标	2 月 15 日	2 月 16 日	是否达标
△9（×村）	54.2	53.8	达标	48.8	48.1	达标
△10（××村）	53.6	52.5	达标	48.2	47.7	达标
△11（××院）	53.1	52.0	达标	47.6	48.4	达标
标准限值	60			50		

监测结果表明，验收监测期间×村、××村、××院昼间噪声测值为 52.0～54.2 dB（A），夜间噪声测值为 47.6～48.8 dB（A），均符合《声环境质量标准》（GB 3096—2008）2 类标准限值要求。

（2）地下水监测结果

灰场周边地下水监测控井监测结果见表×-2。

监测结果表明，验收监测期间，灰场周边共设 3 个地下水监测井，各测点地下水各项监测因子均符合《地下水质量标准》（GB/T 14848—93）Ⅲ类标准限值要求。

表×-2　地下水监测结果

监测点位	监测日期	pH	总硬度/（mg/L）	高锰酸盐指数/（mg/L）	氟化物/（mg/L）	As/（mg/L）	Hg/（mg/L）	Pb/（mg/L）	Cd/（mg/L）	六价铬/（mg/L）
××村地下水	2014.1.12.	7.72	180	0.7	0.521	2.00×10^{-4} L	6.30×10^{-5}	0.010 L	0.008 L	0.004 L

监测点位	监测日期	pH	总硬度/(mg/L)	高锰酸盐指数/(mg/L)	氟化物/(mg/L)	As/(mg/L)	Hg/(mg/L)	Pb/(mg/L)	Cd/(mg/L)	六价铬/(mg/L)
××村地下水	2014.1.13	7.74	178	0.6	0.502	$2.00×10^{-4}$ L	$5.90×10^{-5}$	0.010 L	0.008 L	0.004 L
	标准限值	6.5~8.5	450	3.0	1.0	0.05	0.001	0.05	0.01	0.05
	达标情况	达标	达标	达标	达标	达标	达标	达标	达标	达标
北××地下水	2014.1.13	8.04	175	0.5	0.515	$2.00×10^{-4}$ L	$4.70×10^{-5}$	0.010 L	0.008 L	0.004 L
	2014.1.14	8.02	180	0.5	0.490	$2.00×10^{-4}$ L	$4.90×10^{-5}$	0.010 L	0.008 L	0.004 L
	标准限值	6.5~8.5	450	3.0	1.0	0.05	0.001	0.05	0.01	0.05
	达标情况	达标	达标	达标	达标	达标	达标	达标	达标	达标

注：未检出表示为"方法检出限 L"。

6.3.9.4 污染物排放总量

根据各排污口的流量和监测浓度，计算项目主要污染物排放总量，评价是否满足环境影响报告书（表）及审批部门审批决定、排污许可证规定的总量控制指标，无总量控制指标的计算后不评价，但需列出环境影响报告书（表）预测值。

对于有"以新带老"要求的，按环境影响报告书（表）列出"以新带老"前原有工程主要污染物排放量，并根据监测结果计算出"以新带老"后主要污染物产生量和排放量，涉及"区域削减"的，给出实际区域平衡替代削减量，核算项目实施后主要污染物增减量。附主要污染物排放总量核算结果表。

若项目废水接入污水处理厂的只核算纳管量，无须核算排入外环境的总量。

【例】

根据监测结果核算本项目及全厂主要污染物排放总量，见表×-1、表×-2。

表×-1　7#机主要污染物排放总量监测结果

污染物	烟尘	二氧化硫	氮氧化物
排放速率/（kg/h）	32.5	230.5	304.4
实际排放量/（t/a）	178.75	1 267.75	1 674.2
总量控制指标/（t/a）	589	1 900	—
是否满足要求	满足	满足	—
年运行时间/h		5 500	

表×-2　全厂主要污染物排放总量监测结果

污染物	原有工程排放量/（t/a）	"以新带老"后排放量/（t/a）	本工程排放量/（t/a）	全厂实际排放量/（t/a）	环评预测值/（t/a）
烟尘	4 721	887.1	178.75	1 065.85	2 117.2
二氧化硫	70 010	3 200.5	1 267.75	4 468.25	6 282.8
氮氧化物	—	—	1 674.2	—	—

　　根据验收监测结果核算本期工程主要污染物排放总量分别为烟尘 178.75 t/a、二氧化硫 1 267.75 t/a、氮氧化物 1 674.2 t/a，其中烟尘、二氧化硫排放总量均符合××省环保局下达的总量控制指标要求。

　　根据本项目环评报告及原有工程 4 台 200 MW 机组脱硫改造验收报告（附件×），核算全厂主要污染物排放量分别为烟尘 1 065.85 t/a、二氧化硫 4 468.25 t/a。

6.3.10　验收监测结论

　　根据验收监测结果评价废水、废气等各项环保设施主要污染物处理效率是否符合环境影响报告书（表）及审批部门审批决定或设计指标；简述废水、废气（有组织排放、无组织排放）、厂界噪声及主要污染物排放总量监测结果及达标排放情况；评价项目周边地表水、地下水、海水、环境空气、声环境质量等是否达到验收执行标准。

6.3.10.1　环保设施调试运行效果

【例】

（1）环保设施处理效率监测结果

1）废气处理设施

5#锅炉脱硝效率为 81.8%～85.5%，除尘效率为 99.81%～99.82%，脱硫效率为 95.9%～97.1%；6#锅炉脱硝效率为 86.4%～90.1%，除尘效率为 99.81%～99.83%，脱硫效率为 97.1%～97.7%，均符合环评批复要求（脱硝效率≥80%，除尘效率≥99.7%，脱硫效率≥93%）。

2）废水处理设施

工业废水处理设施对 COD、石油类、悬浮物去除效率分别为 54.1%、36.2%、20.8%。

含煤废水处理设施对悬浮物去除效率为 99.6%。

脱硫废水处理设施对砷、铅、汞、镉、氟化物、悬浮物的去除效率分别为 90.2%、88.9%、99.9%、99.9%、95.9%、99.9%。

生活污水处理设施对悬浮物、BOD_5、COD、氨氮、动植物油、总磷、LAS 去除效率分别为 65.7%、87.4%、71.6%、19.9%、89.7%、45.2%、86.4%。

（2）污染物排放监测结果

1）废气

①有组织排放

5#锅炉外排烟气中烟尘、SO_2、NO_x 最大排放浓度分别为 26 mg/m³、84 mg/m³、69 mg/m³，6#锅炉外排烟气中烟尘、SO_2、NO_x 最大排放浓度分别为 28.2 mg/m³、45 mg/m³、70 mg/m³，烟囱出口烟气黑度小于林格曼 1 级，均符合环评批复标准《火电厂大气污染物排放标准》（GB 13223—2003）第 3 时段标准限值要求，同时符合参照标准《火电厂大气污染物排放标准》（GB 13223—2011）表 1 标准限值要求。

②无组织排放

厂界无组织排放颗粒物最大监控浓度为 0.58 mg/m³，符合《大气污染物综合排放标准》（GB 16297—1996）中表 2 标准限值要求；液氨罐区无组织排放氨最大监控浓度为 0.700 mg/m³，符合《恶臭污染物排放标准》（GB 14554—93）表 1 二级标准限值要求。

2）废水

工业废水处理设施出口废水 pH 测值为 8.49～8.53，COD、石油类、悬浮物最大日均浓度分别为 70 mg/L、0.23 mg/L、11 mg/L，均符合《污水综合排放标准》（GB 8978—1996）表 4 一级标准限值要求。

含煤废水处理设施出口废水悬浮物最大日均浓度为 29 mg/L，符合《污水综合排放标准》（GB 8978—1996）表 4 一级标准限值要求。

脱硫废水处理设施出口废水砷、铅、汞最大日均浓度分别为 1.38×10^{-3} mg/L、0.18 mg/L、1.07×10^{-3} mg/L，镉未检出，均符合《污水综合排放标准》（GB 8978—1996）表 1 限值要求。

生活污水处理设施出口废水 pH 测值为 7.69～7.87，悬浮物、BOD_5、COD、氨氮、动植物油、LAS 最大日均浓度分别为 16 mg/L、7.23 mg/L、33 mg/L、9.33 mg/L、0.91 mg/L、0.177 mg/L，均符合《污水综合排放标准》（GB 8978—1996）表 4 一级标准限值要求。总磷最大日均浓度为 0.710 mg/L。

监测期间上述废水经处理后全部回用不外排；厂废水总排口和雨排口无流水，故未监测。

3）厂界噪声

验收监测期间，北厂界 1 号点昼间噪声符合《工业企业厂界环境噪声排放标准》（GB 12348—2008）3 类区排放限值，其夜间噪声及 2 号点昼夜噪声均超过《工业企业厂界环境噪声排放标准》（GB 12348—2008）3 类区排放限值要求，昼间最大超标 3.7 dB（A）、夜间最大超标 13.5 dB（A）。超标原因主要是北厂界西侧安装一套辅机冷却系统噪声偏高导致昼、夜厂界环境噪声超标。

6.3.10.2　主要污染物排放总量

【例】

根据本次验收监测结果，按照年运行 5 500 h 核算，本工程烟尘、二氧化硫排放总量分别为 159.5 t/a、2 684 t/a，均满足总量控制指标要求。氮氧化物排放总量为 940.5 t/a。

本工程属"上大压小"工程，目前原有机组3#—8#已经全部关停，根据环评对本项目原有工程3#—8#机组排放量的统计情况，核算本次"上大压小"工程实施后烟尘、二氧化硫及氮氧化物削减总量分别为9 517.5 t、45 392 t、19 122.5 t。

6.3.10.3　工程建设对环境的影响

【例】

（1）敏感点噪声

×村、××村、××院昼间噪声测值为 52.0～54.2 dB（A），夜间噪声测值为 47.6～48.8 dB（A），均符合《声环境质量标准》（GB 3096—2008）2 类标准限值要求。

（2）地下水

灰场上游、李×村、郭×、罗×镇 4 个监测井地下水 pH 值、氟化物、总硬度、挥发酚、砷、汞、铅、镉、镍测定值均符合《地下水质量标准》（GB/T 14848—93）Ⅲ类标准限值。

7 建设项目竣工环境保护验收效果评估案例

××钢铁公司产业结构调整项目
竣工环境保护验收效果评估报告

建设单位：××钢铁公司

验收监测报告编制单位：××环保科技有限公司

评估单位：××公司

二〇一八年五月

××钢铁公司产业结构调整项目
竣工环境保护验收效果
评估报告

评估单位：

评估单位法人：

评估报告编写人：

评估报告审核人：

评估报告审定人：

评估单位通信资料：

地址：

邮编：

电话：

传真：

E-mail：

目　录

1 前言

略。

2 评估依据

①中华人民共和国国务院令 第 682 号，《建设项目环境保护管理条例》，2017 年 7 月 16 日。

②中华人民共和国环境保护部《关于发布〈建设项目竣工环境保护验收暂行办法〉的公告》（国环规环评〔2017〕4 号），2017 年 11 月 20 日。

③中华人民共和国生态环境部《关于印发〈生态环境部 2018 年建设项目竣工环境保护验收效果评估工作方案〉及相关文件的通知》（环办环评函〔2018〕259 号），2018 年 5 月 10 日。

④中华人民共和国生态环境部《建设项目竣工环境保护验收技术指南 污染影响类》（生态环境部公告 2018 年第 9 号），2018 年 5 月 15 日。

⑤《建设项目竣工环境保护验收效果评估技术指南（试行）》。

⑥《××钢铁公司产业结构调整项目环境影响报告书》，2010 年 10 月。

⑦中华人民共和国环境保护部《关于××钢铁公司产业结构调整项目环境影响报告书的批复》（环审〔2011〕××号）；2011 年 2 月。

3 评估项目概况

"××钢铁公司产业结构调整项目"位于××省××市，为响应国家产业升级与环境保护并重的要求建设，新增烧结、炼铁、炼钢、轧钢生产能力。在建设的同时，淘汰落后生产工艺，对技术装备进行升级改造，并根据目前的环保要求改造现有处理设施。

项目名称：××钢铁公司产业结构调整项目。

建设项目性质：技术改造。

项目内容组成：主要包括主体工程、辅助工程、公用工程、储运工程、环保工程。

总投资及环保投资：略。

建设地点：略。

原环评建设内容：新建年受料量 800 万 t 机械化原料场，2 台 300 m² 烧结机、2 座 2 800 m³ 高炉、2 座 200 t 顶底复吹转炉、2 座 200 t LF 精炼炉、2 台双流板坯连铸机、1 条 1 780 mm

热轧生产线、1 条 2 130 mm 冷轧生产线等生产设施及相应的公辅设施；建设 1 套余热回收装置，同时淘汰一系列落后项目，包括 6 台烧结机、3 座高炉等，并对原有原料场进行改建。

实际建成内容：新建年受料量 800 万 t 机械化原料场，2 台 360 m² 烧结机、2 座 3 200 m³ 高炉、2 座 260 t 顶底复吹转炉、2 座 260 t LF 精炼炉、2 台双流板坯连铸机、1 条 1 780 mm 热轧生产线、1 条 2 130 mm 冷轧生产线等生产设施及相应的公辅设施，按"以新带老"要求拆除 6 台烧结机、2 座高炉等，并对原有原料场进行了改建，但余热回收装置未建。

表 1 项目主要内容及建成情况一览表

项目内容		环评设计内容	实际建设情况	是否变更
主体工程	原料场	年受料量 800 万 t 机械化原料场	年受料量 800 万 t 机械化原料场	不变
	烧结	2 台 300 m² 烧结机	2 台 360 m² 烧结机	产能增大
	炼铁	2 座 2 800 m³ 高炉	2 座 3 200 m³ 高炉	产能增大
	炼钢	2 座 200 t 顶底复吹转炉	2 座 260 t 顶底复吹转炉	产能增大
		2 座 200 t LF 精炼炉	2 座 260 t LF 精炼炉	产能增大
		2 台双流板坯连铸机	2 台双流板坯连铸机	不变
	轧钢	1 条 1 780 mm 热轧生产线	1 条 1 780 mm 热轧生产线	不变
		1 条 2 130 mm 冷轧生产线	1 条 2 130 mm 冷轧生产线	不变
环保工程	原料系统废气	原料运输、装卸、破碎筛分系统废气，共设 6 套脉冲布袋除尘器	原料运输、装卸、破碎筛分系统废气，共设 6 套脉冲布袋除尘器	不变
	烧结厂	燃料破碎、配料、整粒、成品各设 1 套布袋除尘器；烧结机机头系统尾气采用电除尘+石灰石石膏法脱硫处理，150 m 高空排放；烧结机尾气采用电除尘处理，100 m 高空排放；共计 6 套废气处理装置	燃料破碎、配料、整粒、成品各设 1 套布袋除尘器，烧结机机头系统尾气采用三电场+活性炭脱硫脱硝，100 m 高空排放；烧结机尾气系采用电除尘处理，60 m 高空排放；共计 6 套废气处理装置	烧结机机头尾气处理工艺变更，排放高度低于环评要求；机尾尾气排放高度低于环评要求
	炼铁厂	在原料供应系统（高炉上料、各转运站）、出铁场、煤粉喷吹系统、铸铁系统等共安装了 8 套脉冲式袋式除尘器；热风炉废气通过 2 座 70 m 高排气筒排放	在原料供应系统（高炉上料、各转运站）、出铁场、煤粉喷吹系统、铸铁系统等共安装了 8 套脉冲式袋式除尘器；热风炉废气通过 2 座 70 m 高排气筒排放	不变
	炼钢厂	在铁水预处理、铁水倒罐、转炉一次烟气、转炉二次烟气、辅原料上料系统、中间包倾翻系统等处共安装了 7 套袋式除尘器	在铁水预处理、铁水倒罐、转炉二次烟气、辅原料上料系统、中间包倾翻系统等处共安装了 6 套袋式除尘器，转炉一次烟气采用新型 OG 法烟气净化装置	转炉一次烟气处理工艺变化
	轧钢厂	精轧机组安装了 1 套塑烧板除尘器；加热炉废气通过 6 座 90 m 高排气筒排放	精轧机组安装了 1 套塑烧板除尘器；加热炉废气通过 6 座 90 m 高排气筒排放	不变

项目内容		环评设计内容	实际建设情况	是否变更
环保工程	污水处理站	新建污水处理站 1 座, 处理能力为 5 万 t/d, 生产废水经处理后全部回用	新建 1 套生产废水处理站, 处理能力为 5 万 t/d, 生产废水经处理后, 60% 回用于生产, 40% 直接排放	生产废水由处理后完全回用, 变更为部分回用、部分直排
辅助工程	空压站	3 座集中空压站, 共设 13 台空压机	3 座集中空压站, 共设 13 台空压机	不变
	发电装置	1 套干熄焦发电装置	1 套干熄焦发电装置	不变
		2 套高炉煤气 TRT 余压发电装置	2 套高炉煤气 TRT 余压发电装置	不变
		1 套余热发电装置	未建设	未建设
	制氧站	2 套制氧机组	2 套制氧机组	不变
公用工程	供配电	4 座 110 kV 变电站, 1 座 35 kV 变电站, 10 座 10 kV 开关站	4 座 110 kV 变电站, 1 座 35 kV 变电站, 10 座 10 kV 开关站	不变
储运工程	煤气柜	1 座 20 万 m^3 高炉煤气柜	1 座 20 万 m^3 高炉煤气柜	不变
		1 座 10 万 m^3 焦炉煤气柜	1 座 10 万 m^3 焦炉煤气柜	不变
		1 座 10 万 m^3 转炉煤气柜	1 座 10 万 m^3 转炉煤气柜	不变
以新带老	烧结	淘汰 72 m^2 烧结机 2 台、28 m^2 烧结机 4 台	已完成 2 台 72 m^2 烧结机、4 台 28 m^2 烧结机的淘汰工作	不变
	高炉	淘汰 1 座 900 m^3 高炉、2 座 300 m^3 高炉	已完成 1 座 900 m^3 高炉、2 座 300 m^3 高炉的淘汰工作	不变
	原有原料厂改造	改造现有料场, 四周建设实体围墙, 并加盖封闭	已改建为全封闭料场	不变

4 评估结果

4.1 自主验收程序执行情况

4.1.1 时效性

本项目于 2012 年 4 月竣工并投入运行, 但直到 2018 年 7 月才公开验收报告, 项目自主验收时效性较差。具体情况如下:

项目环评审批及建设过程: 本项目于 2010 年 10 月完成环评报告编制, 2011 年 2 月获环境保护部《关于××钢铁公司产业结构调整项目环境影响报告书的批复》(环审〔2011〕××号)。项目于 2011 年 3 月开工建设, 2012 年 4 月竣工并投入运行。

项目验收过程: 本项目自 2012 年 4 月建成投运一直未完成验收工作。2017 年 10 月 1 日,《建设项目环境保护管理条例》(国务院令 第 682 号)正式实施, 改为企业自主开展环保验收。建设单位委托××环境监测公司于 2017 年 10 月开展了竣工环境保护验收监测,并委托××环保科技有限公司于 2018 年 1 月编制完成了验收监测报告。2018 年 1 月，建设单位组织召开了本项目竣工环境保护验收会议。

4.1.2 程序合规性

该项目在实际建设过程中主体工程及环保设施均发生了变更，实际建成内容属于批建不符，且涉嫌重大变动。建设单位在未对变更内容是否属于重大变动进行认定的情况下，开展环保验收，并召开该项目竣工环保验收会形成通过验收意见，属于程序不合规。

4.1.3 信息公开

该项目于 2018 年 1 月 10 日至 2018 年 2 月 10 日在其公司官网公开项目验收报告，并在全国建设项目竣工环境保护验收信息平台上填报信息。

（1）全面性

该项目验收信息公开时间、公开平台基本满足相关规定要求。但公开内容存在以下问题：信息中未填写调试起始时间、调试结束时间、验收监测工况等。

（2）准确性

该项目在平台上公示的个别重要信息不准确，比如：项目实际建成时间为 2012 年 4 月，平台上填写的时间为 2017 年 8 月。

4.2 自主验收内容

4.2.1 自主验收工程内容的完整性

该项目自主验收工程内容包括了主体工程及相关的辅助工程、公用工程、储运工程、环保工程等，涉及环评报告提到的所有建设内容。但该项目配套的余热回收装置未建，且未提出对未建成内容另行分期验收，故该项目验收工程内容不完整。

4.2.2 验收范围确定的合理性

该项目验收范围包括了环评报告提到的所有建设内容。配套的余热回收装置未建，项目验收范围仍将其包含在内，验收范围确定不合理。

4.2.3 变动内容说明程度

该项目批建不符，实际建成内容对比环评报告及批复存在多处变更，变更内容涉及主体工程规模变大、污染处理设施未按要求建设、擅自变更污水排放去向等。主要变动如下：

①项目建设规模增大。本项目烧结机、高炉、转炉等主要生产设施均扩容。对照《钢

铁建设项目重大变动清单（试行）》，"烧结、炼铁、炼钢工序生产能力增加 10%及以上；球团、轧钢工序生产能力增加 30%及以上"，直接判定为重大变动。而本项目烧结、高炉、转炉的生产能力增加均超过 10%，应认定为重大变动。

②污染处理设施变更。本项目烧结机头废气排气筒较环评降低 33.3%，烧结机尾废气排气筒较环评降低 40%。对照《钢铁建设项目重大变动清单（试行）》，"烧结机头废气、烧结机尾废气、球团焙烧废气、高炉矿槽废气、高炉出铁场废气、转炉二次烟气、电炉烟气排气筒高度降低 10%及以上"，直接判定为重大变动。此外，烧结机机头系统尾气处理工艺发生变更，由电除尘+石灰石石膏法脱硫改为三电场+活性炭脱硫脱硝。

③废水排放方式由全部回用改为部分回用，部分直接排放。环评批复要求生产废水经处理后，回用于生产，不外排。而实际建成后，本项目生产废水 60%回用于生产，40%直接排放。对照《钢铁建设项目重大变动清单（试行）》，"废水排放去向由间接排放改为直接排放"，直接判定为重大变动。

该项目验收监测报告中虽部分罗列出以上变更内容，但未明确以上变更是否属于重大变动。

4.3　验收监测报告

4.3.1　验收监测报告内容的完整性

该项目验收监测报告按照《建设项目竣工环境保护验收技术指南　污染影响类》附录2-1 "验收监测报告推荐格式"编制，包括了项目概况、验收依据等 11 部分内容，结构基本完整，但有些章节中部分内容缺失，主要包括：

1）项目概况缺少重要时间节点。未详细说明项目开工、竣工、调试等时间节点。验收工作由来阐述过于简单，未明确说明该项目建成投产后长期未开展竣工环保验收的原因。

2）项目建设情况内容描述不全面。未详细说明本项目环评批复内容、实际建设情况及变更情况。缺少主要原、辅材料的设计及实际使用量等。水平衡图摘抄自环评报告，未根据实际用水量及排放去向进行调整。

3）环境保护设施表述不全面。如缺少废水治理设施相关设计指标；缺少各类型废水的实际排放量统计，仅笼统给出生产废水、生活污水总排放量；缺少废气治理设施设计指标，特别是对主要污染物的处理效率指标；缺少噪声源数量、安装位置、用备情况、运行时间等；缺少固体废物性质描述（属于一般固体废物还是危险废物）等。

4）工程基本情况不完整。未列原环评批复、变更情况及实际建成项目一览表；无本项目产品、产量及主要原辅材料实际耗用量的信息；缺少项目实际建成后废水详细来源、治理、排放情况列表；缺少废气来源、对应治理装置、台数、管道设计风量、尺寸及排放高度等情况列表；缺少噪声来源、治理措施、安装位置、开启时间及厂界周围情况等情况列表等重要信息。

5）质量控制和质量保证章节缺失内容较多。仅按照监测因子列出了监测分析方法及仪器名称，但未列出分析方法检出限、仪器编号及量值溯源记录；仅笼统列出了废水、废气等采样及分析过程中所采用的质控质保措施，但没有质控数据统计表及分析。

6）验收监测结果中工况统计不完整。仅列出了验收监测期间总的生产负荷范围，未列出每天每种产品的生产负荷。此外，未统计验收监测期间生产废水处理装置实际处理量。

7）验收登记表填写不完整、不准确。如本项目有氮氧化物排放，但登记表中未填写；二氧化硫、粉尘产生量填写有误等。

4.3.2 项目基本情况描述的真实性

通过现场核查、人员访谈、资料调阅等方式，对验收监测报告中的建设内容、环保设施等开展核查。核查结果显示，验收监测报告中对基本情况的描述基本真实。

4.3.3 监测内容和结果的科学性

该项目监测内容包括废水、有组织排放废气、无组织排放废气、厂界噪声等，监测类别基本完整，但验收监测内容和结果存在重大缺陷，包括废气未测、无组织排放废气监测内容缺失、废水考核错误等问题，具体如下：

1）废气管道遗漏未测。该项目实际建成的涉及污染排放的管道共 36 根，实际监测了 27 根。其中原料系统涉及 6 根，实际监测 4 根；烧结厂涉及 6 根，实际监测 5 根；炼铁厂涉及 10 根，实际监测 7 根；炼钢厂涉及 7 根，实际监测 6 根；轧钢厂涉及 7 根，实际监测 5 根。该项目有 9 根管道未做监测，验收监测报告中未说明原因，且废气管道不符合《建设项目竣工环境保护验收技术指南　污染影响类》中的抽测原则，不允许抽测。

2）无组织排放废气监测内容遗漏。未按照《炼钢工业大气污染物排放标准》（GB 28664—2012）对车间厂房外废气无组织排放进行监测。

3）废水总排口考核错误。废水总排口监测指标未按《钢铁工业水污染物排放标准》（GB 13456—2012）中第 4.5 条的要求做基准排水量校核，直接用实际排放浓度进行达标性考核。

4）环保设施处理效率未监测。环评批复要求烧结烟气除尘效率达 99.2%以上，而该项目验收监测中，烧结机头未监测电除尘进口烟尘浓度，导致无法计算烧结机头烟气除尘效率，监测报告中未对此进行说明。此外，废水处理设施、多套废气处理设施进口未做监测，导致环保设施处理效率无法计算，且监测报告中未说明原因。

5）无整改措施即开展复测，复测数据缺乏说服力。该项目统计的氮氧化物排放总量超过环评预测值。在未查找原因、未采取整改措施的前提下对总量超标因子进行了复测。根据复测结果统计的氮氧化物总量虽然达标，但监测结果缺乏说服力。

6）验收监测方案与验收监测结果中的监测指标不匹配。如废水监测方案中有氯化物指标，但废水监测结果汇总表以及废水监测数据报告中均无氯化物监测数据。

7）数据报告日期与验收监测报告日期不合逻辑，监测结果不可信。该项目验收监测报告完成日期在烧结机头尾气中二噁英检测报告完成之前，验收监测报告不可信。

4.3.4　支撑材料的有效性

该项目所附支撑材料包括了该项目环境影响报告书环评批复、一般固体废物委托处置合同、危险废物委托处置协议、危险废物处置单位资质证明、废水监测报告、废气监测报告、噪声监测报告等，支撑材料基本完整。主要支撑材料详见表2。

表2　项目主要支撑材料

序号	名称	附件中是否有	是否有效	备注
1	项目环境影响报告书	有	是	—
2	项目环评批复	有	是	—
3	数据报告	有	是	二噁英检测报告日期在项目收监测报告日期之后，时间先后关系不合逻辑
4	一般固体废物委托处置合同	有	是	—
5	危险废物委托处置协议	有	是	—
6	危险废物处置单位资质	有	是	—
7	排污许可证	有	是	—

4.3.5　报告结论及建议的科学性

该项目在有9根有组织废气排放管道未做监测、废水考核错误等情况下，得出该项目污染物排放达标的结论，报告结论不可信。验收建议中未针对该项目存在的重大问题如涉嫌重大变动等提出相应的整改措施，建议不科学。

4.3.6　术语、格式、图件、表格的规范性

该项目监测报告中的术语、格式、图件、表格等基本规范，但存在以下问题：

1）厂区平面布置图标注内容不完整，缺少雨水排放口位置、固体废物堆场、事故池等内容。

2）监测点位图内容不全，缺少有组织排放废气监测点所在位置等内容。

4.4 验收意见

4.4.1 验收意见的完整性

本项目验收意见包括了工程建设基本情况、工程变动情况、环境保护设施建设情况、环保设施调试效果等内容，验收意见结构整体完整。但各部分中细节内容缺失较多，个别重要问题含糊其词。详见表3。

表3 验收意见完整性

序号	类别	验收意见是否包含	内容是否完整	存在问题
1	工程建设基本情况	有	基本完整	缺少内容：①存在缺少验收内容、验收范围不合理等问题，验收意见未提及相关内容；②无环境投诉、处罚等情况介绍
2	工程变动情况	有	不完整	该项目存在多处变更，验收意见部分罗列出变更内容，但验收意见未明确以上变更是否属于重大变动
3	环境保护设施建设情况	有	完整	—
4	环境保护设施调试效果	有	基本完整	未按环评批复要求监测烧结烟气处理效率，验收意见中未说明原因。
5	工程建设对环境的影响	有	完整	—
6	验收结论	有	不完整	未与《建设项目竣工环境保护验收暂行办法》中所规定的验收不合格情形逐一对照
7	后续要求	有	完整	—
8	验收人员信息	有	完整	—

4.4.2 验收结论的可信性

该项目存在涉嫌重大变动、验收监测报告存在较大质量缺陷、支撑材料缺乏有效性等问题，在此前提下得出通过本项目验收的结论，验收结论缺乏可信性。

4.5 其他需要说明的事项

该项目其他需要说明的事项包括环境保护设施设计、施工和验收过程简介，其他环保措施落实情况，整改工作情况三部分内容，基本完整。

5　评估结论及建议

5.1　结论

该项目自主验收程序不合规，验收内容缺失，自主验收监测报告的编制存在较大质量缺陷，不足以支撑最终的监测结论，自主验收意见在此验收监测报告基础上得出通过本项目的结论，可信性较差。主要存在以下问题：

5.1.1　项目存在的问题

1）批建不符，涉嫌存在重大变动，且无相关手续，验收程序不合规。该项目的烧结机、高炉、转炉等主要生产设施均扩容，废水排放方式由全部回用变更为部分回用、部分直接排放，对照《钢铁建设项目重大变动清单（试行）》，属于重大变动。但该项目对变更部分无任何环评审批手续。

2）验收内容缺失，验收范围不合理。配套的余热回收装置未建，验收内容将其包含在内，但事实上并未验收，属于验收内容缺失，验收范围不合理。

3）部分主要污染源未做监测，无法判断是否达标。

5.1.2　报告存在的问题

1）验收监测内容不完整。存在 9 根废气管道遗漏未测、车间厂房外无组织排放废气监测内容缺失、废水考核错误等问题。

2）验收监测报告部分重要内容缺失。验收监测报告中项目环保设施、质控质保等章节的重要内容缺失较多。

3）验收监测报告完成日期在烧结机头尾气中二噁英检测报告完成之前，验收监测报告不可信。

5.2　建议

1）对涉及重大变动的建设内容，应补办相关环保手续。

2）验收范围应仅限于建成部分。未建成部分竣工后，应另行办理环保手续。

3）对遗漏的监测内容进行补测。

4）按照相关技术规范重新编制监测报告。

生态环境部建设项目竣工环境保护验收效果评估表

（试行）

建设项目：××钢铁公司产业结构调整项目

建设单位：××钢铁公司

评估单位：××单位（盖章）

2018 年××月××日

序号	评估分项	评估单项标准	单项评分	分项评分
一	重大问题	1．竣工 12 个月内未完成验收（已申领排污许可证的设施除外）； 2．未按环境影响报告书（表）及其审批部门审批决定要求建成环境保护设施，或者环境保护设施不能与主体工程同时投产或者使用； 3．污染物排放不符合国家和地方相关标准、环境影响报告书（表）及其审批部门审批决定或者重点污染物排放总量控制指标要求； 4．环境影响报告书（表）经批准后，该建设项目的性质、规模、地点、采用的生产工艺或者防治污染、防止生态破坏的措施发生重大变动，建设单位未重新报批环境影响报告书（表）或者环境影响报告书（表）未经批准； 5．建设过程中造成重大环境污染未治理完成，或者造成重大生态破坏未恢复； 6．纳入排污许可管理的建设项目，无证排污或者不按证排污； 7．分期建设、分期投入生产或者使用依法应当分期验收的建设项目，其分期建设、分期投入生产或者使用的环境保护设施防治环境污染和生态破坏的能力不能满足其相应主体工程需要； 8．建设单位因该建设项目违反国家和地方环境保护法律法规受到处罚，被责令改正，尚未改正完成； 9．验收报告的基础资料数据明显不实，内容存在重大缺项、遗漏，验收监测（调查）报告不符合相关规范要求，或者验收结论不明确、不合理； 10．其他环境保护法律法规、规章等规定不得通过环境保护验收	0	0
二	自主验收程序执行情况	时效性	4	
		程序合规性	3	
		信息公开程度（时间节点、内容全面性、信息准确性）	3	
三	自主验收内容评估	自主验收工程内容的完整性	3	
		验收范围确定的合理性	4	
		变动内容说明程度	3	
四	验收监测/调查报告质量	报告格式的规范性	10	
		报告内容的完整性	13	
		与相关技术规范/指南要求的相符性	20	
五	验收意见可行性	意见格式的规范性	5	
		意见内容的完整性	10	
		意见结论的可信性	10	
		建议的针对性与可操作性	2	

序号	评估分项	评估单项标准	单项评分	分项评分
六	其他需要说明的事项	说明事项的完整性	4	
		说明内容的清晰程度	3	
		说明材料的支撑性	3	
总分			0	

一、结论

　　该项目自主验收程序不合规，验收内容缺失，自主验收监测报告的编制存在较大质量缺陷，不足以支撑最终的监测结论，自主验收意见在此验收监测报告基础上得出本项目通过验收的结论，可信性较差。主要存在以下问题：

　　项目存在的问题：

　　1. 批建不符，涉嫌存在重大变动，且无相关手续，验收程序不合规。该项目的烧结机、高炉、转炉等主要生产设施均扩容，废水排放方式由全部回用变更为部分回用、部分直接排放，对照《钢铁建设项目重大变动清单（试行）》，属于重大变动，但该项目对变更部分无任何环评审批手续。

　　2. 验收内容缺失，验收范围不合理。配套的余热回收装置未建，验收内容将其包含在内，但事实上并未验收，属于验收内容缺失，验收范围不合理。

　　3. 部分主要污染源未做监测，无法判断是否达标。

　　报告存在的问题：

　　1. 验收监测内容不完整。存在 9 根废气管道遗漏未测、车间厂房外无组织排放废气监测内容缺失、废水考核指标错误等问题。

　　2. 验收监测报告部分重要内容缺失。验收监测报告中项目环保设施、质控质保等章节的重要内容缺失较多。

　　3. 验收监测报告完成日期在烧结机头尾气中二噁英检测报告完成之前，验收监测报告不可信。

二、建议

　　1. 对涉及重大变动的建设内容，应补办相关环保手续。

　　2. 验收范围应仅限于建成部分。未建成部分竣工后，应另行办理环保手续。

　　3. 对遗漏的监测内容进行补测。

　　4. 按照相关技术规范重新编制监测报告。

说明：1. 存在重大问题的直接扣掉 100 分，分项不计分，总分计为 0 分。

　　　2. 分项评分为各单项评分之和，总分为各分项评分之和。

　　　3. 评估结果以"好"（总分≥90 分）、"较好"（75 分≤总分＜90 分）、"一般"（60 分≤总分＜75 分）、"差"（40 分≤总分＜60 分）、"极差"（总分＜40 分）评判分级。

签名：×××　　日期：××××年××月××日

　　附件 1：现场核查纪要（略）

　　附件 2：现场核查照片（略）

　　附件 3：现场核查会议签到单（略）

参考文献

[1] 中国环境监测总站《环境水质监测质量保证手册》(第二版)编写组. 环境水质监测质量保证手册[M]. 北京: 化学工业出版社, 1994.

[2] 中国环境监测总站《空气和废气监测分析方法》(第四版)编写组. 空气和废气监测分析方法[M]. 北京: 中国环境科学出版社, 2003.

[3] 中国环境监测总站《水和废水监测分析方法》(第四版)编写组. 水和废水监测分析方法[M]. 北京: 中国环境科学出版社, 2002.

[4] 国家环境保护总局《水和废水监测分析方法》(第四版增补版)编写组. 水和废水监测分析方法[M]. 北京: 中国环境科学出版社, 2002.

[5] 国家环境保护总局《空气和废气监测分析方法》(第四版增补版)编写组. 空气和废气监测分析方法[M]. 北京: 中国环境科学出版社, 2007.

[6] 生态环境部环境影响评价司. 环境影响评价管理手册(2018 年版)[M]. 北京: 中国环境出版集团, 2018.

[7] 生态环境部规划财务司. 排污许可管理手册(2018 年版)[M]. 北京: 中国环境出版集团, 2018.

[8] 中国环境监测总站. 建设项目竣工环境保护验收工作技术指南(2019 年版)[M]. 北京: 中国环境出版集团, 2019.

[9] 生态环境部环境工程评估中心. 环境影响评价相关污染法规(2020 年版)[M]. 北京: 中国环境出版集团, 2020.

附 录

附录 I

建设项目环境保护管理条例

中华人民共和国国务院令 第 682 号

《国务院关于修改〈建设项目环境保护管理条例〉的决定》已经 2017 年 6 月 21 日国务院第 177 次常务会议通过，现予公布，自 2017 年 10 月 1 日起施行。

总 理 李克强
2017 年 7 月 16 日

第一章 总 则

第一条 为了防止建设项目产生新的污染、破坏生态环境，制定本条例。

第二条 在中华人民共和国领域和中华人民共和国管辖的其他海域内建设对环境有影响的建设项目，适用本条例。

第三条 建设产生污染的建设项目，必须遵守污染物排放的国家标准和地方标准；在实施重点污染物排放总量控制的区域内，还必须符合重点污染物排放总量控制的要求。

第四条 工业建设项目应当采用能耗物耗小、污染物产生量少的清洁生产工艺，合理利用自然资源，防止环境污染和生态破坏。

第五条 改建、扩建项目和技术改造项目必须采取措施，治理与该项目有关的原有环境污染和生态破坏。

第二章　环境影响评价

第六条　国家实行建设项目环境影响评价制度。

第七条　国家根据建设项目对环境的影响程度，按照下列规定对建设项目的环境保护实行分类管理：

（一）建设项目对环境可能造成重大影响的，应当编制环境影响报告书，对建设项目产生的污染和对环境的影响进行全面、详细的评价；

（二）建设项目对环境可能造成轻度影响的，应当编制环境影响报告表，对建设项目产生的污染和对环境的影响进行分析或者专项评价；

（三）建设项目对环境影响很小，不需要进行环境影响评价的，应当填报环境影响登记表。

建设项目环境影响评价分类管理名录，由国务院环境保护行政主管部门在组织专家进行论证和征求有关部门、行业协会、企事业单位、公众等意见的基础上制定并公布。

第八条　建设项目环境影响报告书，应当包括下列内容：

（一）建设项目概况；

（二）建设项目周围环境现状；

（三）建设项目对环境可能造成影响的分析和预测；

（四）环境保护措施及其经济、技术论证；

（五）环境影响经济损益分析；

（六）对建设项目实施环境监测的建议；

（七）环境影响评价结论。

建设项目环境影响报告表、环境影响登记表的内容和格式，由国务院环境保护行政主管部门规定。

第九条　依法应当编制环境影响报告书、环境影响报告表的建设项目，建设单位应当在开工建设前将环境影响报告书、环境影响报告表报有审批权的环境保护行政主管部门审批；建设项目的环境影响评价文件未依法经审批部门审查或者审查后未予批准的，建设单位不得开工建设。

环境保护行政主管部门审批环境影响报告书、环境影响报告表，应当重点审查建设项目的环境可行性、环境影响分析预测评估的可靠性、环境保护措施的有效性、环境影响评价结论的科学性等，并分别自收到环境影响报告书之日起 60 日内、收到环境影响报告表之日起 30 日内，作出审批决定并书面通知建设单位。

环境保护行政主管部门可以组织技术机构对建设项目环境影响报告书、环境影响报告表进行技术评估，并承担相应费用；技术机构应当对其提出的技术评估意见负责，不得向建设单位、从事环境影响评价工作的单位收取任何费用。

依法应当填报环境影响登记表的建设项目，建设单位应当按照国务院环境保护行政主管部门的规定将环境影响登记表报建设项目所在地县级环境保护行政主管部门备案。

环境保护行政主管部门应当开展环境影响评价文件网上审批、备案和信息公开。

第十条 国务院环境保护行政主管部门负责审批下列建设项目环境影响报告书、环境影响报告表：

（一）核设施、绝密工程等特殊性质的建设项目；

（二）跨省、自治区、直辖市行政区域的建设项目；

（三）国务院审批的或者国务院授权有关部门审批的建设项目。

前款规定以外的建设项目环境影响报告书、环境影响报告表的审批权限，由省、自治区、直辖市人民政府规定。

建设项目造成跨行政区域环境影响，有关环境保护行政主管部门对环境影响评价结论有争议的，其环境影响报告书或者环境影响报告表由共同上一级环境保护行政主管部门审批。

第十一条 建设项目有下列情形之一的，环境保护行政主管部门应当对环境影响报告书、环境影响报告表作出不予批准的决定：

（一）建设项目类型及其选址、布局、规模等不符合环境保护法律法规和相关法定规划；

（二）所在区域环境质量未达到国家或者地方环境质量标准，且建设项目拟采取的措施不能满足区域环境质量改善目标管理要求；

（三）建设项目采取的污染防治措施无法确保污染物排放达到国家和地方排放标准，或者未采取必要措施预防和控制生态破坏；

（四）改建、扩建和技术改造项目，未针对项目原有环境污染和生态破坏提出有效防治措施；

（五）建设项目的环境影响报告书、环境影响报告表的基础资料数据明显不实，内容存在重大缺陷、遗漏，或者环境影响评价结论不明确、不合理。

第十二条 建设项目环境影响报告书、环境影响报告表经批准后，建设项目的性质、规模、地点、采用的生产工艺或者防治污染、防止生态破坏的措施发生重大变动的，建设单位应当重新报批建设项目环境影响报告书、环境影响报告表。

建设项目环境影响报告书、环境影响报告表自批准之日起满5年，建设项目方开工建设的，其环境影响报告书、环境影响报告表应当报原审批部门重新审核。原审批部门应当自收到建设项目环境影响报告书、环境影响报告表之日起10日内，将审核意见书面通知建设单位；逾期未通知的，视为审核同意。

审核、审批建设项目环境影响报告书、环境影响报告表及备案环境影响登记表，不得收取任何费用。

第十三条 建设单位可以采取公开招标的方式，选择从事环境影响评价工作的单位，对建设项目进行环境影响评价。

任何行政机关不得为建设单位指定从事环境影响评价工作的单位，进行环境影响评价。

第十四条 建设单位编制环境影响报告书，应当依照有关法律规定，征求建设项目所在地有关单位和居民的意见。

第三章　环境保护设施建设

第十五条 建设项目需要配套建设的环境保护设施，必须与主体工程同时设计、同时施工、同时投产使用。

第十六条 建设项目的初步设计，应当按照环境保护设计规范的要求，编制环境保护篇章，落实防治环境污染和生态破坏的措施以及环境保护设施投资概算。

建设单位应当将环境保护设施建设纳入施工合同，保证环境保护设施建设进度和资金，并在项目建设过程中同时组织实施环境影响报告书、环境影响报告表及其审批部门审批决定中提出的环境保护对策措施。

第十七条 编制环境影响报告书、环境影响报告表的建设项目竣工后，建设单位应当按照国务院环境保护行政主管部门规定的标准和程序，对配套建设的环境保护设施进行验收，编制验收报告。

建设单位在环境保护设施验收过程中，应当如实查验、监测、记载建设项目环境保护设施的建设和调试情况，不得弄虚作假。

除按照国家规定需要保密的情形外，建设单位应当依法向社会公开验收报告。

第十八条 分期建设、分期投入生产或者使用的建设项目，其相应的环境保护设施应当分期验收。

第十九条 编制环境影响报告书、环境影响报告表的建设项目，其配套建设的环境保护设施经验收合格，方可投入生产或者使用；未经验收或者验收不合格的，不得投入生产或者使用。

前款规定的建设项目投入生产或者使用后，应当按照国务院环境保护行政主管部门的规定开展环境影响后评价。

第二十条 环境保护行政主管部门应当对建设项目环境保护设施设计、施工、验收、投入生产或者使用情况，以及有关环境影响评价文件确定的其他环境保护措施的落实情况，进行监督检查。

环境保护行政主管部门应当将建设项目有关环境违法信息记入社会诚信档案，及时向社会公开违法者名单。

第四章　法律责任

第二十一条　建设单位有下列行为之一的，依照《中华人民共和国环境影响评价法》的规定处罚：

（一）建设项目环境影响报告书、环境影响报告表未依法报批或者报请重新审核，擅自开工建设；

（二）建设项目环境影响报告书、环境影响报告表未经批准或者重新审核同意，擅自开工建设；

（三）建设项目环境影响登记表未依法备案。

第二十二条　违反本条例规定，建设单位编制建设项目初步设计未落实防治环境污染和生态破坏的措施以及环境保护设施投资概算，未将环境保护设施建设纳入施工合同，或者未依法开展环境影响后评价的，由建设项目所在地县级以上环境保护行政主管部门责令限期改正，处 5 万元以上 20 万元以下的罚款；逾期不改正的，处 20 万元以上 100 万元以下的罚款。

违反本条例规定，建设单位在项目建设过程中未同时组织实施环境影响报告书、环境影响报告表及其审批部门审批决定中提出的环境保护对策措施的，由建设项目所在地县级以上环境保护行政主管部门责令限期改正，处 20 万元以上 100 万元以下的罚款；逾期不改正的，责令停止建设。

第二十三条　违反本条例规定，需要配套建设的环境保护设施未建成、未经验收或者验收不合格，建设项目即投入生产或者使用，或者在环境保护设施验收中弄虚作假的，由县级以上环境保护行政主管部门责令限期改正，处 20 万元以上 100 万元以下的罚款；逾期不改正的，处 100 万元以上 200 万元以下的罚款；对直接负责的主管人员和其他责任人员，处 5 万元以上 20 万元以下的罚款；造成重大环境污染或者生态破坏的，责令停止生产或者使用，或者报经有批准权的人民政府批准，责令关闭。

违反本条例规定，建设单位未依法向社会公开环境保护设施验收报告的，由县级以上环境保护行政主管部门责令公开，处 5 万元以上 20 万元以下的罚款，并予以公告。

第二十四条　违反本条例规定，技术机构向建设单位、从事环境影响评价工作的单位收取费用的，由县级以上环境保护行政主管部门责令退还所收费用，处所收费用 1 倍以上 3 倍以下的罚款。

第二十五条　从事建设项目环境影响评价工作的单位，在环境影响评价工作中弄虚作假的，由县级以上环境保护行政主管部门处所收费用 1 倍以上 3 倍以下的罚款。

第二十六条　环境保护行政主管部门的工作人员徇私舞弊、滥用职权、玩忽职守，构成犯罪的，依法追究刑事责任；尚不构成犯罪的，依法给予行政处分。

第五章 附 则

第二十七条 流域开发、开发区建设、城市新区建设和旧区改建等区域性开发，编制建设规划时，应当进行环境影响评价。具体办法由国务院环境保护行政主管部门会同国务院有关部门另行规定。

第二十八条 海洋工程建设项目的环境保护管理，按照国务院关于海洋工程环境保护管理的规定执行。

第二十九条 军事设施建设项目的环境保护管理，按照中央军事委员会的有关规定执行。

第三十条 本条例自发布之日起施行。

附录 II

关于发布《建设项目竣工环境保护验收暂行办法》的公告

（国环规环评〔2017〕4 号）

为贯彻落实新修改的《建设项目环境保护管理条例》，规范建设项目竣工后建设单位自主开展环境保护验收的程序和标准，我部制定了《建设项目竣工环境保护验收暂行办法》（以下简称《暂行办法》，见附件），现予公布。

建设项目需要配套建设水、噪声或者固体废物污染防治设施的，新修改的《中华人民共和国水污染防治法》生效实施前或者《中华人民共和国固体废物污染环境防治法》《中华人民共和国环境噪声污染防治法》修改完成前，应依法由环境保护部门对建设项目水、噪声或者固体废物污染防治设施进行验收。

《暂行办法》中涉及的《建设项目竣工环境保护验收技术指南　污染影响类》，环境保护部将另行发布。"全国建设项目竣工环境保护验收信息平台"将于 2017 年 12 月 1 日上线试运行，网址为 http://47.94.79.251。可以登录环境保护部网站查询建设项目竣工环境保护验收相关技术规范（kjs.mep.gov.cn/hjbhbz/bzwb/other）。

本公告自发布之日起施行。

特此公告。

环境保护部

2017 年 11 月 20 日

附件：

建设项目竣工环境保护验收暂行办法

第一章　总　则

第一条　为规范建设项目环境保护设施竣工验收的程序和标准，强化建设单位环境保护主体责任，根据《建设项目环境保护管理条例》，制定本办法。

第二条　本办法适用于编制环境影响报告书（表）并根据环保法律法规的规定由建设

单位实施环境保护设施竣工验收的建设项目以及相关监督管理。

第三条 建设项目竣工环境保护验收的主要依据包括:

(一)建设项目环境保护相关法律、法规、规章、标准和规范性文件;

(二)建设项目竣工环境保护验收技术规范;

(三)建设项目环境影响报告书(表)及审批部门审批决定。

第四条 建设单位是建设项目竣工环境保护验收的责任主体,应当按照本办法规定的程序和标准,组织对配套建设的环境保护设施进行验收,编制验收报告,公开相关信息,接受社会监督,确保建设项目需要配套建设的环境保护设施与主体工程同时投产或者使用,并对验收内容、结论和所公开信息的真实性、准确性和完整性负责,不得在验收过程中弄虚作假。

环境保护设施是指防治环境污染和生态破坏以及开展环境监测所需的装置、设备和工程设施等。

验收报告分为验收监测(调查)报告、验收意见和其他需要说明的事项等三项内容。

第二章 验收的程序和内容

第五条 建设项目竣工后,建设单位应当如实查验、监测、记载建设项目环境保护设施的建设和调试情况,编制验收监测(调查)报告。

以排放污染物为主的建设项目,参照《建设项目竣工环境保护验收技术指南 污染影响类》编制验收监测报告;主要对生态造成影响的建设项目,按照《建设项目竣工环境保护验收技术规范 生态影响类》编制验收调查报告;火力发电、石油炼制、水利水电、核与辐射等已发布行业验收技术规范的建设项目,按照该行业验收技术规范编制验收监测报告或者验收调查报告。

建设单位不具备编制验收监测(调查)报告能力的,可以委托有能力的技术机构编制。

建设单位对受委托的技术机构编制的验收监测(调查)报告结论负责。建设单位与受委托的技术机构之间的权利义务关系,以及受委托的技术机构应当承担的责任,可以通过合同形式约定。

第六条 需要对建设项目配套建设的环境保护设施进行调试的,建设单位应当确保调试期间污染物排放符合国家和地方有关污染物排放标准和排污许可等相关管理规定。

环境保护设施未与主体工程同时建成的,或者应当取得排污许可证但未取得的,建设单位不得对该建设项目环境保护设施进行调试。

调试期间,建设单位应当对环境保护设施运行情况和建设项目对环境的影响进行监测。验收监测应当在确保主体工程调试工况稳定、环境保护设施运行正常的情况下进行,并如实记录监测时的实际工况。国家和地方有关污染物排放标准或者行业验收技术规范对工况和生产负荷另有规定的，按其规定执行。建设单位开展验收监测活动，可根据自身条件和能力，利用自有人员、场所和设备自行监测；也可以委托其他有能力的监测机构开展监测。

第七条 验收监测（调查）报告编制完成后，建设单位应当根据验收监测（调查）报告结论，逐一检查是否存在本办法第八条所列验收不合格的情形，提出验收意见。存在问题的，建设单位应当进行整改，整改完成后方可提出验收意见。

验收意见包括工程建设基本情况、工程变动情况、环境保护设施落实情况、环境保护设施调试效果、工程建设对环境的影响、验收结论和后续要求等内容，验收结论应当明确该建设项目环境保护设施是否验收合格。

建设项目配套建设的环境保护设施经验收合格后，其主体工程方可投入生产或者使用；未经验收或者验收不合格的，不得投入生产或者使用。

第八条 建设项目环境保护设施存在下列情形之一的，建设单位不得提出验收合格的意见：

（一）未按环境影响报告书（表）及其审批部门审批决定要求建成环境保护设施，或者环境保护设施不能与主体工程同时投产或者使用的；

（二）污染物排放不符合国家和地方相关标准、环境影响报告书（表）及其审批部门审批决定或者重点污染物排放总量控制指标要求的；

（三）环境影响报告书（表）经批准后，该建设项目的性质、规模、地点、采用的生产工艺或者防治污染、防止生态破坏的措施发生重大变动，建设单位未重新报批环境影响报告书（表）或者环境影响报告书（表）未经批准的；

（四）建设过程中造成重大环境污染未治理完成，或者造成重大生态破坏未恢复的；

（五）纳入排污许可管理的建设项目，无证排污或者不按证排污的；

（六）分期建设、分期投入生产或者使用依法应当分期验收的建设项目，其分期建设、分期投入生产或者使用的环境保护设施防治环境污染和生态破坏的能力不能满足其相应主体工程需要的；

（七）建设单位因该建设项目违反国家和地方环境保护法律法规受到处罚，被责令改正，尚未改正完成的；

（八）验收报告的基础资料数据明显不实，内容存在重大缺项、遗漏，或者验收结论不明确、不合理的；

（九）其他环境保护法律法规规章等规定不得通过环境保护验收的。

第九条 为提高验收的有效性，在提出验收意见的过程中，建设单位可以组织成立验收工作组，采取现场检查、资料查阅、召开验收会议等方式，协助开展验收工作。验收工作组可以由设计单位、施工单位、环境影响报告书（表）编制机构、验收监测（调查）报告编制机构等单位代表以及专业技术专家等组成，代表范围和人数自定。

第十条 建设单位在"其他需要说明的事项"中应当如实记载环境保护设施设计、施工和验收过程简况、环境影响报告书（表）及其审批部门审批决定中提出的除环境保护设施外的其他环境保护对策措施的实施情况，以及整改工作情况等。

相关地方政府或者政府部门承诺负责实施与项目建设配套的防护距离内居民搬迁、功能置换、栖息地保护等环境保护对策措施的，建设单位应当积极配合地方政府或部门在所承诺的时限内完成，并在"其他需要说明的事项"中如实记载前述环境保护对策措施的实施情况。

第十一条 除按照国家需要保密的情形外，建设单位应当通过其网站或其他便于公众知晓的方式，向社会公开下列信息：

（一）建设项目配套建设的环境保护设施竣工后，公开竣工日期；

（二）对建设项目配套建设的环境保护设施进行调试前，公开调试的起止日期；

（三）验收报告编制完成后5个工作日内，公开验收报告，公示的期限不得少于20个工作日。

建设单位公开上述信息的同时，应当向所在地县级以上环境保护主管部门报送相关信息，并接受监督检查。

第十二条 除需要取得排污许可证的水和大气污染防治设施外，其他环境保护设施的验收期限一般不超过3个月；需要对该类环境保护设施进行调试或者整改的，验收期限可以适当延期，但最长不超过12个月。

验收期限是指自建设项目环境保护设施竣工之日起至建设单位向社会公开验收报告之日止的时间。

第十三条 验收报告公示期满后5个工作日内，建设单位应当登录全国建设项目竣工环境保护验收信息平台，填报建设项目基本信息、环境保护设施验收情况等相关信息，环境保护主管部门对上述信息予以公开。

建设单位应当将验收报告以及其他档案资料存档备查。

第十四条 纳入排污许可管理的建设项目，排污单位应当在项目产生实际污染物排放之前，按照国家排污许可有关管理规定要求，申请排污许可证，不得无证排污或不按证排污。建设项目验收报告中与污染物排放相关的主要内容应当纳入该项目验收完成当年排污许可证执行年报。

第三章 监督检查

第十五条 各级环境保护主管部门应当按照《建设项目环境保护事中事后监督管理办法（试行）》等规定，通过"双随机一公开"抽查制度，强化建设项目环境保护事中事后监督管理。要充分依托建设项目竣工环境保护验收信息平台，采取随机抽取检查对象和随机选派执法检查人员的方式，同时结合重点建设项目定点检查，对建设项目环境保护设施"三同时"落实情况、竣工验收等情况进行监督性检查，监督结果向社会公开。

第十六条 需要配套建设的环境保护设施未建成、未经验收或者经验收不合格，建设项目已投入生产或者使用的，或者在验收中弄虚作假的，或者建设单位未依法向社会公开验收报告的，县级以上环境保护主管部门应当依照《建设项目环境保护管理条例》的规定予以处罚，并将建设项目有关环境违法信息及时记入诚信档案，及时向社会公开违法者名单。

第十七条 相关地方政府或者政府部门承诺负责实施的环境保护对策措施未按时完成的，环境保护主管部门可以依照法律法规和有关规定采取约谈、综合督查等方式督促相关政府或者政府部门抓紧实施。

第四章 附 则

第十八条 本办法自发布之日起施行。

第十九条 本办法由环境保护部负责解释。

附录Ⅲ

关于发布《建设项目竣工环境保护验收技术指南 污染影响类》的公告

（生态环境部公告 2018 年第 9 号）

为贯彻落实《建设项目环境保护管理条例》和《建设项目竣工环境保护验收暂行办法》，进一步规范和细化建设项目竣工环境保护验收的标准和程序，提高可操作性，我部制定了《建设项目竣工环境保护验收技术指南 污染影响类》，现予公布。

特此公告。

生态环境部

2018 年 5 月 15 日

附件

建设项目竣工环境保护验收技术指南 污染影响类

1 适用范围

本技术指南规定了污染影响类建设项目竣工环境保护验收的总体要求，提出了验收程序、验收自查、验收监测方案和报告编制、验收监测技术的一般要求。

本技术指南适用于污染影响类建设项目竣工环境保护验收，已发布行业验收技术规范的建设项目从其规定，行业验收技术规范中未规定的内容按照本指南执行。

2 术语和定义

下列术语和定义适用于本指南。

2.1 污染影响类建设项目

污染影响类建设项目是指主要因污染物排放对环境产生污染和危害的建设项目。

2.2　建设项目竣工环境保护验收监测

建设项目竣工环境保护验收监测是指在建设项目竣工后依据相关管理规定及技术规范对建设项目环境保护设施建设、调试、管理及其效果和污染物排放情况开展的查验、监测等工作，是建设项目竣工环境保护验收的主要技术依据。

2.3　环境保护设施

环境保护设施是指防治环境污染和生态破坏以及开展环境监测所需的装置、设备和工程设施等。

2.4　环境保护措施

环境保护措施是指预防或减轻对环境产生不良影响的管理或技术等措施。

2.5　验收监测报告

验收监测报告是依据相关管理规定和技术要求，对监测数据和检查结果进行分析、评价得出结论的技术文件。

2.6　验收报告

验收报告是记录建设项目竣工环境保护验收过程和结果的文件，包括验收监测报告、验收意见和其他需要说明的事项三项内容。

3　验收工作程序

验收工作主要包括验收监测工作和后续工作，其中验收监测工作可分为启动、自查、编制验收监测方案、实施监测与检查、编制验收监测报告五个阶段。具体工作程序见图 1。验收推荐程序与方法见附录 1。

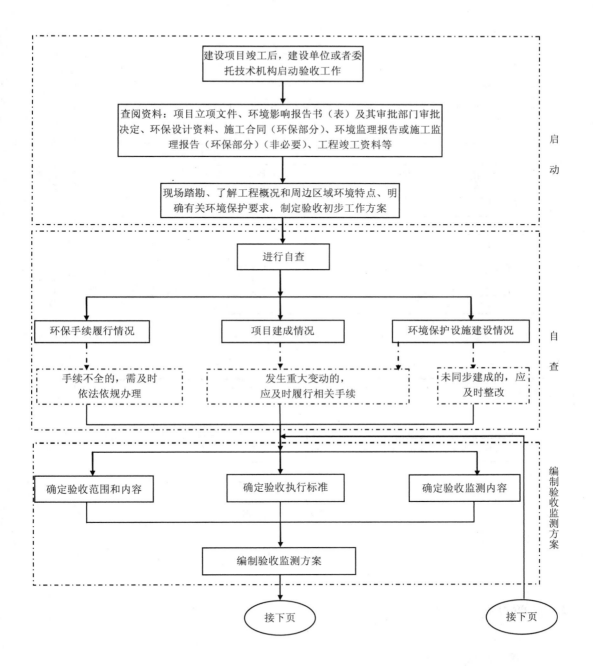

建设项目竣工后，建设单位或者委托技术机构启动验收工作

查阅资料：项目立项文件、环境影响报告书（表）及其审批部门审批决定、环保设计资料、施工合同（环保部分）、环境监理报告或施工监理报告（环保部分）（非必要）、工程竣工资料等

现场踏勘、了解工程概况和周边区域环境特点、明确有关环境保护要求，制定验收初步工作方案

启　动

进行自查

环保手续履行情况　　　项目建成情况　　　环境保护设施建设情况

手续不全的，需及时依法依规办理　　发生重大变动的，应及时履行相关手续　　未同步建成的，应及时整改

自　查

确定验收范围和内容　　　确定验收执行标准　　　确定验收监测内容

编制验收监测方案

编制验收监测方案

接下页　　　接下页

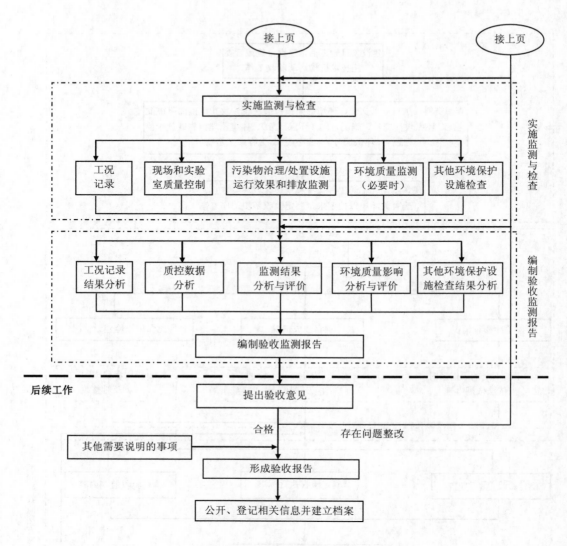

图 1　验收工作程序框图

4　验收自查

4.1　环保手续履行情况

主要包括环境影响报告书（表）及其审批部门审批决定，初步设计（环保篇）等文件，国家与地方生态环境部门对项目的督查、整改要求的落实情况，建设过程中的重大变动及相应手续履行情况，是否按排污许可相关管理规定申领了排污许可证，是否按辐射安全许可管理办法申领了辐射安全许可证。

4.2 项目建成情况

对照环境影响报告书（表）及其审批部门审批决定等文件，自查项目建设性质、规模、地点，主要生产工艺、产品及产量、原辅材料消耗，项目主体工程、辅助工程、公用工程、储运工程和依托工程内容及规模等情况。

4.3 环境保护设施建设情况

4.3.1 建设过程

施工合同中是否涵盖环境保护设施的建设内容和要求，是否有环境保护设施建设进度和资金使用内容，项目实际环保投资总额占项目实际总投资额的百分比。

4.3.2 污染物治理/处置设施

按照废气、废水、噪声、固体废物的顺序，逐项自查环境影响报告书（表）及其审批部门审批决定中的污染物治理/处置设施建成情况，如废水处理设施类别、规模、工艺及主要技术参数，排放口数量及位置；废气处理设施类别、处理能力、工艺及主要技术参数，排气筒数量、位置及高度；主要噪声源的防噪降噪设施；辐射防护设施类别及防护能力；固体废物的储运场所及处置设施等。

4.3.3 其他环境保护设施

按照环境风险防范、在线监测和其他设施的顺序，逐项自查环境影响报告书（表）及其审批部门审批决定中的其他环境保护设施建成情况，如装置区围堰、防渗工程、事故池；规范化排污口及监测设施、在线监测装置；"以新带老"改造工程、关停或拆除现有工程（旧机组或装置）、淘汰落后生产装置；生态恢复工程、绿化工程、边坡防护工程等。

4.3.4 整改情况

自查发现未落实环境影响报告书（表）及其审批部门审批决定要求的环境保护设施的，应及时整改。

4.4 重大变动情况

自查发现项目性质、规模、地点、采用的生产工艺或者防治污染、防止生态破坏的措施发生重大变动，且未重新报批环境影响报告书（表）或环境影响报告书（表）未经批准的，建设单位应及时依法依规履行相关手续。

5 验收监测方案与验收监测报告编制

5.1 验收监测方案编制

5.1.1 验收监测方案编制目的及要求

编制验收监测方案是根据验收自查结果，明确工程实际建设情况和环境保护设施落实情况，在此基础上确定验收工作范围、验收评价标准，明确监测期间工况记录方法，确定验收监测点位、监测因子、监测方法、频次等，确定其他环境保护设施验收检查内容，制定验收监测质量保证和质量控制工作方案。

验收监测方案作为实施验收监测与检查的依据，有助于验收监测与检查工作开展得更加规范、全面和高效。石化、化工、冶炼、印染、造纸、钢铁等重点行业编制环境影响报告书的项目推荐编制验收监测方案。建设单位也可根据建设项目的具体情况，自行决定是否编制验收监测方案。

5.1.2 验收监测方案推荐内容

验收监测方案内容可包括：建设项目概况、验收依据、项目建设情况、环境保护设施、验收执行标准、验收监测内容、现场监测注意事项、其他环保设施检查内容、质量保证和质量控制方案等。

5.2 验收监测报告编制

编制验收监测报告是在实施验收监测与检查后，对监测数据和检查结果进行分析、评价得出结论。结论应明确环境保护设施调试、运行效果，包括污染物排放达标情况、环境保护设施处理效率达到设计指标情况、主要污染物排放总量核算结果与总量指标符合情况、建设项目对周边环境质量的影响情况、其他环保设施落实情况等。

5.2.1 报告编制基本要求

验收监测报告编制应规范、全面，必须如实、客观、准确地反映建设项目对环境影响报告书（表）及审批部门审批决定要求的落实情况。

5.2.2 验收监测报告内容

验收监测报告内容应包括但不限于以下内容：

建设项目概况、验收依据、项目建设情况、环境保护设施、环境影响报告书（表）主要结论与建议及审批部门审批决定、验收执行标准、验收监测内容、质量保证和质量控制、验收监测结果、验收监测结论、建设项目环境保护"三同时"竣工验收登记表等。

编制环境影响报告书的建设项目应编制建设项目竣工环境保护验收监测报告，编制环境影响报告表的建设项目可视情况自行决定编制建设项目竣工环境保护验收监测报告书或表。建设项目竣工环境保护验收监测报告书参考格式与内容见附录 2-1，建设项目竣工环境保护验收监测表参考格式见附录 2-2。

6 验收监测技术要求

6.1 工况记录要求

验收监测应当在确保主体工程工况稳定、环境保护设施运行正常的情况下进行，并如实记录监测时的实际工况以及决定或影响工况的关键参数，如实记录能够反映环境保护设施运行状态的主要指标。典型行业主体工程、环保工程及辅助工程在验收监测期间的工况记录推荐方法见附录 3。

6.2 验收执行标准

6.2.1 污染物排放标准

建设项目竣工环境保护验收污染物排放标准原则上执行环境影响报告书（表）及其审批部门审批决定所规定的标准。在环境影响报告书（表）审批之后发布或修订的标准对建设项目执行该标准有明确时限要求的，按新发布或修订的标准执行。特别排放限值的实施地域范围、时间，按国务院生态环境主管部门或省级人民政府规定执行。

建设项目排放环境影响报告书（表）及其审批部门审批决定中未包括的污染物，执行相应的现行标准。

对国家和地方标准以及环境影响报告书（表）审批决定中尚无规定的特征污染因子，可按照环境影响报告书（表）和工程《初步设计》（环保篇）等的设计指标进行参照评价。

6.2.2 环境质量标准

建设项目竣工环境保护验收期间的环境质量评价执行现行有效的环境质量标准。

6.2.3 环境保护设施处理效率

环境保护设施处理效率按照相关标准、规范、环境影响报告书（表）及其审批部门审批决定的相关要求进行评价，也可参照工程《初步设计》（环保篇）中的要求或设计指标进行评价。

6.3 监测内容

6.3.1 环保设施调试运行效果监测

6.3.1.1 环境保护设施处理效率监测

1）各种废水处理设施的处理效率；

2）各种废气处理设施的去除效率；

3）固（液）体废物处理设备的处理效率和综合利用率等；

4）用于处理其他污染物的处理设施的处理效率；

5）辐射防护设施屏蔽能力及效果。

若不具备监测条件，无法进行环保设施处理效率监测的，需在验收监测报告（表）中说明具体情况及原因。

6.3.1.2 污染物排放监测

1）排放到环境中的废水，以及环境影响报告书（表）及其审批部门审批决定中有回用或间接排放要求的废水；

2）排放到环境中的各种废气，包括有组织排放和无组织排放；

3）产生的各种有毒有害固（液）体废物，需要进行危废鉴别的，按照相关危废鉴别技术规范和标准执行；

4）厂界环境噪声；

5）环境影响报告书（表）及其审批部门审批决定、排污许可证规定的总量控制污染物的排放总量；

6）场所辐射水平。

6.3.2 环境质量影响监测

环境质量影响监测主要针对环境影响报告书（表）及其审批部门审批决定中关注的环境敏感保护目标的环境质量，包括地表水、地下水和海水、环境空气、声环境、土壤环境、辐射环境质量等的监测。

6.3.3 监测因子确定原则

监测因子确定的原则如下：

1）环境影响报告书（表）及其审批部门审批决定中确定的污染物；

2）环境影响报告书（表）及其审批部门审批决定中未涉及，但属于实际生产可能产生的污染物；

3）环境影响报告书（表）及其审批部门审批决定中未涉及，但现行相关国家或地方污染物排放标准中有规定的污染物；

4）环境影响报告书（表）及其审批部门审批决定中未涉及，但现行国家总量控制规定的污染物；

5）其他影响环境质量的污染物，如调试过程中已造成环境污染的污染物，国家或地方生态环境部门提出的、可能影响当地环境质量、需要关注的污染物等。

6.3.4 验收监测频次确定原则

为使验收监测结果全面真实地反映建设项目污染物排放和环境保护设施的运行效果，采样频次应能充分反映污染物排放和环境保护设施的运行情况，因此，监测频次一般按以下原则确定：

1）对有明显生产周期、污染物稳定排放的建设项目，污染物的采样和监测频次一般为 2～3 个周期，每个周期 3～多次（不应少于执行标准中规定的次数）。

2）对无明显生产周期、污染物稳定排放、连续生产的建设项目，废气采样和监测频次一般不少于 2 天、每天不少于 3 个样品；废水采样和监测频次一般不少于 2 天，每天不少于 4 次；厂界噪声监测一般不少于 2 天，每天不少于昼夜各 1 次；场所辐射监测运行和非运行两种状态下每个测点测试数据一般不少于 5 个；固体废物（液）采样一般不少于 2 天，每天不少于 3 个样品，分析每天的混合样，需要进行危废鉴别的，按照相关危废鉴别技术规范和标准执行。

3）对污染物排放不稳定的建设项目，应适当增加采样频次，以便能够反映污染物排放的实际情况。

4）对型号、功能相同的多个小型环境保护设施处理效率监测和污染物排放监测，可采用随机抽测方法进行。抽测的原则为：同样设施总数大于 5 个且小于 20 个的，随机抽测设施数量比例应不小于同样设施总数量的 50%；同样设施总数大于 20 个的，随机抽测设施数量比例应不小于同样设施总数量的 30%。

5）进行环境质量监测时，地表水和海水环境质量监测一般不少于 2 天、监测频次按相关监测技术规范并结合项目排放口废水排放规律确定；地下水监测一般不少于 2 天、每天不少于 2 次，采样方法按相关技术规范执行；环境空气质量监测一般不少于 2 天、采样时间按相关标准规范执行；环境噪声监测一般不少于 2 天、监测量及监测时间按相关标准规范执行；土壤环境质量监测至少布设 3 个采样点，每个采样点至少采集 1 个样品，采样点布设和样品采集方法按相关技术规范执行。

6）对设施处理效率的监测，可选择主要因子并适当减少监测频次，但应考虑处理周期并合理选择处理前、后的采样时间，对于不稳定排放的，应关注最高浓度排放时段。

6.4　质量保证和质量控制要求

验收监测采样方法、监测分析方法、监测质量保证和质量控制要求均按照《排污单位自行监测技术指南　总则》（HJ 819）执行。

附录 1　验收推荐程序与方法

附录 2　验收监测报告（表）推荐格式

附录 3　工况记录推荐方法

附录 4　验收意见推荐格式

附录 5　"其他需要说明的事项"相关说明

附录1 验收推荐程序与方法

1 推荐程序

建设单位可采用以下程序开展验收工作：

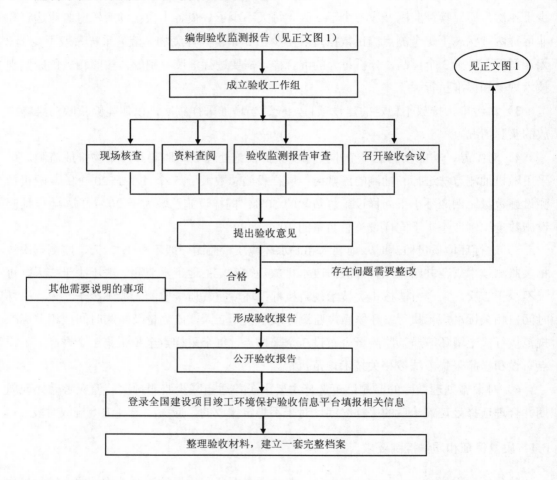

2 推荐方法

2.1 成立验收工作组

建设单位组织成立的验收工作组可包括项目的环保设施设计单位、环保设施施工单位、环境监理单位（如有）、环境影响报告书（表）编制单位、验收监测报告（表）编制单位等技术支持单位和环境保护验收、行业、监测、质控等领域的技术专家。技术支持单位和技术专家的专业技术能力应足够支撑验收组对项目能否通过验收做出科学准确的结论。

2.2 现场核查

验收工作组现场核查工作目的是核查验收监测报告（表）内容的真实性和准确性，补充了解验收监测报告（表）中反映不全面或不详尽的内容，进一步了解项目特点和区域环境特征等。现场核查是得出验收意见的一种有效手段。现场核查要点可参照原环境保护部《关于印发建设项目竣工环境保护验收现场检查及审查要点的通知》（环办〔2015〕113号）。

2.3 形成验收意见

验收工作组可以召开验收会议的方式，在现场核查和对验收监测报告内容核查的基础上，严格依照国家有关法律法规、建设项目竣工环境保护验收技术规范、建设项目环境影响报告书（表）及其审批部门审批决定等要求对建设项目配套建设的环境保护设施进行验收，形成科学合理的验收意见。验收意见应当包括工程建设基本情况、工程变动情况、环境保护设施落实情况、环境保护设施调试运行效果、工程建设对环境的影响、项目存在的主要问题、验收结论和后续要求。对验收不合格的项目，验收意见中还应明确详细、具体可操作的整改要求。

验收意见参考格式见附录4。

2.4 建立档案

一套完整的建设项目竣工环境保护验收档案包括环境影响报告书（表）及其审批部门审批决定、初步设计（环保篇）或环保设计方案、施工合同（环保部分）、环境监测报告或施工监理报告（环保部分）（若有）、工程竣工资料（环保部分）、验收报告［含验收监测报告（表）、验收意见和其他需要说明的事项］、信息公开记录证明（需要保密的除外）。建设单位委托技术机构编制验收监测报告的，还可把委托合同、责任约定等委托涉及的关键材料存入档案。建设单位成立验收工作组协助开展验收工作的，还可把验收工作组单位及成员名单、技术专家专长介绍等材料存入档案。

附录 2 验收监测报告（表）推荐格式

2-1 验收监测报告推荐格式

××项目竣工环境保护
验收监测报告

建设单位：

编制单位：

××年××月

建设单位法人代表：　　　　　（签字）

编制单位法人代表：　　　　　（签字）

项 目 负 责 人：

报 告 编 写 人：

建设单位 _____（盖章）　　　　编制单位 _____（盖章）

电话：　　　　　　　　　　　　　电话：

传真：　　　　　　　　　　　　　传真：

邮编：　　　　　　　　　　　　　邮编：

地址：　　　　　　　　　　　　　地址：

1 项目概况

简述项目名称、性质、建设单位、建设地点，环境影响报告书（表）编制单位与完成时间、审批部门、审批时间与文号，开工、竣工、调试时间，申领排污许可证情况，验收工作由来、验收工作的组织与启动时间，验收范围与内容、是否编制了验收监测方案、方案编制时间、现场验收监测时间、验收监测报告形成过程。

2 验收依据

2.1 建设项目环境保护相关法律、法规和规章制度
2.2 建设项目竣工环境保护验收技术规范
2.3 建设项目环境影响报告书（表）及其审批部门审批决定
2.4 其他相关文件

3 项目建设情况

3.1 地理位置及平面布置

简述项目所处地理位置，所在省市、县区，周边易于辨识的交通要道及其他环境情况，重点突出项目所处地理区域内有无环境敏感目标，附项目地理位置图。

简述项目生产经营场所中心经度与纬度，主要设备、主要声源在厂区内所处的相对位置，附厂区总平面布置图。厂区总平面布置图上要注明厂区周边环境情况、主要污染源位置、废水和雨水排放口位置、厂界周围噪声敏感点位置、敏感点与厂界或排放源的距离，噪声监测点、无组织监测点位也可在图上标明。

3.2 建设内容

简述项目产品、设计生产规模、工程组成、建设内容、实际总投资，附环境影响报告书（表）及其审批部门审批决定建设内容与实际建设内容一览表 [与环境影响报告书（表）及审批部门批决定不一致的内容需要备注说明]。

对于改、扩建项目应简单介绍原有工程及公辅设施情况，以及本项目与原有工程的依托关系等。

3.3 主要原辅材料及燃料

列表说明主要原料、辅料、燃料的名称、来源、设计消耗量、调试期间消耗量，给出燃料设计与实际成分。

3.4 水源及水平衡

简述建设项目生产用水和生活用水来源、用水量、循环水量、废水回用量和排放量，附实际运行的水量平衡图。

3.5 生产工艺

简述主要生产工艺原理、流程，并附生产工艺流程与产污排污环节示意图。

3.6 项目变动情况

简述或列表说明项目发生的主要变动情况，包括环境影响报告书（表）及其审批部门审批决定要求、实际建设情况、变动原因、是否属于重大变动，属于重大变动的有无重新报批环境影响报告书（表）、不属于重大变动的有无相关变动说明。

4 环境保护设施

4.1 污染物治理/处置设施

4.1.1 废水

简述废水类别、来源于何种工序、污染物种类、治理设施、排放去向，并列表说明，主要包括：废水类别、来源、污染物种类、排放规律（连续，间断）、排放量、治理设施、工艺与处理能力、设计指标、废水回用量、排放去向〔不外排，排至厂内综合污水处理站，直接进入海域、直接进入江、湖、库等水环境，进入城市下水道再入江河、湖、库、沿海海域，进入城市污水处理厂，进入其他单位，进入工业废水集中处理厂，其他（包括回喷、回填、回灌、回用等）。附主要废水治理工艺流程图、全厂废水（含初期雨水）流向示意图、废水治理设施图片。

4.1.2 废气

简述废气来源于何种工序或生产设施、废气名称、污染物种类、排放方式（有组织排放、无组织排放）及治理设施，并列表说明，主要包括：废气名称、来源、污染物种类、排放方式、治理设施、工艺与规模、设计指标、排气筒高度与内径尺寸、排放去向、治理设施监测点设置或开孔情况等，附主要废气治理工艺流程图、废气治理设施图片。

4.1.3 噪声

简述主要噪声来源、治理设施，并列表说明，主要包括：噪声源设备名称、源强、台数、位置、运行方式及治理设施（如隔声、消声、减振、设备选型、设置防护距离、平面布置等）。附噪声治理设施图片。

4.1.4 固（液）体废物

简述或列表说明固（液）体废物名称、来源、性质、产生量、处理处置量、处理处置方式，暂存场所，委托处理处置合同、委托单位资质，危废转移联单情况等。

涉及固（液）体废物储存场〔如灰场、赤泥库、危废填埋场、尾矿（渣）库等〕的，还应简述储存场地理位置、与厂区的距离、类型（山谷型或平原型）、储存方式、设计规模与使用年限、输送方式、输送距离、场区集水及排水系统、场区防渗系统、污染物及污染防治设施、场区周边环境敏感点情况等。

附相关生产设施、环保设施及敏感点图片。

4.1.5 辐射

简述主要辐射来源、类别、防护措施，并列表说明，主要包括：辐射源设备名称、放射性核素活度或射线装置参数、台数、位置、运行方式及防护措施（如屏蔽、材料类别、防护厚度、防护距离、平面布置等）。附辐射屏蔽设施图片。

4.2 其他环境保护设施

4.2.1 环境风险防范设施

简述危险化学品贮罐区、生产装置区围堰尺寸，防渗工程、地下水监测（控）井设置数量及位置，事故池数量、有效容积及位置，初期雨水收集系统及雨水切换阀位置与数量、切换方式及状态，危险气体报警器数量、安装位置、常设报警限值，事故报警系统，应急处置物资储备等。

4.2.2 规范化排污口、监测设施及在线监测装置

简述废水、废气排放口规范化及监测设施建设情况，如废气监测平台建设、通往监测平台通道、监测孔等；在线监测装置的安装位置、数量、型号、监测因子、监测数据是否联网等。

4.2.3 其他设施

环境影响报告书（表）及其审批部门审批决定中要求采取的"以新带老"改造工程、关停或拆除现有工程（旧机组或装置）、淘汰落后生产装置，生态恢复工程、绿化工程、边坡防护工程等其他环境保护设施。

4.3 环保设施投资及"三同时"落实情况

简述项目实际总投资额、环保投资额及环保投资占总投资额的百分比，列表按废水、废气、噪声、固体废物、绿化、其他等说明各项环保设施实际投资情况。

简述项目环保设施设计单位、施工单位及环保设施"三同时"落实情况，附项目环保设施环评、初步设计、实际建设情况一览表，施工合同中环保设施建设进度和资金使用情况表。

5 环境影响报告书（表）主要结论与建议及其审批部门审批决定

5.1 环境影响报告书（表）主要结论与建议

以表格形式摘录环境影响评价报告书（表）中对废水、废气、固体废物及噪声污染防治设施效果的要求、工程建设对环境的影响及要求、其他在验收中需要考核的内容，有重大变动环境影响报告书（表）的，也要摘录变动环境影响报告书（表）报告的相关要求。

5.2 审批部门审批决定

原文抄录审批部门对项目环境影响报告书（表）的审批决定，重大变动环境影响报告

书（表）审批决定（如有）。

6 验收执行标准

按环境要素分别以表格形式列出验收执行的国家或地方污染物排放标准、环境质量标准的名称、标准号、标准等级和限值，主要污染物总量控制指标与审批部门审批文件名称、文号，以及其他执行标准的标准来源、标准限值等。

7 验收监测内容

7.1 环境保护设施调试运行效果

通过对各类污染物排放及各类污染治理设施处理效率的监测，来说明环境保护设施调试运行效果，具体监测内容如下：

7.1.1 废水

列表给出废水类别、监测点位、监测因子、监测频次及监测周期，雨水排口也应设点监测（有流动水则测），附废水（包括雨水）监测点位布置图。

7.1.2 废气

7.1.2.1 有组织排放

列表给出废气名称、监测点位、监测因子、监测频次及监测周期，并附废气监测点位布置图，涉及等效排气筒的还应附各排气筒相对位置图。

7.1.2.2 无组织排放

列表给出无组织排放源、监测点位、监测因子、监测频次及监测周期，并附无组织排放监测点位布置图。无组织排放监测时，同时监测并记录各监测点位的风向、风速等气象参数。

7.1.3 厂界噪声监测

列表给出厂界噪声监测点位名称、监测量、监测频次及监测周期，附厂界监测点位布置图。

7.1.4 固（液）体废物监测

简述固（液）体废物监测点位设置依据，列表说明固（液）体废物名称、采样点位、监测因子、监测频次及监测周期。

7.1.5 辐射监测

列表给出辐射监测点位名称、监测因子、监测日期等，附辐射监测点位布置图。

7.2 环境质量监测

环境影响报告书（表）及其审批部门审批决定中对环境敏感保护目标有要求的，要进行环境质量监测，以说明工程建设对环境的影响，如有新增的环境敏感目标也应纳入监测范围。主要涉及如地表水、地下水和海水、环境空气、声环境、土壤环境质量、辐射环境等的监测。

简述环境敏感点与本项目的关系，说明环境质量监测点位或监测断面布设及监测因子的选取情况。按环境要素分别列表说明监测点位名称、监测点位经纬度、监测因子、监测频次及监测周期，附监测点位布置图［图中标注噪声敏感点与本项目噪声源及厂界的相对位置与距离，地表水或海水监测断面（点）与废水排放口的相对位置与距离，地下水、土壤、辐射环境监测点位与污染源相对位置与距离］。

8 质量保证和质量控制

排污单位应建立并实施质量保证和控制措施方案，以自证自行监测数据的质量。

8.1 监测分析方法

按环境要素说明各项监测因子监测分析方法名称、方法标准号或方法来源、分析方法的最低检出限。

8.2 监测仪器

按照监测因子给出所使用的仪器名称、型号、编号及量值溯源记录。

8.3 人员能力

简述参加验收监测人员能力情况。

8.4 水质监测分析过程中的质量保证和质量控制

水样的采集、运输、保存、实验室分析和数据计算的全过程均按《环境水质监测质量保证手册》（第四版）等的要求进行。选择的方法检出限应满足要求。采样过程中应采集一定比例的平行样；实验室分析过程一般应使用标准物质、空白试验、平行双样测定、加标回收率测定等质控措施，并对质控数据分析，附质控数据分析表。

8.5 气体监测分析过程中的质量保证和质量控制

（1）选择合适的方法尽量避免或减少被测排放物中共存污染物对目标化合物的干扰。方法的检出限应满足要求。

（2）被测排放物的浓度在仪器量程的有效范围。

（3）烟尘采样器在进入现场前应对采样器流量计等进行校核。烟气监测（分析）仪器在监测前按监测因子分别用标准气体和流量计对其进行校核（标定），在监测时应保证其采样流量的准确。附烟气监测校核质控表。

8.6 噪声监测分析过程中的质量保证和质量控制

声级计在监测前后用标准发声源进行校准，附噪声仪器校验表。

8.7 固（液）体废物监测分析过程中的质量保证和质量控制

布点、采样、样品制备、样品测试等按照《工业固体废物采样制样技术规范》（HJ/T 20—

1998)、《危险废物鉴别技术规范》（HJ/T 298—2007）、《危险废物鉴别标准》（GB 5085—2008）
要求进行。

8.8 土壤监测分析过程中的质量保证和质量控制

布点、采样、样品制备、样品分析等均按照《土壤环境监测技术规范》（HJ/T 166—2004）
要求进行，实验室样品分析时应使用标准物质、采用空白试验、平行双样及加标回收率测
定等，并对质控数据分析，附质控数据分析表。

9 验收监测结果

9.1 生产工况

简述验收监测期间实际运行工况及工况记录方法、各项环保设施运行状况，列表说明
能反映设备运行负荷的数据或关键参数。若有燃料，附监测期间的燃料消耗量及成分分
析表。

9.2 环保设施调试运行效果

9.2.1 环保设施处理效率监测结果

9.2.1.1 废水治理设施

根据各类废水治理设施进、出口监测结果，计算主要污染物处理效率，评价是否满足
环境影响报告书（表）及其审批部门审批决定要求或设计指标，若不能满足应分析原因。

9.2.1.2 废气治理设施

根据各类废气治理设施进、出口监测结果，计算主要污染物处理效率，评价是否满足
环境影响报告书（表）及审批部门审批决定要求或设计指标，若不能满足应分析原因。

9.2.1.3 噪声治理设施

根据监测结果评价噪声治理设施的降噪效果。

9.2.1.4 固体废物治理设施

根据监测结果评价固体废物治理设施（如铬渣解毒设施）的处理效果。

9.2.1.5 辐射防护设施

根据监测结果评价辐射防护设施的防护效果。

9.2.2 污染物排放监测结果

9.2.2.1 废水

废水监测结果按废水种类分别以监测数据列表表示，根据相关评价标准评价废水达标
排放情况，若排放有超标现象应对超标原因进行分析。

9.2.2.2 废气

（1）有组织排放。

有组织排放监测结果按废气类别分别以监测数据列表表示，根据相关评价标准评价废

气达标排放情况，若排放有超标现象应对超标原因进行分析。

（2）无组织排放。

无组织排放监测结果以监测数据列表表示，根据相关评价标准评价无组织排放达标情况，若排放有超标现象应对超标原因进行分析。附无组织排放监测时气象参数记录表。

9.2.2.3 厂界噪声

厂界噪声监测结果以监测数据列表表示，根据相关评价标准评价厂界噪声达标排放情况，若排放有超标现象应对超标原因进行分析。

9.2.2.4 固（液）体废物

固（液）体废物监测结果以监测数据列表表示，根据相关评价标准评价固（液）体废物达标情况，若排放有超标现象应对超标原因进行分析。

9.2.2.5 污染物排放总量核算

根据各排污口的流量和监测浓度，计算本工程主要污染物排放总量，评价是否满足环境影响报告书（表）及审批部门审批决定、排污许可证规定的总量控制指标，无总量控制指标的计算后不评价，列出环境影响报告书（表）预测值即可。

对于有"以新带老"要求的，按环境影响报告书（表）列出"以新带老"前原有工程主要污染物排放量，并根据监测结果计算出"以新带老"后主要污染物产生量和排放量，涉及"区域削减"的，给出实际区域平衡替代削减量，核算项目实施后主要污染物增减量。附主要污染物排放总量核算结果表。

若项目废水接入污水处理厂的只核算纳管量，无须核算排入外环境的总量。

9.2.2.6 辐射

辐射监测结果以监测数据列表表示，根据相关评价标准评价达标情况，若有超标现象应对超标原因进行分析。

9.3 工程建设对环境的影响

环境质量监测结果分别以地表水、地下水、海水、环境空气、声环境、土壤、辐射环境质量监测数据列表表示，根据相关环境质量标准或环境影响报告书（表）及其审批部门审批决定，评价达标情况（无执行标准不评价），若有超标现象应对超标原因进行分析。

10 验收监测结论

10.1 环保设施调试运行效果

10.1.1 环保设施处理效率监测结果

简述各项环保设施主要污染物处理效率是否符合环境影响报告书（表）及其审批部门审批决定或设计指标。

10.1.2　污染物排放监测结果

简述废水、废气（有组织、无组织）、厂界噪声、固（液）体废物、辐射各项污染物监测结果及达标情况、主要污染物排放总量核算结果及达标情况、

10.2　工程建设对环境的影响

简述项目周边地表水、地下水、海水、环境空气、声环境、土壤、辐射环境质量是否达到验收执行标准。

11　建设项目竣工环境保护"三同时"验收登记表

附件　验收监测报告内容所涉及的主要证明或支撑材料

如审批部门对环境影响报告书（表）的审批决定、固体废物委托处置协议、危险废物委托处置单位资质证明等。

填报单位（盖章）：　　　　　　填表人（签字）：　　　　　　项目经办人（签字）：

建设项目竣工环境保护"三同时"验收登记表

	项目名称		项目代码		建设地点		项目厂区中心经度纬度
	行业类别（分类管理名录）		建设性质		□新建　□改扩建　□技术改造		
	设计生产能力		实际生产能力		环评单位		
	环评文件审批机关		审批文号		环评文件类型		
建设项目	开工日期		竣工日期		排污许可证申领时间		
	环保设施设计单位		环保设施施工单位		本工程排污许可证编号		
	验收单位		环保设施监测单位		验收监测时工况		
	投资总概算（万元）		环保投资总概算（万元）		所占比例（%）		
	实际总投资		实际环保投资（万元）		所占比例（%）		
	废水治理（万元）	废气治理（万元）		噪声治理（万元）	固体废物治理（万元）	绿化及生态（万元）	其他（万元）
	新增废水处理设施能力		新增废气处理设施能力		年平均工作时		
	运营单位		运营单位社会统一信用代码（或组织机构代码）		验收时间		

污染物	原有排放量(1)	本期工程实际排放浓度(2)	本期工程允许排放浓度(3)	本期工程产生量(4)	本期工程自身削减量(5)	本期工程实际排放量(6)	本期工程核定排放总量(7)	本期工程"以新带老"削减量(8)	全厂实际排放总量(9)	全厂核定排放总量(10)	区域平衡替代削减量(11)	排放增减量(12)
废水												
化学需氧量												
氨氮												
石油类												
废气												
二氧化硫												
烟尘												
工业粉尘												
氮氧化物												
工业固体废物												
与项目有关的其他特征污染物												

（左侧：污染物排放达标与总量控制（工业建设项目详填））

注：1. 排放增减量：（+）表示增加，（-）表示减少；
2. （12）=（6）-（8）-（11），（9）=（4）-（5）-（8）-（11）+（1）；
3. 计量单位：废水排放量—万吨/年；废气排放量—万标立方米/年；工业固体废物排放量—万吨/年；水污染物排放浓度—毫克/升。

2-2　验收监测表推荐格式

××项目竣工环境保护
验收监测报告表

建设单位：

编制单位：

××××年××月

建设单位法人代表：　　　　　（签字）

编制单位法人代表：　　　　　（签字）

项 目 负 责 人：

填 　表 　人：

建设单位 ＿＿＿＿＿＿（盖章）　　　编制单位　　　　　（盖章）

电话：　　　　　　　　　　　　电话：

传真：　　　　　　　　　　　　传真：

邮编：　　　　　　　　　　　　邮编：

地址：　　　　　　　　　　　　地址：

表一

建设项目名称					
建设单位名称					
建设项目性质	新建　改扩建　技改　迁建				
建设地点					
主要产品名称					
设计生产能力					
实际生产能力					
建设项目环评时间		开工建设时间			
调试时间		验收现场监测时间			
环评报告表 审批部门		环评报告表 编制单位			
环保设施设计单位		环保设施施工单位			
投资总概算		环保投资总概算		比例	%
实际总概算		环保投资		比例	%
验收监测依据					
验收监测评价标准、标号、 级别、限值					

表二

工程建设内容:
原辅材料消耗及水平衡:
主要工艺流程及产物环节（附处理工艺流程图，标出产污节点）:

表三

主要污染源、污染物处理和排放（附处理流程示意图，标出废水、废气、厂界噪声监测点位）：

表四

建设项目环境影响报告表主要结论及审批部门审批决定：

表五

验收监测质量保证及质量控制:

表六

验收监测内容:

表七

| 验收监测期间生产工况记录： |
| 验收监测结果： |

表八

验收监测结论：

附录3 工况记录推荐方法

以下为推荐的典型行业主体工程、环保工程及辅助工程在验收监测期间的工况记录方法：

1 主体工程

1.1 生产制造类项目

（1）产品产量核算法

对于工业制造类项目在监测期间的工况，大多数情况下依据的是建设项目的相应产品在监测期间的实际产量。

①对于生产工序繁多的，监测之前需全面了解各工序的生产时间和产量，以合理安排对各工序的监测并记录各工序产品产量，如大型钢铁项目。

②对于多道工序连续生产的，按最终产品产量进行核算即可，如半导体行业。

③对于一条生产线生产多种产品，使用不同原辅材料的多种产品共用一条生产线的，在每个产品生产期间分别监测，以每种产品的产量核定工况，如兽药、农药、染料等生产行业。如产品种类繁多，可根据原辅材料种类将产品归类，在使用同种原辅材料的同类产品中选取典型产品监测。

（2）原辅材料核算法

①对于生产周期长，监测期间无法通过计算产量来核定生产负荷的，通常以主要原材料如钢材的处理量核算，如船舶及大型机械制造业。

②对于多种产品由同一生产线生产，生产工艺、原辅材料相近，排污情况基本相同的，通常选取某一产品生产时监测，根据主要原料投入量核定生产负荷，如生物制药行业。

1.2 公用市政类项目

（1）电厂

火电厂实际生产负荷以发电量衡量，热电厂实际生产负荷以蒸发量衡量，对于燃气-蒸汽联合循环发电机组，还需考虑余热锅炉的蒸发量。

（2）污水处理厂

通过记录污水厂进口累计流量数据核定工况。为与出口样品相匹配，建议提前一个处理周期即开始记录流量。

（3）垃圾填埋主体工程

根据监测期间垃圾填埋量统计工况。对于同一填埋场填埋生活垃圾和一般工业固体废物两种不同种类垃圾的，应对每种垃圾的填埋量均作统计。

（4）生活垃圾/危废焚烧主体工程

按监测期间的焚烧量统计工况。对于危废焚烧企业，还需确认其固体/液体/气体焚烧量的比例是否与设计值相同，确认焚烧入炉料配伍菜单是否与设计要求基本相同。

（5）机场项目主体工程

按起降架次统计工况。对于大型机场改、扩建项目，工况的把控应具体到所验收的跑道，掌握监测期间各跑道所有型号飞机的起降架次及时间。

1.3　其他建设项目

（1）化工原料或能源物料仓储

废气排放来源于储罐的大、小呼吸。验收监测重点集中在对环境影响较大的大呼吸排放时段，即装卸操作时段，并通过单位时间物料装卸量来核定工况。必要时可通过同类储罐间的物料转移来模拟运作。

（2）研发实验类项目

实验种类变换频繁，实验时间短，试剂复杂、消耗量少，排气管道多，难以以定量指标核定工况，只能通过各实验室试剂使用情况的记录来说明工况。

（3）房产类项目

验收监测时，模拟开启声源可满足噪声监测要求；废水处理和锅炉工况监控可参见本文环保、辅助工程部分，饮食业油烟气的验收监测一般待招商后开展。

2　环保工程

2.1　污水处理设施

工况记录同污水处理厂，但记录污水处理量时不应纳入因工艺需要用于稀释高浓度废水而掺入的地表水或回用水等。

2.2　半导体行业有机废气处理装置

半导体行业的有机废气通常是连续产生的，但对于有机废气的沸石转轮浓缩处理装置，其再生高浓度废气的燃烧是间歇运行的，应了解其燃烧时间。

2.3　焚烧炉

焚烧量是主要的工况核定参数，其他还有热功率等参数。

3　辅助工程

3.1　锅炉

蒸汽锅炉：负荷参数为锅炉蒸发量，以蒸汽流量表法、水表法、量水箱法测定，或根据燃料消耗量计算。

热水锅炉：负荷参数为锅炉功率，计算锅炉功率所需的参数有：读取锅炉出水、回水温度，读取或测定进/回水管流量从而计算循环水量。房产类项目的热水锅炉一般加热时间短（仅 10 分钟），保温时间长，应合理设定监测频率、安排监测时间。如锅炉加热运行时间短至无法满足监测所需时间时，可适当缩短监测时间。

导热油炉：与热水锅炉类似，但其功率计算涉及相应油品导热系数的查找。

3.2 工业炉窑

根据《工业炉窑大气污染物排放标准》（GB 9078—1996）规定，监测应在最大热负荷下进行，或在燃料耗量较大的稳定加热阶段进行。

熔炼炉、熔化炉等：在其熔炼、熔化作业时段进行监测，并以产品产量或投料量进行工况核定。

有固定的升温程序的加热炉（如钢铁、机电等行业）：确保在升温程序期间监测。

3.3 喷涂作业

如喷涂对象为同一种产品，大小、形状、表面积相同，常以喷涂对象的数量作为喷涂作业工况的核定参数；其他则可根据喷枪的使用数量、喷漆的用量、喷涂面积等核定工况。

附录 4　验收意见推荐格式

××项目竣工环境保护验收意见

×年×月×日，××单位根据××项目竣工环境保护验收监测报告（表）并对照《建设项目竣工环境保护验收暂行办法》，严格依照国家有关法律法规、建设项目竣工环境保护验收技术规范/指南、本项目环境影响报告书（表）和审批部门审批决定等要求对本项目进行验收，提出意见如下：

一、工程建设基本情况

（一）建设地点、规模、主要建设内容

项目建设地点、性质、产品、规模，工程组成与建设内容，包括厂外配套工程和依托工程等情况，依托工程与本工程的同步性等。

（二）建设过程及环保审批情况

项目环境影响报告书（表）编制与审批情况、开工与竣工时间、调试运行时间、排污许可证申领情况及执行排污许可相关规定情况、项目从立项至调试过程中有无环境投诉、违法或处罚记录等。

（三）投资情况

项目实际总投资与环保投资情况。

（四）验收范围

明确本次验收的范围，不属于本次验收的内容予以说明。

二、工程变动情况

简述或列表说明项目发生的主要变动内容，包括环境影响报告书（表）及其审批部门审批决定要求、实际建设情况、变动原因、是否属于重大变动，属于重大变动的有无重新报批环境影响报告书（表）文件、不属于重大变动的有无相关变动说明。

三、环境保护设施建设情况

（一）废水

废水种类、主要污染物、治理设施与工艺及主要技术参数、设计处理能力与主要污染物去除率、废水回用情况、废水排放去向等。

（二）废气

有组织排放废气和无组织排放废气种类、主要污染物、污染治理设施与工艺及主要技术参数、主要污染物去除率、废气排放去向等。

（三）噪声

主要噪声源和所采取的降噪措施及主要技术参数，项目周边噪声敏感目标情况。

（四）固体废物

固体废物的种类、性质、产生量与处理处置量、处理处置方式、一般固体废物暂存与委托处置情况（合同、最终去向）、危险废物暂存与委托处置情况（转移联单、合同、处置单位资质）等。

固体废物储存场所与处理设施建设情况（若有固体废物储存场）及主要技术参数。

（五）辐射

主要辐射源项及安全和防护设施、措施建设和落实情况。

（六）其他环境保护设施

1．环境风险防范设施

简述危险化学品贮罐区、生产装置区围堰尺寸，防渗工程、地下水监测（控）井设置数量及位置，事故池数量、有效容积及位置，初期雨水收集系统及雨水切换阀位置及数量、切换方式及状态，危险气体报警器数量、安装位置、常设报警限值，事故报警系统，应急处置物资储备等。

2．在线监测装置

简述废水、废气排放口规范化建设情况，如废气监测平台建设、通往监测平台通道、监测孔等；在线监测装置的安装位置、数量、型号、监测因子、监测数据是否联网等。

3．其他设施

简述环境影响报告书（表）及审批部门审批决定中要求采取的"以新带老"改造工程、关停或拆除现有工程（旧机组或装置）、淘汰落后生产装置，生态恢复工程、绿化工程、边坡防护工程等其他环境保护设施的落实情况。

四、环境保护设施调试效果

（一）环保设施处理效率

1．废水治理设施

各类废水治理设施主要污染物去除率，是否满足环境影响报告书（表）及其审批部门审批决定或设计指标。

2．废气治理设施

各类废气治理设施主要污染物去除率，是否满足环境影响报告书（表）及其审批部门审批决定或设计指标。

3．厂界噪声治理设施

根据监测结果说明噪声治理设施的降噪效果。

4．固体废物治理设施

根据监测结果说明固体废物治理设施的处理效果。

5．辐射防护设施

根据监测结果评价辐射防护设施的防护能力是否满足环境影响报告书（表）及其审批部门审批决定或设计指标。

（二）污染物排放情况

1．废水

各类废水污染物排放监测结果及达标情况，若有超标现象应对超标原因进行分析。

2．废气

有组织排放：各类废气污染物排放监测结果及达标情况，若有超标现象应对超标原因进行分析。

无组织排放：厂界/车间无组织排放监测结果及达标情况，若有超标现象应对超标原因进行分析。

3．厂界噪声

厂界噪声监测结果及达标情况，若有超标现象应对超标原因进行分析。

4．固体废物

固体废物监测结果及达标情况，若有超标现象应对超标原因进行分析。

5．辐射

辐射监测结果及达标情况，若有超标现象应对超标原因进行分析。

6．污染物排放总量

本项目主要污染排放总量核算结果、是否满足环境影响报告书（表）及其审批部门审批决定、排污许可证规定的总量控制指标。

五、工程建设对环境的影响

根据监测结果，按环境要素简述项目周边地表水、地下水、海水、环境空气、辐射环境、土壤环境质量及敏感点环境噪声是否达到验收执行标准。

六、验收结论

按《建设项目竣工环境保护验收暂行办法》中所规定的验收不合格情形对项目逐一对照核查，提出验收是否合格的意见。若不合格，应明确项目存在的主要问题，并针对存在的主要问题，如监测结果存在超标、环境保护设施未按要求完全落实、发生重大变动未履行相关手续、建设过程中造成的重大污染未完全治理、验收监测报告存在重大质量缺陷、各级生态环境主管部门的整改要求未完全落实等，提出内容具体、要求明确、技术可行、操作性强的后续整改事项。

七、后续要求

验收合格的项目，针对投入运行后需重点关注的内容提出工作要求。

八、验收人员信息

给出参加验收的单位及人员名单、验收负责人（建设单位），验收人员信息包括人员的姓名、单位、电话、身份证号码等。

×××单位

×年×月×日

附录5 "其他需要说明的事项"相关说明

根据《建设项目竣工环境保护验收暂行办法》,"其他需要说明的事项"中应如实记载的内容包括环境保护设施设计、施工和验收过程简况,环境影响报告书(表)及其审批部门审批决定中提出的,除环境保护设施外的其他环境保护措施的落实情况,以及整改工作情况等,现将建设单位需要说明的具体内容和要求列举如下:

1 环境保护设施设计、施工和验收过程简况

1.1 设计简况

如实说明是否将建设项目的环境保护设施纳入了初步设计,环境保护设施的设计是否符合环境保护设计规范的要求,是否编制了环境保护篇章,是否落实了防治污染和生态破坏的措施以及环境保护设施投资概算。

1.2 施工简况

如实说明是否将环境保护设施纳入了施工合同,环境保护设施的建设进度和资金是否得到了保证,项目建设过程中是否组织实施了环境影响报告书(表)及其审批部门审批决定中提出的环境保护对策措施。

1.3 验收过程简况

说明建设项目竣工时间,验收工作启动时间,自主验收方式(自有能力或委托其他机构),自有能力进行验收的,需说明自有人员、场所和设备等自行监测能力;委托其他机构的需说明受委托机构的名称、资质和能力,委托合同和责任约定的关键内容。说明验收监测报告(表)完成时间、提出验收意见的方式和时间,验收意见的结论。

1.4 公众反馈意见及处理情况

说明建设项目设计、施工和验收期间是否收到过公众反馈意见或投诉、反馈或投诉的内容、企业对其处理或解决的过程和结果。

2 其他环境保护措施的落实情况

环境影响报告书(表)及其审批部门审批决定中提出的,除环境保护设施外的其他环境保护措施,主要包括制度措施和配套措施等,现将需要说明的措施内容和要求梳理如下:

2.1 制度措施落实情况

(1)环保组织机构及规章制度

如实说明是否建立了环保组织机构,机构人员组成及职责分工;列表描述各项环保规章制度及主要内容,包括环境保护设施调试及日常运行维护制度、环境管理台账记录要求、运行维护费用保障计划等。

（2）环境风险防范措施

如实说明是否制订了完善的环境风险应急预案、是否进行了备案及是否具有备案文件、预案中是否明确了区域应急联动方案，是否按照预案进行过演练等。

（3）环境监测计划

如实说明企业是否按照环境影响报告书（表）及其审批部门审批决定要求制订了环境监测计划，是否按计划进行过监测，监测结果如何。

2.2　配套措施落实情况

（1）区域削减及淘汰落后产能

涉及区域内削减污染物总量措施和淘汰落后产能的措施，应如实说明落实情况、责任主体，并附相关具有支撑力的证明材料。

（2）防护距离控制及居民搬迁

如实描述环境影响报告书（表）及其审批部门审批决定中提出的防护距离控制及居民搬迁要求、责任主体，如实说明采取的防护距离控制的具体措施、居民搬迁方案、过程及结果，并附相关具有支撑力的证明材料。

2.3　其他措施落实情况

如林地补偿、珍稀动植物保护、区域环境整治、相关外围工程建设情况等，应如实说明落实情况。

3　整改工作情况

整改工作情况应说明项目建设过程中、竣工后、验收监测期间、提出验收意见后等各环节采取的各项整改工作、具体整改内容、整改时间及整改效果等。

附录Ⅳ

关于印发《生态环境部2018年建设项目竣工环境保护验收效果评估工作方案》及相关文件的通知

（环办环评函〔2018〕259号）

中国环境监测总站，环境保护部环境工程评估中心：

　　根据《建设项目环境保护管理条例》和《建设项目竣工环境保护验收暂行办法》，为进一步加强建设项目竣工环境保护验收工作的监督管理，我部制定了《生态环境部2018年建设项目竣工环境保护验收效果评估工作方案》（以下简称《工作方案》），并配套编制了《生态环境部建设项目竣工环境保护验收效果评估技术指南（试行）》和《生态环境部建设项目竣工环境保护验收效果评估表（试行）》。现将《工作方案》及相关配套文件（见附件）印发给你们，请认真贯彻落实。同时抄送各省、自治区、直辖市环境保护厅（局），新疆生产建设兵团环境保护局，地方各级生态环境主管部门可参照制定本地区建设项目竣工环境保护验收监督管理工作方案。

　　联系人：环境影响评价司　　白璐、赵元伟

　　电　话：（010）66556604、66103045

生态环境部办公厅

2018年5月10日

附件1

生态环境部 2018 年建设项目竣工环境保护
验收效果评估工作方案

根据《建设项目环境保护管理条例》和《建设项目竣工环境保护验收暂行办法》，为进一步加强对建设单位自主开展建设项目竣工环境保护验收工作的监督管理，我部现组织开展建设项目竣工环境保护验收效果评估工作，方案如下。

一、工作目的

通过开展建设项目竣工环境保护验收效果评估，分析总结建设单位自主验收现状及存在问题，提出处理措施及后续监管建议，督促建设单位依法依规开展自主验收，不断提高验收质量。同时，为各级生态环境主管部门加强建设项目环境保护设施"三同时"和竣工环境保护验收监督管理提供依据。

二、评估范围

每季度按照行业类型或地域范围，在全国建设项目竣工环境保护验收信息平台（以下简称信息平台）登记的项目中随机抽取一定比例的项目进行评估。建设项目抽取原则如下：

第一批：部审批重点行业建设项目，污染影响类选取石油加工、化工、有色金属冶炼、水泥、造纸、平板玻璃、钢铁等重点行业建设项目，比例不低于10%；生态影响类选取公路、港口码头、水利水电、煤炭、金属矿采选业等重点行业建设项目，比例不低于10%。

第二批：部审批其他行业建设项目，各行业抽取比例不低于10%。

第三批：视情况抽取各省、市、县审批的建设项目。

三、实施方式

生态环境部环境影响评价司负责统筹协调，中国环境监测总站和环境工程评估中心分别承担污染影响类建设项目、生态影响类建设项目验收效果评估具体工作。

按照《建设项目竣工环境保护验收效果评估技术指南（试行）》，采取资料复核、现场核查、数据分析、数据复核、专家论证等方式，对建设项目自主验收程序的合规性、验收内容的完整性、验收报告的准确性和验收意见的可行性等进行评估。

四、工作程序

（一）初步评估

每季度第一个月，在信息平台上按抽取原则随机抽取建设项目，确定本季度评估项目名单，通知建设单位限时提交验收报告；评估人员对验收报告进行初步评估，对每个项目提出初步评估意见；召开专家讨论会，明确初步评估意见和结论，提出下一步现场核查和重点复核内容的建议。

（二）重点复核

每季度第二个月，根据初步评估意见确定的现场核查项目名单和重点复核内容及要求，组织相关专家和评估人员开展现场核查、重点问题或异常数据等的复核工作。建设单位委托技术机构开展验收监测的，异常数据复核可溯源至其委托的技术机构。在此基础上，提出每个项目的评估意见。

（三）编写评估报告

每季度第三个月，评估人员在整理汇总分析评估意见的基础上，编写本季度评估报告，报送环境影响评价司。

（四）公布评估结果

向社会公布该季度评估结果。对评估中发现的涉嫌违法违规行为，移交有关部门依法查处。

附件 2

生态环境部建设项目竣工
环境保护验收效果评估技术指南
（试行）

1 评估目的

为建设项目环境保护设施"三同时"落实和竣工环境保护验收监管提供科学有效的技术依据。

2 适用范围

本指南规定了对建设单位完成的建设项目竣工环境保护自主验收进行效果评估的原则、程序、方法、内容和评估报告的编写要求。

本指南适用于生态环境部对建设项目竣工环境保护自主验收进行的效果评估工作。

3 评估原则

3.1 为科学监管服务原则

对自主验收进行效果评估是各级生态环境主管部门对建设项目环境保护设施"三同时"落实情况和竣工环境保护验收情况进行事中事后监管的有效技术手段，在评估依据、程序、内容、方法等方面必须体现为环境管理科学监督服务的原则。

3.2 客观公正原则

自主验收效果评估是按照《建设项目环境保护管理条例》及有关文件要求、建设项目环境影响报告书（表）及其审批部门审批决定，对建设项目竣工环境保护自主验收行为、验收监测（调查）报告及验收意见进行的技术评估，为生态环境主管部门规范建设单位自主开展环境保护验收程序和标准、确保验收内容不缺项、标准不降低提供技术支持，评估结论必须实事求是、客观、公正。

3.3 依据相同原则

对自主验收进行效果评估与自主验收采用相同的依据，依据《建设项目环境保护管理条例》《建设项目竣工环境保护验收暂行办法》及配套的《建设项目竣工环境保护验收技术指南 污染影响类》《建设项目竣工环境保护验收技术规范 生态影响类》等国家或地方现行的法律、法规、部门规章、技术规范和标准。

3.4 重点突出原则

根据不同行业环境影响特点，突出评估的重点内容和要求。

3.5 双随机抽取原则

采用随机抽取项目和随机安排评估人员的双随机方式，生态环境部随机抽取全国范围内完成自主验收的建设项目进行效果评估。

每季度在全国建设项目竣工环境保护验收信息平台随机抽取一定数量的项目，进行效果评估的技术人员由评估单位随机安排。

3.6 信息公开原则

评估单位按季度向生态环境部提交建设项目的自主验收效果评估报告，按年度提交年度总报告，或根据需求提交典型行业或典型区域自主验收效果评估状况报告等。生态环境部负责建设项目竣工环境保护自主验收效果评估结果的信息公开。

4 评估程序

建设项目竣工环境保护自主验收效果评估工作程序见图1。

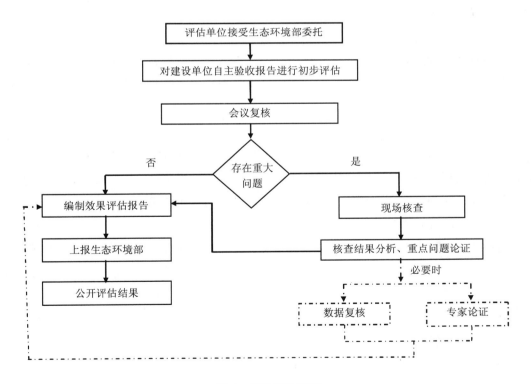

图 1 评估工作程序

5 评估内容

5.1 验收程序执行情况评估

5.1.1 时效性

从建设项目竣工调试、公开验收报告、登录全国建设项目竣工环境保护验收信息平台填报信息等时间节点，评估建设项目自主验收时间和周期是否满足国家和地方有关规定中关于验收期限的要求。

5.1.2 程序合规性

从编制验收监测（调查）报告、形成验收意见、形成验收报告等环节，评估自主验收程序执行的合规性。

5.1.3 信息公开

从自主验收情况的信息公开时间节点、公开平台、公开内容等方面，评估建设项目验收信息公开工作是否满足国家和地方的有关规定，评估建设项目竣工环境保护验收信息平台信息填报的全面性与准确性。

5.2 验收内容评估

5.2.1 验收工程内容

从项目建设地点、性质、内容、规模、工艺及流程、产品方案、原辅材料、平面布置等方面，评估工程内容的批建一致性，评估验收范围和内容确定的合理性和全面性、变动情况以及相关手续履行的合规性。

5.2.2 环境保护设施

评估建设项目各项环境保护设施落实情况是否与环评文件及批复意见要求的一致性，变动情况以及相关手续履行的合规性；评估建设单位对环境保护设施的建设和调试情况是否如实查验、监测、记载；评估生态保护或恢复工程的落实情况。

5.2.3 污染排放及其影响

从各要素和污染处理设施监测结果等方面，评估建设项目达标排放结果的可靠性。依据项目环境影响报告书（表）及其审批部门审批决定对环境质量监测的要求，评估建设单位是否在自主验收中进行了必要的环境质量监测、是否就项目对环境质量的影响进行了合理分析，项目的环境影响是否满足环境影响报告书（表）及其审批部门审批决定要求。

5.2.4 生态环境影响

评估项目的调查重点是否正确，生态环境的影响方式、影响范围和影响程度的调查分析是否清楚、合理，调查内容是否全面，是否存在特殊或重要生态敏感目标遗漏等问题。评估生态影响调查方法、生态监测手段和监测技术的采用是否科学合理。

5.3 验收监测（调查）报告质量评估

5.3.1 验收监测（调查）报告内容的完整性

根据建设项目环境影响报告书（表）及其审批部门审批决定、验收技术规范/指南要求，评估验收监测（调查）报告内容的全面完整性、报告结构的完善合理性。

5.3.2 项目基本情况描述的真实性

从项目建设内容、环保设施等方面，评估报告中项目基本情况描述的真实准确性。

5.3.3 监测内容和结果的科学性

从监测点位、因子、频次的选择，监测方法和仪器选择、监测质量保证和质量控制措施、监测数据、监测结果表达与评价等方面综合评估监测内容的科学准确性和监测结果的可信度。

5.3.4 支撑材料的有效性

从支撑材料的具体内容、是否规范等方面，评估报告所附支撑材料的有效性。

5.3.5 报告结论及建议的科学性

评估报告给出的结论是否科学合理，评估报告提出的建议是否有针对性。

5.3.6 术语、格式、图件、表格的规范性

根据验收技术规范/指南和国家环境标准，评估报告中的术语、格式、图件、表格等的规范性。

5.4 验收意见评估

5.4.1 验收意见的完整性

评估验收意见内容是否完整。验收意见应包括工程建设基本情况、工程变动情况、环境保护设施建设情况、环境保护设施调试运行效果、工程建设对环境的影响、验收存在的主要问题、验收结论和后续要求、验收人员信息。

5.4.2 验收结论的可信性

评估验收意见的依据是否充分、合理，验收结论是否可信。验收结论应明确建设项目是否落实了环境影响报告书（表）及其审批部门审批决定提出的环境保护设施要求，是否符合验收条件，验收是否合格等意见。

5.5 其他需要说明的事项评估

评估建设单位对于验收报告中"其他需要说明的事项"内容的完整性和说明的清晰度。其他需要说明的事项应包括环保设施设计、施工和验收过程简况，公众反馈（调查）意见及处理情况，其他环境保护措施落实情况、整改工作情况三部分。评估说明的事项是否完整，对每项内容的说明内容是否清晰、翔实、可信。

6 评估方法

6.1 资料复核

资料复核方法包括资料收集、文件调阅等，对项目相关的报告资料、文件资料、图件资料、环境管理资料以及其他资料进行复核。

6.2 现场核查

运用 GPS 定位、现场询问、勘查记录等手段，逐项核查、确认项目地理位置、建成情况、环保设施及措施的实施情况等。

6.3 数据分析

包括理论分析、逻辑分析等手段，结合项目生产工艺、原辅材料、治理设施、处理效率等，对监测结果的合理性进行分析。

6.4 数据复核

评估过程中，可通过查阅监测原始记录、核查采样、样品保存、运输、实验室分析等各环节的质量保证和质量控制措施与记录、检查实验室认证及人员持证情况等方式，对数据有效性进行复核。对于理论分析和经验判断的可疑数据，可进行复核监测。

6.5 专家论证

对于疑难、敏感问题，评估单位可以根据需要组织专家进行专项论证。

7 评估报告编制要求

7.1 编制要求

效果评估报告应实事求是，突出项目特点和区域环境特征，文字简洁通畅，评估项目概况和关键问题表述清楚，评估结论明确、可信。

7.2 框架内容

下列框架内容为参考格式，可根据项目特点、区域环境特征和生态环境主管部门的要求，选择但不限于以下内容。

7.2.1 前言

简述评估项目的由来。

7.2.2 评估依据

国家或地方相关标准、验收技术规范/指南、项目环境影响报告书（表）及其审批部门审批决定等。

7.2.3 评估项目概况

建设项目性质、建设规模、项目组成、建设地点、占地面积、工程规模、工程量、总投资及环保投资、主要建设内容等。

7.2.4 评估结果

（1）自主验收程序执行情况

明确项目自主验收时效性、程序的合规性、验收监测单位和验收组技术能力、信息公开是否符合要求、信息平台填报信息是否正确等。

（2）自主验收内容

明确项目自主验收内容的完整性、验收范围确定的合理性。明确各项环境保护设施的批建一致性和有效性，明确验收监测数据的可信性。

（3）验收监测（调查）报告

明确验收监测（调查）报告的完整性和规范性，是否符合相关验收技术规范/指南的要求。

（4）验收意见

明确验收意见的完整性和可信性，验收结论的得出是否科学合理，验收意见是否符合有关管理文件和技术规范/指南要求。

（5）其他需要说明的事项

明确"其他需要说明的事项"内容的完整性和说明的清晰度，说明的事项是否完整、对每项内容的说明是否翔实清晰。

7.2.5 评估结论及建议

（1）结论

对建设项目自主验收程序的合规性、验收内容的完整性、自主验收监测（调查）报告的编制质量、自主验收意见的可行性、"其他需要说明的事项"内容的完整性和说明的清晰度给出明确结论。

若验收意见不可行，指出验收监测（调查）报告、验收意见和项目存在的重大问题，如验收监测（调查）报告与验收技术规范/指南要求严重不符、验收监测（调查）报告存在重大质量缺陷、验收意见存在重大问题遗漏、主要环保设施或措施存在重大缺失或隐患、项目验收过程中存在弄虚作假行为等。

（2）建议

针对评估发现的主要问题，从技术角度给出项目在后续监督管理中应注意的问题或应采取的补救措施。必要时可向生态环境部提出对建设项目进行监督性监测的建议。

附件 3

生态环境部建设项目竣工环境保护
验收效果评估表

（试行）

建设项目：

建设单位：

评估单位：　　　　　　　（盖章）

年　　月　　日

序号	评估分项	评估单项标准	单项评分	分项评分
一	重大问题	1．竣工 12 个月内未完成验收（已申领排污许可证的设施除外）； 2．未按环境影响报告书（表）及其审批部门审批决定要求建成环境保护设施，或者环境保护设施不能与主体工程同时投产或者使用； 3．污染物排放不符合国家和地方相关标准、环境影响报告书（表）及其审批部门审批决定或者重点污染物排放总量控制指标要求； 4．环境影响报告书（表）经批准后，该建设项目的性质、规模、地点、采用的生产工艺或者防治污染、防止生态破坏的措施发生重大变动，建设单位未重新报批环境影响报告书（表）或者环境影响报告书（表）未经批准； 5．建设过程中造成重大环境污染未治理完成，或者造成重大生态破坏未恢复； 6．纳入排污许可管理的建设项目，无证排污或者不按证排污； 7．分期建设、分期投入生产或者使用依法应当分期验收的建设项目，其分期建设、分期投入生产或者使用的环境保护设施防治环境污染和生态破坏的能力不能满足其相应主体工程需要； 8．建设单位因该建设项目违反国家和地方环境保护法律法规受到处罚，被责令改正，尚未改正完成； 9．验收报告的基础资料数据明显不实，内容存在重大缺项、遗漏，验收监测（调查）报告不符合相关规范要求，或者验收结论不明确、不合理； 10．其他环境保护法律法规规章等规定不得通过环境保护验收		
二	自主验收程序执行情况	时效性	4	
		程序合规性	3	
		信息公开程度（时间节点、内容全面性、信息准确性）	3	
三	自主验收内容评估	自主验收工程内容的完整性	3	
		验收范围确定的合理性	4	
		变动内容说明程度	3	
四	验收监测/调查报告质量	报告格式的规范性	10	
		报告内容的完整性	10	
		与相关技术规范/指南要求的相符性	20	
五	验收意见可行性	意见格式的规范性	5	
		意见内容的完整性	10	
		意见结论的可行性	10	
		建议的针对性与可操作性	5	

序号	评估分项	评估单项标准		单项评分	分项评分
六	其他需要说明的事项	说明事项的完整性	4		
		说明内容的清晰程度	3		
		说明材料的支撑性	3		
总　　分					

一、结论

　　对建设项目自主验收程序的合规性、验收内容的完整性、自主验收监测/调查报告的编制质量、自主验收意见的可行性、"其他需要说明的事项"内容的完整性和说明的清晰度给出明确结论。

　　若验收意见不可行，指出验收监测/调查报告、验收意见和项目存在的重大问题，如验收监测/调查报告与验收技术规范/指南要求严重不符、验收监测/调查报告存在重大质量缺陷、验收意见存在重大问题遗漏、主要环保设施或措施存在重大缺失或隐患、项目验收过程中存在弄虚作假行为等。

二、建议

　　针对评估发现的主要问题，从技术角度给出项目在后续监督管理中应注意的问题或应采取的补救措施。必要时可向生态环境部提出对建设项目进行监督性监测的建议。

说明：1. 存在重大问题的直接扣掉100分，分项不计分，总分计为0分。

　　　2. 分项评分为各单项评分之和，总分为各分项评分之和。

　　　3. 评估结果以"好"（总分≥90分）、"较好"（75分≤总分＜90分）、"一般"（60分≤总分＜75分）、"差"（40分≤总分＜60分）、"极差"（总分＜40分）评判分级。

签名：　　　　　　　　　日期：

附录 V

关于印发环评管理中部分行业建设项目
重大变动清单的通知

（环办〔2015〕52 号）

各省、自治区、直辖市环境保护厅（局），新疆生产建设兵团环境保护局，解放军环境保护局：

根据《环境影响评价法》和《建设项目环境保护管理条例》有关规定，建设项目的性质、规模、地点、生产工艺和环境保护措施五个因素中的一项或一项以上发生重大变动，且可能导致环境影响显著变化（特别是不利环境影响加重）的，界定为重大变动。属于重大变动的应当重新报批环境影响评价文件，不属于重大变动的纳入竣工环境保护验收管理。

根据上述原则，结合不同行业的环境影响特点，我部制定了水电等部分行业建设项目重大变动清单（试行）。各地在试行过程中如发现新问题、新情况，请以书面形式反馈意见和建议，我部将根据情况进一步补充、调整、完善。各省级环保部门可结合本地区实际，制定本行政区特殊行业重大变动清单，报我部备案。

其他与本通知不一致的相关文件或文件相关内容即行废止。

环境保护部办公厅
2015 年 6 月 4 日

附件

水电建设项目重大变动清单（试行）

性质：

1．开发任务中新增供水、灌溉、航运等功能。

规模：

2．单台机组装机容量不变，增加机组数量；或单台机组装机容量加大 20%及以上（单独立项扩机项目除外）。

3．水库特征水位如正常蓄水位、死水位、汛限水位等发生变化；水库调节性能发生变化。

地点：

4．坝址重新选址，或坝轴线调整导致新增重大生态保护目标。

生产工艺：

5．枢纽坝型变化；堤坝式、引水式、混合式等开发方式变化。

6．施工方案发生变化直接涉及自然保护区、风景名胜区、集中饮用水水源保护区等环境敏感区。

环境保护措施：

7．枢纽布置取消生态流量下泄保障设施、过鱼措施、分层取水水温减缓措施等主要环保措施。

水利建设项目（枢纽类和引调水工程）重大变动清单（试行）

性质：

1．主要开发任务发生变化。

2．引调水供水水源、供水对象、供水结构等发生较大变化。

规模：

3．供水量、引调水量增加 20%及以上。

4．引调水线路长度增加 30%及以上。

5．水库特征水位如正常蓄水位、死水位、汛限水位等发生变化；水库调节性能发生变化。

地点：

6．坝址重新选址，或坝轴线调整导致新增重大生态保护目标。

7．引调水线路重新选线。

生产工艺：

8．枢纽坝型变化；输水方式由封闭式变为明渠导致环境风险增加。

9．施工方案发生变化直接涉及自然保护区、风景名胜区、集中饮用水水源保护区等环境敏感区。

环境保护措施：

10．枢纽布置取消生态流量下泄保障设施、过鱼措施、分层取水水温减缓措施等主要环保措施。

火电建设项目重大变动清单（试行）

性质：

1．由热电联产机组、矸石综合利用机组变为普通发电机组，或由普通发电机组变为矸石综合利用机组。

2．热电联产机组供热替代量减少10%及以上。

规模：

3．单机装机规模变化后超越同等级规模。

4．锅炉容量变化后超越同等级规模。

地点：

5．电厂（含配套灰场）重新选址；在原厂址（含配套灰场）或附近调整（包括总平面布置发生变化）导致不利环境影响加重。

生产工艺：

6．锅炉类型变化后污染物排放量增加。

7．冷却方式变化。

8．排烟形式变化（包括排烟方式变化、排烟冷却塔直径变大等）或排烟高度降低。

环境保护措施：

9．烟气处理措施变化导致废气排放浓度（排放量）增加或环境风险增大。

10．降噪措施发生变化，导致厂界噪声排放增加（声环境评价范围内无环境敏感点的项目除外）。

煤炭建设项目重大变动清单（试行）

规模：

1．设计生产能力增加30%及以上。

2．井（矿）田采煤面积增加10%及以上。

3．增加开采煤层。

地点：

4. 新增主（副）井工业场地、风井场地等各类场地（包括排矸场、外排土场），或各类场地位置变化。

5. 首采区发生变化。

生产工艺：

6. 开采方式变化：如井工变露天、露天变井工、单一井工或露天变井工露天联合开采等。

7. 采煤方法变化：如由采用充填开采、分层开采、条带开采等保护性开采方法变为采用非保护性开采方法。

环境保护措施：

8. 生态保护、污染防治或综合利用等措施弱化或降低；特殊敏感目标（自然保护区、饮用水水源保护区等）保护措施变化。

油气管道建设项目重大变动清单（试行）

规模：

1. 线路或伴行道路增加长度达到原线路总长度的30%及以上。

2. 输油或输气管道设计输量或设计管径增大。

地点：

3. 管道穿越新的环境敏感区；环境敏感区内新增除里程桩、转角桩、阴极保护测试桩和警示牌外的永久占地；在现有环境敏感区内路由发生变动；管道敷设方式或穿跨越环境敏感目标施工方案发生变化。

4. 具有油品储存功能的站场或压气站的建设地点或数量发生变化。

生产工艺：

5. 输送物料的种类由输送其他种类介质变为输送原油或成品油；输送物料的物理化学性质发生变化。

环境保护措施：

6. 主要环境保护措施或环境风险防范措施弱化或降低。

铁路建设项目重大变动清单（试行）

性质：

1. 客货共线改客运专线或货运专线；客运专线或货运专线改客货共线。

规模：

2. 正线数目增加（如单线改双线）。

3．车站数量增加 30%及以上；新增具有煤炭（或其他散货）集疏运功能的车站；城市建成区内新增车站。

4．正线或单双线长度增加累计达到原线路长度的 30%及以上。

5．路基改桥梁或桥梁改路基长度累计达到线路长度的 30%及以上。

地点：

6．线路横向位移超出 200 米的长度累计达到原线路长度的 30%及以上。

7．工程线路、车站等发生变化，导致评价范围内出现新的自然保护区、风景名胜区、饮用水水源保护区等生态敏感区，或导致出现新的城市规划区和建成区。

8．城市建成区内客运站、货运站和客货运站等车站选址发生变化。

9．项目变动导致新增声环境敏感点数量累计达到原敏感点数量的 30%及以上。

生产工艺：

10．有砟轨道改无砟轨道或无砟轨道改有砟轨道，涉及环境敏感点数量累计达到全线环境敏感点数量的 30%及以上。

11．最高运行速度增加 50 公里/小时及以上；列车对数增加 30 对及以上；最大牵引质量增加 1 000 吨及以上；货运铁路车辆轴重增加 5 吨及以上。

12．城市建成区内客运站、货运站和客货运站等车站类型发生变化。

13．项目在自然保护区、风景名胜区、饮用水水源保护区等生态敏感区内的线位走向和长度，车站等主要工程内容，或施工方案等发生变化；经过噪声敏感建筑物集中区域的路段，其线路敷设方式由地下线改地上线。

环境保护措施：

14．取消具有野生动物迁徙通道功能和水源涵养功能的桥梁，噪声污染防治措施等主要环境保护措施弱化或降低。

高速公路建设项目重大变动清单（试行）

规模：

1．车道数或设计车速增加。

2．线路长度增加 30%及以上。

地点：

3．线路横向位移超出 200 米的长度累计达到原线路长度的 30%及以上。

4．工程线路、服务区等附属设施或特大桥、特长隧道等发生变化，导致评价范围内出现新的自然保护区、风景名胜区、饮用水水源保护区等生态敏感区，或导致出现新的城市规划区和建成区。

5．项目变动导致新增声环境敏感点数量累计达到原敏感点数量的 30%及以上。

生产工艺：

6．项目在自然保护区、风景名胜区、饮用水水源保护区等生态敏感区内的线位走向和长度、服务区等主要工程内容，以及施工方案等发生变化。

环境保护措施：

7．取消具有野生动物迁徙通道功能和水源涵养功能的桥梁，噪声污染防治措施等主要环境保护措施弱化或降低。

港口建设项目重大变动清单（试行）

性质：

1．码头性质发生变动，如干散货、液体散货、集装箱、多用途、件杂货、通用码头等各类码头之间的转化。

规模：

2．码头工程泊位数量增加、等级提高、新增罐区（堆场）等工程内容。

3．码头设计通过能力增加 30%及以上。

4．工程占地和用海总面积（含陆域面积、水域面积、疏浚面积）增加 30%及以上。

5．危险品储罐数量增加 30%及以上。

地点：

6．工程组成中码头岸线、航道、防波堤位置调整使得评价范围内出现新的自然保护区、风景名胜区、饮用水水源保护区等环境敏感区和要求更高的环境功能区。

7．集装箱危险品堆场位置发生变化导致环境风险增加。

生产工艺：

8．干散货码头装卸方式、堆场堆存方式发生变化，导致大气污染源强增大。

9．集装箱码头增加危险品箱装卸作业、洗箱作业或堆场。

10．集装箱危险品装卸、堆场、液化码头新增危险品货类（国际危险品分类：9 类），或新增同一货类中毒性、腐蚀性、爆炸性更大的货种。

环境保护措施：

11．矿石码头堆场防尘、液化码头油气回收、集装箱码头压载水灭活等主要环境保护措施或环境风险防范措施弱化或降低。

石油炼制与石油化工建设项目重大变动清单（试行）

规模：

1．一次炼油加工能力、乙烯裂解加工能力增大 30%及以上；储罐总数量或总容积增大 30%及以上。

2．新增以下重点生产装置或其规模增大 50%及以上，包括：石油炼制工业的催化连续重整、催化裂化、延迟焦化、溶剂脱沥青、对二甲苯（PX）等，石油化工工业的丙烯腈、精对苯二甲酸（PTA）、环氧丙烷（PO）、氯乙烯（VCM）等。

3．新增重点生产装置外的其他装置或其规模增大 50%及以上，并导致新增污染因子或污染物排放量增加。

地点：

4．项目重新选址，或在原厂址附近调整（包括总平面布置或生产装置发生变化）导致不利环境影响显著加重或防护距离边界发生变化并新增了需搬迁的敏感点。

5．厂外油品、化学品、污水管线路由调整，穿越新的环境敏感区；防护距离边界发生变化并新增了需搬迁的敏感点；在现有环境敏感区内路由发生变动且环境影响或环境风险增大。

生产工艺：

6．原料方案、产品方案等工程方案发生变化。

7．生产装置工艺调整或原辅材料、燃料调整，导致新增污染因子或污染物排放量增加。

环境保护措施：

8．污染防治措施的工艺、规模、处置去向、排放形式等调整，导致新增污染因子或污染物排放量、范围或强度增加；地下水污染防治分区调整，降低地下水污染防渗等级；其他可能导致环境影响或环境风险增大的环保措施变动。

附录Ⅵ

关于印发制浆造纸等十四个行业建设项目
重大变动清单的通知

（环办环评〔2018〕6号）

各省、自治区、直辖市环境保护厅（局），新疆生产建设兵团环境保护局：

　　为进一步规范环境影响评价管理，根据《中华人民共和国环境影响评价法》和《建设项目环境保护管理条例》的有关规定，按照《关于印发环评管理中部分行业建设项目重大变动清单的通知》（环办〔2015〕52号）要求，结合不同行业的环境影响特点，我部制定了制浆造纸等14个行业建设项目重大变动清单（试行），现印发给你们，请遵照执行。其中，钢铁、水泥、电解铝、平板玻璃等产能严重过剩行业的建设项目还应按照《国务院关于化解产能严重过剩矛盾的指导意见》（国发〔2013〕41号）要求，落实产能等量或减量置换，各级环保部门不得审批其新增产能的项目。

　　各地在实施过程中如有问题或意见建议，可以书面形式反馈我部，我部将适时对清单进行补充、调整、完善。

环境保护部办公厅

2018年1月29日

附件 1

制浆造纸建设项目重大变动清单（试行）

适用于制浆、造纸、浆纸联合（含林浆纸一体化）以及纸制品建设项目环境影响评价管理。

规模：

1. 木浆或非木浆生产能力增加 20%及以上；废纸制浆或造纸生产能力增加 30%及以上。

建设地点：

2. 项目（含配套固体废物渣场）重新选址；在原厂址附近调整（包括总平面布置变化）导致防护距离内新增敏感点。

生产工艺：

3. 制浆、造纸原料或工艺变化，或新增漂白、脱墨、制浆废液处理、化学品制备工序，导致新增污染物或污染物排放量增加。

环境保护措施：

4. 废水、废气处理工艺变化，导致新增污染物或污染物排放量增加（废气无组织排放改为有组织排放除外）。

5. 锅炉、碱回收炉、石灰窑或焚烧炉废气排气筒高度降低 10%及以上。

6. 新增废水排放口；废水排放去向由间接排放改为直接排放；直接排放口位置变化导致不利环境影响加重。

7. 危险废物处置方式由外委改为自行处置或处置方式变化导致不利环境影响加重。

附件 2

制药建设项目重大变动清单（试行）

适用于发酵类制药、化学合成类制药、提取类制药、中药类制药、生物工程类制药、混装制剂制药建设项目环境影响评价管理，兽用药品及医药中间体制造建设项目可参照执行。

规模：

1. 中成药、中药饮片加工生产能力增加 50%及以上；化学合成类、提取类药品、生物工程类药品生产能力增加 30%及以上；生物发酵制药工艺发酵罐规格增大或数量增加，导致污染物排放量增加。

建设地点：

2. 项目重新选址；在原厂址附近调整（包括总平面布置变化）导致防护距离内新增敏感点。

生产工艺：

3. 生物发酵制药的发酵、提取、精制工艺变化，或化学合成类制药的化学反应（缩合、裂解、成盐等）、精制、分离、干燥工艺变化，或提取类制药的提取、分离、纯化工艺变化，或中药类制药的净制、炮炙、提取、精制工艺变化，或生物工程类制药的工程菌扩大化、分离、纯化工艺变化，或混装制剂制药粉碎、过滤、配制工艺变化，导致新增污染物或污染物排放量增加。

4. 新增主要产品品种，或主要原辅材料变化导致新增污染物或污染物排放量增加。

环境保护措施：

5. 废水、废气处理工艺变化，导致新增污染物或污染物排放量增加（废气无组织排放改为有组织排放除外）。

6. 排气筒高度降低 10% 及以上。

7. 新增废水排放口；废水排放去向由间接排放改为直接排放；直接排放口位置变化导致不利环境影响加重。

8. 风险防范措施变化导致环境风险增大。

9. 危险废物处置方式由外委改为自行处置或处置方式变化导致不利环境影响加重。

附件 3

农药建设项目重大变动清单（试行）

适用于农药制造建设项目环境影响评价管理。

规模：

1. 化学合成农药新增主要生产设施或生产能力增加 30% 及以上。

2. 生物发酵工艺发酵罐规格增大或数量增加，导致污染物排放量增加。

建设地点：

3. 项目重新选址；在原厂址附近调整（包括总平面布置变化）导致防护距离内新增敏感点。

生产工艺：

4. 新增主要产品品种，主要生产工艺（备料、反应、发酵、精制/溶剂回收、分离、干燥、制剂加工等工序）变化，或主要原辅材料变化，导致新增污染物或污染物排放量增加。

环境保护措施：

5．废气、废水处理工艺变化，导致新增污染物或污染物排放量增加（废气无组织排放改为有组织排放除外）。

6．排气筒高度降低 10%及以上。

7．新增废水排放口；废水排放去向由间接排放改为直接排放；直接排放口位置变化导致不利环境影响加重。

8．风险防范措施变化导致环境风险增大。

9．危险废物处置方式由外委改为自行处置或处置方式变化导致不利环境影响加重。

附件 4

化肥（氮肥）建设项目重大变动清单（试行）

适用于氮肥制造建设项目环境影响评价管理。

规模：

1．合成氨或尿素、硝酸铵等主要氮肥产品生产能力增加 30%及以上。

建设地点：

2．项目（含配套固体废物渣场）重新选址；在原厂址附近调整（包括总平面布置变化）导致防护距离内新增敏感点。

生产工艺：

3．气化、净化等主要生产单元的工艺变化，新增主要产品品种或原辅材料、燃料变化，导致新增污染物或污染物排放量增加。

环境保护措施：

4．废水、废气处理工艺变化，导致新增污染物或污染物排放量增加（废气无组织排放改为有组织排放除外）。

5．烟囱或排气筒高度降低 10%及以上。

6．新增废水排放口；废水排放去向由间接排放改为直接排放；直接排放口位置变化导致不利环境影响加重。

7．风险防范措施变化导致环境风险增大。

8．危险废物处置方式由外委改为自行处置或处置方式变化导致不利环境影响加重。

附件 5

纺织印染建设项目重大变动清单（试行）

适用于纺织品制造和服装制造建设项目环境影响评价管理。

规模：

1．纺织品制造洗毛、染整、脱胶或缫丝规模增加 30%及以上，其他原料加工（编织物及其制品制造除外）规模增加 50%及以上；服装制造湿法印花、染色或水洗规模增加 30%及以上，其他原料加工规模增加 50%及以上（100 万件/年以下的除外）。

建设地点：

2．项目重新选址；在原厂址附近调整（包括总平面布置变化）导致防护距离内新增敏感点。

生产工艺：

3．纺织品制造新增洗毛、染整、脱胶、缫丝工序，服装制造新增湿法印花、染色、水洗工序，或上述工序工艺、原辅材料变化，导致新增污染物或污染物排放量增加。

环境保护措施：

4．废水、废气处理工艺变化，导致新增污染物或污染物排放量增加（废气无组织排放改为有组织排放除外）。

5．排气筒高度降低 10%及以上。

6．新增废水排放口；废水排放去向由间接排放改为直接排放；直接排放口位置变化导致不利环境影响加重。

7．危险废物处置方式由外委改为自行处置或处置方式变化导致不利环境影响加重。

附件 6

制革建设项目重大变动清单（试行）

适用于制革建设项目环境影响评价管理。

规模：

1．制革生产能力增加 30%及以上。

建设地点：

2．项目重新选址；在原厂址附近调整（包括总平面布置变化）导致防护距离内新增敏感点。

生产工艺：

3．生皮至蓝湿革、蓝湿革至成品革（坯革）、坯革至成品革生产工艺或原辅材料变化，导致新增污染物或污染物排放量增加。

环境保护措施：

4．废水、废气处理工艺变化，导致新增污染物或污染物排放量增加（废气无组织排放改为有组织排放除外）。

5．排气筒高度降低 10% 及以上。

6．新增废水排放口；废水排放去向由间接排放改为直接排放；直接排放口位置变化导致不利环境影响加重。

7．危险废物处置方式由外委改为自行处置或处置方式变化导致不利环境影响加重。

附件 7

制糖建设项目重大变动清单（试行）

适用于制糖工业建设项目环境影响评价管理。

规模：

1．甘蔗、甜菜日加工能力，或原糖、成品糖生产能力增加 30% 及以上。

建设地点：

2．项目重新选址；在原厂址附近调整（包括总平面布置变化）导致防护距离内新增敏感点。

生产工艺：

3．以原糖或成品糖为原料精炼加工各种精幼砂糖工艺改为以农作物甘蔗、甜菜制作原糖工艺。

4．产品方案调整或清净工艺变化，导致新增污染物或污染物排放量增加。

环境保护措施：

5．废水、废气处理工艺变化，导致新增污染物或污染物排放量增加（废气无组织排放改为有组织排放除外）。

6．排气筒高度降低 10% 及以上。

7．新增废水排放口；废水排放去向由间接排放改为直接排放；直接排放口位置变化导致不利环境影响加重。

附件 8

电镀建设项目重大变动清单（试行）

适用于专业电镀建设项目环境影响评价管理，含专业电镀工序的建设项目参照执行。

规模：

1．主镀槽规格增大或数量增加导致电镀生产能力增大 30%及以上。

建设地点：

2．项目重新选址；在原厂址附近调整（包括总平面布置变化）导致防护距离内新增敏感点。

生产工艺：

3．镀种类型变化，导致新增污染物或污染物排放量增加。

4．主要生产工艺变化；主要原辅材料变化导致新增污染物或污染物排放量增加。

环境保护措施：

5．废水、废气处理工艺变化，导致新增污染物或污染物排放量增加（废气无组织排放改为有组织排放除外）。

6．排气筒高度降低 10%及以上。

7．新增废水排放口；废水排放去向由间接排放改为直接排放；直接排放口位置变化导致不利环境影响加重。

附件 9

钢铁建设项目重大变动清单（试行）

适用于包含烧结/球团、炼铁、炼钢、热轧、冷轧（含酸洗和涂镀）工序的钢铁建设项目环境影响评价管理。

规模：

1．烧结、炼铁、炼钢工序生产能力增加 10%及以上；球团、轧钢工序生产能力增加 30%及以上。

建设地点：

2．项目重新选址；在原厂址附近调整（包括总平面布置变化）导致防护距离内新增敏感点。

生产工艺：

3．生产工艺流程、参数变化或主要原辅材料、燃料变化，导致新增污染物或污染物排放量增加。

4．厂内大宗物料转运、装卸或贮存方式变化，导致大气污染物无组织排放量增加。

环境保护措施：

5．废水、废气处理工艺变化，导致新增污染物或污染物排放量增加（废气无组织排放改为有组织排放除外）。

6. 烧结机头废气、烧结机尾废气、球团焙烧废气、高炉矿槽废气、高炉出铁场废气、转炉二次烟气、电炉烟气排气筒高度降低 10% 及以上。

7. 新增废水排放口；废水排放去向由间接排放改为直接排放；直接排放口位置变化导致不利环境影响加重。

8. 其他可能导致环境影响或环境风险增大的环保措施变化。

附件 10

炼焦化学建设项目重大变动清单（试行）

适用于炼焦化学工业建设项目环境影响评价管理。

规模：

1. 焦炭（含兰炭）生产能力增加 10% 及以上。

2. 常规机焦炉及热回收焦炉炭化室高度、宽度增大或孔数增加；半焦（兰炭）炭化炉数量增加或单炉生产能力增加 10% 及以上。

建设地点：

3. 项目重新选址；在原厂址附近调整（包括总平面布置变化）导致防护距离内新增敏感点。

生产工艺：

4. 装煤方式、煤气净化工艺或厂内综合利用方式、熄焦工艺、化学产品生产工艺变化，导致新增污染物或污染物排放量增加。

5. 主要原料、燃料变化，导致新增污染物或污染物排放量增加。

6. 厂内大宗物料转运、装卸或贮存方式变化，导致大气污染物无组织排放量增加。

环境保护措施：

7. 废气、废水处理工艺变化，导致新增污染物或污染物排放量增加（废气无组织排放改为有组织排放除外）。

8. 焦炉烟囱（含焦炉烟气尾部脱硫、脱硝设施排放口），装煤、推焦地面站排放口，干法熄焦地面站排放口高度降低 10% 及以上。

9. 新增废水排放口；废水排放去向由间接排放改为直接排放；直接排放口位置变化导致不利环境影响加重。

附件 11

平板玻璃建设项目重大变动清单（试行）

适用于平板玻璃以及电子工业玻璃太阳能电池玻璃建设项目环境影响评价管理。

规模：

1. 玻璃熔窑生产能力增加 30%及以上。

建设地点：

2. 项目重新选址；在原厂址附近调整（包括总平面布置变化）导致防护距离内新增敏感点。

生产工艺：

3. 新增在线镀膜工序。

4. 纯氧助燃改为空气助燃导致污染物排放量增加。

5. 原辅材料、燃料调整导致新增污染物或污染物排放量增加。

环境保护措施：

6. 废水、熔窑废气处理工艺变化，导致新增污染物或污染物排放量增加（废气无组织排放改为有组织排放除外）。

7. 熔窑废气排气筒高度降低 10%及以上。

8. 新增废水排放口；废水排放去向由间接排放改为直接排放；直接排放口位置变化导致不利环境影响加重。

附件 12

水泥建设项目重大变动清单（试行）

适用于水泥制造（含配套矿山、协同处置）和独立粉磨站建设项目环境影响评价管理。

规模：

1. 水泥熟料生产能力增加 10%及以上；配套矿山开采能力或水泥粉磨生产能力增加 30%及以上。

2. 水泥窑协同处置危险废物能力增加 20%及以上；水泥窑协同处置非危险废物能力增大 30%及以上。

建设地点：

3. 项目重新选址；在原厂址附近调整（包括总平面布置变化）或配套矿山、废石场选址变化，导致防护距离内新增敏感点。

生产工艺：

4．增加协同处置处理工序（单元），或增加旁路放风系统并设置单独排气筒。

5．水泥窑协同处置固体废物类别变化，导致新增污染物或污染物排放量增加。

6．原料、燃料变化导致新增污染物或污染物排放量增加。

7．厂内大宗物料转运、装卸或贮存方式变化，导致大气污染物无组织排放量增加。

环境保护措施：

8．窑尾、窑头废气治理设施及工艺变化，或增加独立热源进行烘干，导致新增污染物或污染物排放量增加（废气无组织排放改为有组织排放除外）。

9．窑尾、窑头废气排气筒高度降低10%及以上。

10．协同处置固体废物暂存产生的渗滤液处理工艺由入窑高温段焚烧改为其他处理方式，导致新增污染物或污染物排放量增加。

附件 13

铜铅锌冶炼建设项目重大变动清单（试行）

适用于铜、铅、锌冶炼（含再生）建设项目环境影响评价管理。

规模：

1．冶炼生产能力增加20%及以上。

建设地点：

2．项目（含配套固体废物渣场）重新选址；在原厂址附近调整（包括总平面布置变化）导致防护距离内新增敏感点。

生产工艺：

3．冶炼工艺或制酸工艺变化，冶炼炉窑炉型、数量、规格变化或主要原辅材料（含二次资源、再生资源）、燃料变化，导致新增污染物或污染物排放量增加。

环境保护措施：

4．废气、废水处理工艺变化，导致新增污染物或污染物排放量增加（废气无组织排放改为有组织排放除外）。

5．冶炼炉窑烟气、制酸尾气或环境集烟烟气排气筒高度降低10%及以上。

6．新增废水排放口；废水排放去向由间接排放改为直接排放；直接排放口位置变化导致不利环境影响加重。

7．危险废物处置方式由外委改为自行处置或处置方式变化导致不利环境影响加重。

附件 14

铝冶炼建设项目重大变动清单（试行）

适用于以铝土矿为原料生产氧化铝、以氧化铝为原料生产电解铝，以及配套铝用碳素的铝冶炼建设项目环境影响评价管理。

规模：

1．氧化铝生产能力增加 30%及以上；石油焦煅烧、阳（阴）极焙烧、铝电解工序生产能力增加 10%及以上。

建设地点：

2．项目（含配套赤泥堆场、电解槽大修渣场）重新选址；在原厂址附近调整（包括总平面布置变化）导致防护距离内新增敏感点。

生产工艺：

3．氧化铝生产、石油焦煅烧工艺变化，或原辅材料、燃料变化，导致新增污染物或污染物排放量增加。

4．厂内大宗物料转运、装卸或贮存方式变化，导致大气污染物无组织排放量增加。

环境保护措施：

5．废水、废气处理工艺变化，导致新增污染物或污染物排放量增加（废气无组织排放改为有组织排放除外）。

6．熟料烧成、氢氧化铝焙烧、石油焦煅烧、阳（阴）极焙烧、沥青融化、生阳极制造或铝电解烟气排气筒高度降低 10%及以上。

7．新增废水排放口；废水排放去向由间接排放改为直接排放；直接排放口位置变化导致不利环境影响加重。

8．赤泥堆存方式由干法改为湿法或半干法，由半干法改为湿法；危险废物处置方式由外委改为自行处置或处置方式变化导致不利环境影响加重。

附录Ⅶ

关于印发淀粉等五个行业建设项目重大变动清单的通知

（环办环评函〔2019〕934 号）

各省、自治区、直辖市生态环境厅（局），新疆生产建设兵团生态环境局：

　　为进一步规范建设项目环境影响评价管理，推进排污许可制度实施，根据《中华人民共和国环境影响评价法》和《建设项目环境保护管理条例》有关规定，按照《关于印发环评管理中部分行业建设项目重大变动清单的通知》（环办〔2015〕52 号）和《关于做好环境影响评价制度与排污许可制衔接相关工作的通知》（环办环评〔2017〕84 号）要求，结合不同行业环境影响特点，我部制定了淀粉等五个行业建设项目重大变动清单（试行）。现印发给你们，请遵照执行。

　　各地在实施过程中如有问题或意见建议，可以书面形式反馈我部，我部将适时对清单进行调整、完善。

生态环境部办公厅

2019 年 12 月 23 日

淀粉建设项目重大变动清单
（试　行）

适用于淀粉及淀粉制品制造业建设项目环境影响评价管理。

规模：

1. 淀粉或淀粉制品生产能力增加 30%及以上。

建设地点：

2. 项目重新选址；在原厂址附近调整（包括总平面布置变化）导致大气环境防护距离内新增环境敏感点。

生产工艺：

3. 原料变更导致新增污染物项目或排放量增加。

4. 因辅料或产品改变新增工艺设备或变更生产工艺，并导致新增污染物项目或污染物排放量增加。

5. 因燃料变化，导致新增污染物项目或污染物排放量增加。

环境保护措施：

6. 废水、废气处理工艺或处理规模变化，导致新增污染物项目或污染物排放量增加（废气无组织排放改为有组织排放除外）。

7. HJ 860.2 规定的主要排放口排气筒高度降低 10% 及以上。

8. 新增废水排放口；废水排放去向改为农田灌溉或土地利用，或由间接排放改为直接排放；直接排放口位置变化导致不利环境影响加重。

9. 固体废物种类或产生量增加且自行处置能力不足，或固体废物处置方式由外委改为自行处置，或自行处置方式变化，导致不利环境影响加重。

水处理建设项目重大变动清单
（试　行）

适用于工业废水集中处理厂以及日处理规模 500 吨及以上的城乡污水处理厂建设项目环境影响评价管理。

规模：

1. 污水设计日处理能力增加 30% 及以上。

建设地点：

2. 项目重新选址；在原厂址附近调整（包括总平面布置变化）导致大气环境防护距离内新增环境敏感点。

生产工艺：

3. 废水处理工艺变化或进水水质、水量变化，导致污染物项目或污染物排放量增加。

环境保护措施：

4. 新增废水排放口；废水排放去向由间接排放改为直接排放；直接排放口位置变化导致不利环境影响加重。

5. 废气处理设施变化导致污染物排放量增加（废气无组织排放改为有组织排放的除外）；排气筒高度降低 10% 及以上。

6. 污泥产生量增加且自行处置能力不足，或污泥处置方式由外委改为自行处置，或自行处置方式变化，导致不利环境影响加重。

肥料制造建设项目重大变动清单

（试 行）

适用于磷肥、钾肥、复混肥（复合肥）、有机肥和微生物肥制造建设项目环境影响评价管理，氮肥制造执行化肥（氮肥）建设项目重大变动清单相关规定。

规模：

1. 磷酸（湿法）、磷酸一铵、磷酸二铵、过磷酸钙、重过磷酸钙、硝酸磷肥、硝酸磷钾肥、钙镁磷肥、钙镁磷钾肥等主要磷肥产品生产能力增加 10%及以上。

2. 氯化钾、硫酸钾、硝酸钾、硫酸钾镁肥等主要钾肥产品生产能力增加 30%及以上。

3. 化学方法生产的复混肥（复合肥）产品总生产能力增加 30%及以上，或物理掺混法生产的复混肥（复合肥）产品总生产能力增加 50%及以上。

4. 有机肥和微生物肥料总生产能力增加 30%及以上，或单一品种生产能力增加 50%及以上。

建设地点：

5. 项目（含配套固体废物渣场）重新选址；在原厂址附近调整（包括总平面布置变化）导致大气环境防护距离内新增环境敏感点。

生产工艺：

6. 新增肥料产品品种，导致新增污染物项目或污染物排放量增加。

7. 磷酸（湿法）生产工艺由半水-二水法或二水-半水法变为二水法。

8. 复混肥（复合肥）生产工艺由物理掺混方法（团粒型、熔体型、掺混型）变为化学方法（料浆法）。

9. 主要生产单元工艺发生变化，或原辅材料、燃料发生变化（燃料由煤改为天然气除外），并导致新增污染物项目或污染物排放量增加。

环境保护措施：

10. 废水、废气处理工艺或处理规模变化，导致新增污染物项目或污染物排放量增加（废气无组织排放改为有组织排放除外）。

11. 锅炉烟囱或主要排气筒高度降低 10%及以上。

12. 新增废水排放口；废水排放去向由间接排放改为直接排放；直接排放口位置变化导致不利环境影响加重。

13. 固体废物种类或产生量增加且自行处置能力不足，或固体废物处置方式由外委改为自行处置，或自行处置方式变化，导致不利环境影响加重。

14. 风险防范措施变化导致环境风险增大。

镁、钛冶炼建设项目重大变动清单
（试 行）

适用于以白云石为原料生产金属镁、以氯化镁为原料生产电解镁、以钛精矿或高钛渣（金红石）或四氯化钛为原料生产海绵钛（包括以高钛渣、四氯化钛、海绵钛等为最终产品）的建设项目环境影响评价管理。

规模：

1．镁冶炼生产能力增加 10%及以上。

2．海绵钛（包括以高钛渣、四氯化钛、海绵钛等为最终产品）生产能力增加 20%及以上。

建设地点：

3．项目（含配套固体废物渣场）重新选址；在原厂址附近调整（包括总平面布置变化）导致大气环境防护距离内新增环境敏感点。

生产工艺：

4．白云石煅烧窑炉、还原炉和精炼炉，钛渣电炉、海绵钛氯化炉、镁电解槽等炉（槽）型、规格及数量变化，或主要原辅料的种类、数量变化，导致新增污染物项目或污染物排放量增加。

5．燃料（种类或性质）变化或燃料由外供变为自产，导致新增污染物项目或污染物排放量增加。

环境保护措施：

6．废气、废水处理工艺或处理规模变化，导致新增污染物项目或污染物排放量增加（废气无组织排放改为有组织排放除外）。

7．HJ 933、HJ 935 规定的主要排放口及海绵钛氯化炉、镁电解槽排放口排气筒高度降低 10%及以上。

8．新增废水排放口；废水排放去向由间接排放改为直接排放；废水直接排放口位置变化导致不利环境影响加重。

9．固体废物种类或产生量增加且自行处置能力不足，或固体废物处置方式由外委改为自行处置，或自行处置方式变化，导致不利环境影响加重。

镍、钴、锡、锑、汞冶炼建设项目重大变动清单

（试 行）

适用于生产镍、钴、锡、锑、汞金属的冶炼（含再生）建设项目环境影响评价管理。

规模：

1. 镍、钴、锡、锑原生冶炼生产能力增加 20% 及以上。

2. 含镍、钴、锡、锑等金属废物处置能力增加 20% 及以上。

3. 汞冶炼生产能力增加。

建设地点：

4. 项目（含配套固体废物渣场）重新选址；在原厂址附近调整（包括总平面布置变化）导致大气环境防护距离内新增环境敏感点。

生产工艺：

5. 冶炼工艺或制酸工艺变化，HJ 931、HJ 934、HJ 936、HJ 937、HJ 938 规定的主要排放口对应的冶炼炉窑炉型、规格及数量变化，或主要原辅料、燃料的种类、数量变化，导致新增污染物项目或污染物排放量增加。

环境保护措施：

6. 废气、废水处理工艺或处理规模变化，导致新增污染物项目或污染物排放量增加（废气无组织排放改为有组织排放除外）。

7. HJ 931、HJ 934、HJ 936、HJ 937、HJ 938 规定的主要排放口排气筒高度降低 10% 及以上。

8. 新增废水排放口；废水排放去向由间接排放改为直接排放；废水直接排放口位置变化导致不利环境影响加重。

9. 固体废物种类或产生量增加且自行处置能力不足，或固体废物处置方式由外委改为自行处置，或自行处置方式变化，导致不利环境影响加重。

附录Ⅷ

部长信箱关于建设项目竣工环境保护验收相关问题及回复

1. 关于公路项目验收声屏障降噪效果监测疑问的回复

【来信】

在 HJ 552—2010 中提出"应对采取声屏障措施的敏感点进行声屏障降噪效果监测",并在 6.5.3.5 中对监测点位的选择提出"敏感点声环境质量监测可选择在距离道路声屏障后方中间被保护敏感点前 1 m 进行……声屏障降噪效果监测可在声屏障后 10 m、20 m、30～60 m 各设 1 个点……",对此项有两个疑问:①是否有需要对所有采取了声屏障的敏感点都进行声屏障降噪效果监测?②声屏障降噪效果监测点位选择中,是否可以认为是应在后方中间被保护敏感点前 1 m 且按 10 m、20 m、30～60 m 的距离设点,还是既可选择仅在被保护敏感点前 1 m 仅 1 个点进行,也可以设 10 m、20 m、30～60 m 的距离多个点进行?

【回复】

①声屏障降噪效果与噪声源、声屏障的属性(高度、形状、材质、安装位置等)、周边环境条件(地形、地貌、地面条件等)、气象条件以及与敏感点的距离等因素有关,对于影响因素基本一致的同类型敏感点,可选取代表性敏感点进行布点监测;对于影响因素不同的敏感点,应分别监测。②按照《建设项目竣工环境保护验收技术规范 公路》(HJ 552—2010)第 6.5.3.5 条的要求,声屏障降噪效果监测包括在敏感点前 1 m 处和声屏障后 10 m、20 m、30～60 m 处两种情况,因此针对这两种情况均需开展监测。其中,在敏感点前 1 m 处监测的目的是了解声屏障对敏感点的实际降噪效果;在声屏障后 10 m、20 m、30～60 m 处监测的目的是了解声屏障本身的设计降噪效果。

2. 关于验收监测频次的回复

【来信】

验收技术指南中 6.3.4 2)规定:"2)对无明显生产周期、污染物稳定排放、连续生产的建设项目,废气采样和监测频次一般不少于 2 天、每天不少于 3 个样品。"问:①不少于 2 天,必须连续 2 天吗?②每天不少于 3 个样品,是指 3 个时均值还是 3 个普通概念的样品?以非甲烷总烃为例,是 1 h 内等间隔采集 3 个气袋样品即可,还是要去采集 3 个时均值(每个小时等间隔采集 3 个气袋,共 9 个气袋)?③如果是必须采集 3 个时均值,请问这 3 个时均值在时间间隔上有什么要求吗?可不可以在连续的 3 个小时内完成?

【回复】

您在我部网站"部长信箱"栏目关于"验收监测频次"问题的来信收悉。经研究答复如下：①废气采样和监测频次一般不少于 2 天，并不要求连续监测 2 天，但必须确保在主体工程工况稳定、环境保护设施运行正常的情况下进行，并如实记录监测时的实际工况以及决定或影响工况的关键参数，如实记录能够反映环境保护设施运行状态的主要指标。②每天不少于 3 个样品，是指参与污染物排放评价的有效值样品。③对采集 3 个时均值样品的时间间隔无强制要求，对于污染物连续稳定排放的，可在连续的 3 个小时内进行监测；对于间歇排放的，应在污染物排放期间监测并应捕捉污染物排放浓度最高值，以确保监测结果能准确、全面反映污染物排放和环境保护设施运行效果。感谢您对标准制修订工作的关心和支持！

3．关于两条一样的生产线，只开一条能否完成验收的回复

【来信】

您好，有个项目，原材料经过 A 线和 B 线（工艺设备及环保设施完全一样）生产出来的中间产品进入罐区 C，由 C 再往下面 3 个不同的工序 D、E、F 输送，最终的产品也不一样，目前 A 线由于设备故障及市场原因开启时间未知，只有 B 线可以正常运行，它可以给后序工艺提供生产材料，请问这种情况下能否进行全厂的竣工验收，还是只能验收 B 线，后续 A 线生产后再验收一遍？

【回复】

您好，按来文描述，该建设项目中已完成 B 线建设。但由于不掌握配套环保设施建设情况，因此，请您就有关情况咨询原环评审批部门意见后，在如实查验、监测、记载建设项目环境保护设施的建设和调试情况的基础上，依法开展验收工作。

4．关于如何"依法"界定分期建设项目、如何分期竣工验收的回复

【来信】

《建设项目竣工环境保护验收暂行办法》第八条（六）规定："分期建设、分期投入生产或者使用依法应当分期验收的建设项目，其分期建设、分期投入生产或者使用的环境保护设施防治环境污染和生态破坏的能力不能满足其相应主体工程需要的"；请问这条规定里面的"依法"怎么理解？是发改委或者经信委的立项备案文件里面明确分期（一期、二期等）建设的项目或者是环评文件里面有区分（如北厂区和南厂区等）为依法项目吗？这样的项目可以"依法验收"？在企业项目竣工验收过程中，如《山西省铸造行业准入条件》二类区铸铁项目要求为 8 000 吨，企业分为南厂 4 000 吨、北厂 4 000 吨，目前只建成北厂4 000 吨，这种项目是不是不可以阶段性验收？假如换作是其他行业项目没有准入条件等

要求，只建成一半是否可以阶段性竣工验收？

【回复】

根据《建设项目环境保护条例》（国务院令　第 682 号）第十八条规定："分期建设、分期投入生产或者使用的建设项目，其相应的环境保护设施应当分期验收。"在实际工作中，只要建设项目在建设过程中实施了分期建设，并分期投入生产或者使用，其相应的环境保护设施即应当分期验收。

5. 关于建设项目环保验收总量超标的回复

【来信】

项目性质：金属门窗制造依据《关于印发环评管理中部分行业建设项目重大变动清单的通知》（环办〔2015〕52 号）文件要求，对照此项目实际建设情况，项目性质、规模、工艺均与环评一致，未发生重大变动，各项污染物监测结果均满足执行标准的要求，现仅总量指标超出环评批复总量指标的要求，企业无法正常完成验收，针对此类情况请问有什么解决方案？

【回复】

根据《中华人民共和国环境影响评价法》第二十七条"在项目建设、运行过程中产生不符合经审批的环境影响评价文件的情形的，建设单位应当组织环境影响的后评价，采取改进措施，并报原环境影响评价文件审批部门和建设项目审批部门备案；原环境影响评价文件审批部门也可以责成建设单位进行环境影响的后评价，采取改进措施"。因此，建议您咨询该建设项目原环评审批部门意见后，采取下一步措施。

6. 关于化工企业试生产是否仍需要请示地方环境保护局的回复

【来信】

①新建化工企业建成后开车运行，地方环境保护局告知我公司需要上报试生产请示。据了解，试生产已经取消了，那就意味着不需要上报试生产请示了。不知道环境保护局为什么还要这个东西？②国家是否有新建化工项目开展环境保护竣工验收的明确时间节点？企业具备验收条件是如何划分的？对整体工况负荷是否有明确要求？

【回复】

①《建设项目环境保护管理条例》（国务院令　第 682 号）自 2017 年 10 月 1 日起实施，环境保护主管部门不再进行建设项目试生产审批。但根据《建设项目竣工环境保护验收暂行办法》，建设单位在公开该项目配套建设的环境保护设施调试起止日期的同时，需将相关信息报送项目所在地县级以上环境保护主管部门，并接受监督检查。②关于建设项目验收期限、工况负荷等具体要求，在《建设项目竣工环境保护验收暂行办法》《建设项目竣

工环境保护验收技术指南 污染影响类》等规章制度中已详细说明，请您查阅。

7．关于环境影响评价登记表项目是否要进行环保验收的回复

【来信】

根据《建设项目环境影响登记表备案管理办法》（环境保护部部令 第 41 号）中没有明确是否需要环保验收，只是说明建设单位按要求落实完成环保措施，环境保护管理部门将其纳入有关环境监管网格管理范围。而原国家环境保护总局发布的《建设项目竣工环境保护验收管理办法》（2001 年国家环境保护总局令 第 13 号）尚未废止，其中规定对填报环境影响登记表的建设项目需要完成建设项目竣工环境保护验收登记卡，并由环境保护主管部门核查并在登记卡签署验收意见。目前验收程序文件《建设项目竣工环境保护验收暂行办法》（国环规环评〔2017〕4 号）中没有关于环境影响评价登记表的验收程序。所以环境影响评价登记表项目是否依然根据《建设项目竣工环境保护验收管理办法》（2001 年国家环境保护总局令 第 13 号）中有关要求进行？

【回复】

按照现行法律规章，对编制环境影响登记表的建设项目没有作出竣工环保验收要求，即不需要对编制环境影响登记表的建设项目开展环保验收。

8．关于环保验收是否可由原环评单位承担的疑惑回复

【来信】

2019 年 4 月 1 日在部长信箱《关于建设项目竣工环保验收是否可由环评单位承担问题的回复》中结论："虽然原环评单位开展竣工环保验收对项目实际情况更了解，但环评单位不可以承担该项目竣工环保验收工作"，我们有一些疑惑：①《建设项目竣工环境保护验收管理办法》第十三条"承担该建设项目环境影响评价工作的单位不得同时承担该建设项目环境保护验收调查报告（表）的编制工作"确实仍然有效，但其针对的是生态影响类建设项目的环保验收调查报告，污染类项目验收监测报告编制工作是否可不受上述条款限制，由承担该建设项目环境影响评价工作的单位编制？②如果上述条款的解读包含了污染类项目验收监测报告的编制工作，那么在《建设项目竣工环境保护验收管理办法》实施起至部长信箱回复期间，由承担环境影响评价工作的技术机构编制污染类项目验收监测报告的行为是否合规，是否有补救措施？

【回复】

《建设项目竣工环境保护验收管理办法》第十二条"对主要对生态环境产生影响的建设项目，建设单位应提交环境保护验收调查报告（表）"。因此，生态环境影响类的建设项目需要编制验收调查报告（表），承担该建设项目环境影响评价工作的单位不得同时承担

该建设项目环境保护验收调查报告（表）的编制工作，而编制验收监测报告的建设项目不受该规定影响。

9. 关于是否可以不再出具固体废物污染防治设施验收意见的回复

【来信】

2 017 年 11 月 20 日《建设项目竣工环境保护验收暂行办法》实施以来，只有《固体废物污染防治法》尚未修订，涉固体废物污染防治设施验收仍由环境保护部门负责验收，但我省于 2017 年 11 月 15 日以省政府文件的形式取消了建设项目污染防治设施验收及辐射类建设项目竣工环境保护验收和建设项目环境保护设施竣工验收两项行政许可，按照当前"简政放权"及"企业是项目环保设施竣工验收主体，应履行自主验收"的精神：①我们是否可以认为省政府文件已经全面取消了涉建设项目环境保护设施竣工验收行政许可，不再单独进行或考虑固体废物污染防治设施的行政部门进行的验收？②如果省政府提前全面取消了建设项目环境保护设施（或污染防治设施）验收行政许可，企业自主验收涵盖固体废物污染防治设施验收部分的情况下，环境保护部门是否可以不再单独进行固体废物污染防治设施验收？③有省政府取消验收行政许可文件，环境保护部门是否可以要求企业自主验收范围涵盖固体废物污染防治设施验收？还是必须要由环境保护部门单独进行固体废物污染防治设施验收？④企业自主验收范围涵盖固体废物污染防治设施验收的内容，环境保护部门是否可以追加涉固体废物污染防治设施验收意见？

【回复】

根据《中华人民共和国立法法》，法律的效力高于行政法规、地方性法规、规章，《中华人民共和国固体废物污染环境防治法》尚未修订，对涉及固体废物污染防治设施验收方面的规定仍然有效。此外，经了解，为贯彻辽宁省人民政府《关于取消和调整一批行政职权事项的决定》（辽政发〔2017〕51 号），原辽宁省环境保护厅于 2018 年 2 月 5 日印发了《关于加强建设项目竣工环境保护验收工作的通知》（辽环发〔2018〕9 号），明确了建设项目竣工环境保护验收管理工作有关要求，并提出了"原项目环评审批部门出具针对项目配套建设固体废物污染防治设施的验收意见"，您来信所提系列问题，已在该文件中予以明确，请您在相关网页查阅（http://sthj.ln.gov.cn/xxgk/zwgk/jsxmxxgkn/jsxmhbys/201802/t20180205_103887.html）。

10. 关于供暖锅炉试运行期限认定咨询的回复

【来信】

一供暖锅炉，每年只在供暖期生产（每年 11 月 15 日至 3 月 15 日），2017 年开始供暖，在线数据上传，该企业的验收期限是否包含其停产时间，如何判定其验收期限？《建设项目竣工环境保护验收暂行办法》第十二条规定，除需要取得排污许可证的水和大气污染防治设施外，其他环境保护设施的验收期限一般不超过 3 个月；需要对该类环境保护设施进行调试或者整改的，验收期限可以适当延期，但最长不超过 12 个月。验收期限是指自建设项目环境保护设施竣工之日起至建设单位向社会公开验收报告之日止的时间。

【回复】

验收期不包括停产期。《建设项目环境保护管理条例》（国务院令 第 682 号）自 2017 年 10 月 1 日起实施，将环境保护设施的验收工作由环保部门改为建设单位依照规定自主验收。来信所指锅炉自 2017 年投入使用至今，已历经两个供暖期，且在每个供暖期投入使用时间均为 4 个月，已超过规定的 3 个月验收期限，理应已经完成自主验收。

11. 关于雨水执行标准问题的回复

【来信】

询问下企业雨水排放执行什么标准（特指后期雨水）？清净下水排放执行什么标准？

【回复】

①企业在生产过程中，因物料遗撒、跑冒滴漏等原因，通常在厂区地面残留较多原辅料和废弃物，在降雨时被冲刷带入雨水管道，污染雨水。因此，若不对污染雨水加以收集处理，任其通过雨水排口直接外排，将对水生态环境造成严重污染。为控制污染雨水，多项排放标准已将初期雨水或污染雨水纳入管控范围，要求达标排放，但是排放标准中不使用"后期雨水"的表述。企业雨水管理应严格执行该行业相应排放标准的相关要求。②在排放标准中，不使用"清净下水"这一术语。但在日常环境管理中，一般认为清净下水包括间接冷却水、锅炉循环水等。考虑到这类清净下水通常为循环水，运行中常需加入阻垢剂、杀菌剂、杀藻剂等，可能导致循环水化学需氧量、总磷超标，因此，多数排放标准将此类废水纳入管控范围，要求处理达标后方可排放。综上，对于清净下水，应确定其废水类别和所属行业，执行相应排放标准的具体规定。

12. 关于如何计算两个指标的实测浓度和与折算浓度和问题的回复

【来信】

《生活垃圾焚烧污染控制标准》（GB 18485—2014）中镉与铊的限值为 0.1 mg/m^3，实际检测中镉检出、铊未检出，但是限值是两个指标折算浓度值的和，我们在实际检测中如何计算与表示两个指标的实测浓度和与折算浓度和？

【回复】

《生活垃圾焚烧污染控制标准》（GB 18485—2014）表 4 中所列的污染物项目"镉、铊及其化合物（以 Cd+Tl 计）"是指镉和铊两种元素之和。如果实际检测中镉检出、铊未检出，则铊以零计。

13. 关于验收执行标准和验收工况问题的回复

【来信】

目前新的验收技术指南规定了验收标准按新标准执行，并无具体工况规定；可是有许多行业验收技术规范的验收执行标准仍然为环评批复标准，并按新标准考核，同时对工况负荷也有规定。那么，遇到这种情况时该怎么办？

【回复】

①按照《建设项目竣工环境保护验收技术指南 污染影响类》有关规定，建设项目竣工环境保护验收执行批复文件所规定的标准。若环境影响报告书（表）审批之后发布或修订的标准，且对建设项目执行该标准有明确时限要求的，要在指定时间执行新标准。②按照《建设项目竣工环境保护验收暂行办法》有关规定，验收监测应当在确保主体工程调试工况稳定、环境保护设施运行正常的情况下进行，并如实记录监测时的实际工况。若国家和地方有关污染物排放标准或者行业验收技术规范对工况和生产负荷另有规定的，按其规定执行。

14. 关于验收中废气监测频次问题的回复

【来信】

验收技术指南 6.3.4 中：①有明显生产周期、稳定排放的项目，每个周期采集 3 至多次（不应少于执行标准中规定的次数），此时的"次"是指有效小时值的次数还是样品的数量？以有组织非甲烷总烃为例，是 1 h 等时间间隔采集 4 个样品，还是 3 h 采集 12 个样品？②无明显生产周期、稳定排放的项目，每天不少于 3 个样品，此时的 3 个样品是否要考虑不同污染物采样时间的一致性，以无组织监测为例，总悬浮颗粒物是采 3 个样品（3 h），非甲烷总烃采 4 个样品（1 h），两者采样时间不用考虑同步，该如何理解？

【回复】

①"有明显生产周期、稳定排放的项目，每个周期采集 3 至多次"，此处的"次"是指"有效小时值"的次数。②"无明显生产周期、稳定排放的项目，每天不少于 3 个样品"，不同污染物的采样时间可以不同步。

15. 关于畜禽养殖环保竣工验收流程疑问的回复

【来信】

2017 年 11 月 20 日环境保护部颁布实施了《建设项目竣工环境保护验收暂行办法》（以下简称《办法》），《办法》第六条规定："验收监测应当在确保主体工程调试工况稳定、环境保护设施运行正常的情况下进行，并如实记录监测时的实际工况……"，这里明确指出验收工作的开展是建立在工程调试的基础上，对于畜禽养殖项目来说，环保工程调试、设施的正常运行必须要先投产才能产生污染物，否则无法进行监测，无法反映环境保护设施的运行情况；《办法》第七条又规定："建设项目配套建设的环境保护设施经验收合格后，其主体工程方可投入生产或者使用；未经验收或者验收不合格的，不得投入生产或者使用"，也明确了环保验收与项目投产的先后顺序，即必须要先进行验收并通过才能投产，以上两项条款存在上下矛盾的嫌疑，尤其在地方环境保护部门执法过程中，对上述条款理解不一样，项目投产后再验收是否属于"未验先投"的违法行为一直没有明确的依据，给企业在手续办理、生产经营过程中带来了诸多不便。

【回复】

①《建设项目竣工环境保护验收暂行办法》第七条规定"建设项目配套建设的环境保护设施经验收合格后，其主体工程方可投入生产或者使用"，明确要求先验收、后投产。②《建设项目竣工环境保护验收暂行办法》第五条规定"建设项目竣工后，建设单位应当如实查验、监测、记载建设项目环境保护设施的建设和调试情况，编制验收监测（调查）报告"，即建设单位可以对建设项目配套建设的环境保护设施进行调试，相应地，其主体工程（生产工艺）应同步调试，"调试"不同于"投产"，两者之间并不矛盾。

16. 关于建设项目竣工环保验收是否可由环评单位承担问题的回复

【来信】

新修改的《建设项目环境保护管理条例》及《建设项目竣工环境保护验收暂行办法》，均未明确建设项目竣工环境保护验收是否可由该项目原环评单位承担。而目前在实际操作过程中部分管理人员及专家依然以原《建设项目竣工环境保护验收办法》（原环保总局令 第 13 号）中"承担该建设项目环境影响评价工作的单位不得同时承担该建设项目环境保护验收调查报告（表）的编制工作"为依据，认为建设单位委托原环评单位开展验收工作。这是否合理呢？根据新的验收管理精神，个人认为，在明确主体责任的情况下，原环评单位开展竣工环保验收对项目实际情况更了解，在指导措施的落实情况下更具有针对性。请贵部明确在新的管理要求下，环评单位是否可以同时承担该项目竣工环保验收工作呢？

【回复】

《建设项目竣工环境保护验收管理办法》目前尚未废止，第十三条"承担该建设项目环境影响评价工作的单位不得同时承担该建设项目环境保护验收调查报告（表）的编制工作"仍然有效，因此，虽然原环评单位开展竣工环保验收对项目实际情况更了解，但环评单位不可以承担该项目竣工环保验收工作。

17. 关于建设项目竣工环境保护验收管理办法是否废止的回复

【来信】

2015 年以来全国人大先后修订了《环境保护法》《大气污染防治法》《水污染防治法》《环境噪声污染防治法》等一系列法律，国务院修订了《建设项目环境保护管理条例》，生态环境部也发布了《建设项目竣工环境保护验收暂行办法》。环境保护部公告《关于公布现行有效的国家环境保护部门规章目录的公告》（公告 2016 第 68 号）未包括《建设项目竣工环境保护验收管理办法》（国家环境保护总局令　第 13 号），请问《建设项目竣工环境保护验收管理办法》（国家环境保护总局令　第 13 号）是否已废止？

【回复】

2001 年 12 月 27 日国家环境保护总局发布的《建设项目竣工环境保护验收管理办法》（国家环境保护总局令　第 13 号）尚未废止。

18. 关于验收过程中是否进行环境质量影响监测的回复

【来信】

根据《建设项目竣工环境保护验收技术指南 污染影响类》中"6.3.2 环境质量影响监测　主要针对环境影响报告书（表）及其审批部门审批决定中关注的环境敏感保护目标的环境质量，包括地表水、地下水和海水、环境空气、声环境、土壤环境、辐射环境质量等的监测"。怎么判断这个"关注的"。如环评报告中"三同时"验收表提到地下水防渗要求，且环境监测计划中有地下水监测类别，在开展项目验收过程中是否应该进行地下水监测？

【回复】

①《建设项目竣工环境保护验收技术指南 污染影响类》"6.3.2 环境质量影响监测　环境质量影响监测主要针对环境影响报告书（表）及其审批部门审批决定中关注的环境敏感保护目标的环境质量，包括地表水、地下水和海水、环境空气、声环境、土壤环境、辐射环境质量等的监测"中"关注的"，指环境影响报告书（表）及环评审批文件中明确列出的环境敏感保护目标。验收中对环境敏感保护目标环境质量进行监测，可以为确定建设项目对周边环境质量影响程度提供依据。②如环评报告中"三同时"验收表提到地下水防渗要求，且环境监测计划中有地下水监测类别的，应在验收中开展地下水监测，监测点位和因子可参照环评要求选取。

19. 关于环评等级变更后验收相关工作咨询的回复

【来信】

近年来，由于相关法律法规和建设项目分类管理目录的调整，我们在日常执法中时常碰到项目环评等级变更的问题。特请示部里以下两种情况该如何处理：①企业已办理环境影响报告书或报告表，根据新的建设项目分类管理目录，项目等级已调整为登记表类，该类项目是否还需要进行环保设施验收？②企业已办理环境影响登记表，但根据新的分类管理目录，项目等级已调整为报告书或者报告表类，该类项目是否需要按新的环评等级重新办理环评手续并进行环保设施竣工验收？

【回复】

除有明确法律法规和文件要求外，相关工作均按照原环评批复要求进行。

20. 关于排污许可与环评衔接问题的回复

【来信】

《关于做好环境影响评价制度与排污许可制衔接相关工作的通知》（环办环评〔2017〕84号）第七条中规定"环境影响报告书（表）2015年1月1日（含）后获得批准的，排污许可核发部门按照污染物排放标准、总量控制要求、环境影响报告书（表）以及审批文件从严核发"。就这个文件的这一要求，我们在实际工作中遇到下面这个问题需要请教一下该如何处理：甲企业在所有产污环节各项污染物均满足污染物排放标准及总量控制要求的前提下，对其中一套环保设施进行提标改造（改造前报批了提标改造项目环评文件），改造项目实施后也实现了污染物的减排（浓度降低、污染物排放总量减少），但是实际减排量小于环评提出的减排量，实际排放浓度也大于环评提出的排放浓度。这样的情况一是能通过验收吗？二是在下次更换排污许可证的时候是按现有排污许可证核定的量、实际排放量、提标改造环评给出的量三者中的哪一个量进行核发？

【回复】

关于验收问题。按照《建设项目竣工环境保护验收暂行办法》（国环规环评〔2017〕4号）有关规定，改造项目竣工后，建设单位应开展建设项目竣工环境保护验收，经验收合格后，其主体工程方可投入生产或者使用。对于未按环境影响报告书（表）及其审批部门审批决定要求建成环境保护设施、或者环境保护设施不能与主体工程同时投产或者使用的，污染物排放不符合国家和地方相关标准、环境影响报告书（表）及其审批决定或者重点污染物排放总量控制指标要求等情形之一的，不得提出验收合格意见。建设项目未经验收或验收不合格的，不得投入生产或者使用。关于更换排污许可证的问题。按照《排污许可管理办法》（环境保护部令第48号）有关规定，已取得排污许可证的排污单位，在原场址内实施新建、改建、扩建项目应当开展环境影响评价的，在取得环境影响评价审批意见后，排污行为发生变更之日前30个工作日内，向核发环境保护部门提出变更排污许可证的申请。核发部门按照排污许可申请与核发技术规范规定的行业重点污染物允许排放量核发方法，以及环境质量改善的要求，确定排污单位的许可排放量。感谢你对生态环境保护的关心和支持，希望继续对我们的工作提出宝贵意见和建议。

21. 关于废气监测中测定下限及检出限折算问题的回复

【来信】

① GB/T 16157—1996 修改单规定颗粒物测定下限为 20 mg/m³、HJ 57—2017 规定二氧化硫测定下限为 12 mg/m³，请问，当测定浓度在测定下限时是否需要进行折算，如果折算是按实测进行折算还是有其他规定；如果不需要折算，如何判断是否达标排放？② HJ 57—2017 规定二氧化硫检出限为 3 mg/m³、HJ 693—2014 规定氮氧化物检出限为 3 mg/m³，当测定浓度在检出限以下时应如何表示，是用 3 L mg/m³ 还是 ND 或者是其他方式；这时监测结果是否需要折算，如果折算是按实测进行折算还是有其他规定；如果不需要折算，如何判断是否达标排放？

【回复】

"关于废气监测中测定下限及检出限折算问题"的来信收悉。经研究答复如下：①当测定浓度在测定下限时，需要进行折算，折算的要求与高于测定下限时要求一致。②现行标准体系中未对低于检出限的表示方法进行统一规定，按照 3（L）mg/m³、ND、<3 mg/m³ 等进行表示均可。当测定浓度在检出限以下时，需要进行折算，折算要求与高于检出限时的要求一致。如实测浓度按照 ND 表示，则折算浓度也按照 ND 表示；如实测浓度按照 3（L）mg/m³ 或<3 mg/m³ 表示，则折算浓度按照折算后结果表示［如表示为 3.5（L）mg/m³ 或<3.5 mg/m³］，如果折算后浓度超过排放限值，则应注明无法进行达标评价，并重点复核含氧量、含湿量、烟气温度等参数测试是否准确无误。

22. 关于《生活垃圾焚烧污染控制标准》疑问的回复

【来信】

中华人民共和国生态环境部：

《生活垃圾焚烧污染控制标准》（GB 18485—2014）规定了焚烧炉排放烟气中颗粒物、氮氧化物、二氧化硫、氯化氢、一氧化碳 24 小时均值的排放限值。24 小时均值为连续 24 个 1 小时均值的算术平均值。以上 5 项因子的 24 小时均值测定要求监测人员在高空连续作业 24 个小时以上，长时间夜间作业，危险性较大，此外，根据《生活垃圾焚烧污染控制标准》（GB 18485—2014）的要求，生活垃圾焚烧炉均应安装烟气在线监测装置对颗粒物、氮氧化物、二氧化硫、氯化氢、一氧化碳的排放浓度进行在线监测。若生活垃圾焚烧炉的烟气在线监测装置已取得自动监控联网证明并完成了连续监测设备的验收，则可读取烟气在线监测装置记录的颗粒物、氮氧化物、二氧化硫、氯化氢、一氧化碳连续 24 个 1 小时均值浓度，并确定 24 小时均值浓度。在对生活垃圾焚烧发电项目进行竣工环境保护验收过程中能否采用烟气在线监测装置监测数据作为判断生活垃圾焚烧炉烟气中颗粒物、氮氧化物、二氧化硫、氯化氢、一氧化碳排放浓度是否满足 24 小时均值限值要求的依据？

【回复】

《生活垃圾焚烧污染控制标准》（GB 18485—2014）中规定，排气筒中大气污染物的监测采样按 GB/T 16157、HJ/T 397 或 HJ/T 75 的规定进行（目前 HJ/T 75 已修订）。因此生活垃圾焚烧企业按照标准规范安装废气自动监测设备，其符合《固定污染源烟气（SO$_2$、NO$_x$、颗粒物）排放连续监测技术规范》（HJ 75—2017）规定的有效小时均值，即为《生活垃圾焚烧污染控制标准》中规定的 1 小时均值种类之一，可用于 24 小时均值的计算。符合相关监测标准、规范和质控要求的自动监测数据可用于竣工环境保护验收。

23. 关于建管条例二十三条能否适用登记表项目处罚的回复

【来信】

《建设项目环境保护管理条例》第十九条规定"编制环境影响报告书、环境影响报告表的建设项目，其配套建设的环境保护设施经验收合格，方可投入生产或者使用；未经验收或者验收不合格的，不得投入生产或者使用"。我对这一条的理解是环境影响登记表项目不需要验收。《建设项目环境保护管理条例》第二十三条规定，违反本条例规定，需要配套建设的环境保护设施未建成、未经验收或者验收不合格，建设项目即投入生产或者使用，或者在环境保护设施验收中弄虚作假的，环境保护部门可以相应进行处罚。我的问题是：《建设项目环境保护管理条例》第二十三条能否适用于登记表项目处罚？根据我对十九条的理解，登记表项目不存在未经验收、验收不合格、验收弄虚作假的情况，那么是否可以依据第二十三条以需要配套建设的环境保护设施未建成进行处罚？如果依据该条处罚，需要配套建设的环境保护设施如何确定？是指建设单位在登记表备案系统中自行填报的措施和设施？

【回复】

《建设项目环境保护管理条例》第十九条第一款规定："编制环境影响报告书、环境影响报告表的建设项目，其配套建设的环境保护设施经验收合格，方可投入生产或者使用；未经验收或者验收不合格的，不得投入生产或者使用。"第二十三条规定："违反本条例规定，需要配套建设的环境保护设施未建成、未经验收或者验收不合格，建设项目即投入生产或者使用，或者在环境保护设施验收中弄虚作假的，由县级以上环境保护行政主管部门责令限期改正，处 20 万元以上 100 万元以下的罚款；逾期不改正的，处 100 万元以上 200 万元以下的罚款；对直接负责的主管人员和其他责任人员，处 5 万元以上 20 万元以下的罚款；造成重大环境污染或者生态破坏的，责令停止生产或者使用，或者报经有批准权的人民政府批准，责令关闭。"据此，填报环境影响登记表的建设项目，不需要按《建设项目环境保护条例》第十九条的规定进行配套建设的环境保护设施验收，也不属于《建设项目环境保护条例》第二十三条规定的适用范围。填报环境影响登记表的建设项目，如果存在超标排污等其他违法行为，应按照相应法律规定予以查处。

24．关于验收过程中总量指标变动的问题回复

【来信】

我们在做环保验收过程中，发现一个企业总量指标不够无法继续验收，管理部门说需要重新报批环评，但是我们找到南京的文件《关于加强建设项目验收阶段排污总量变动环境管理的通知》（宁环办〔2016〕64 号），南京市有明确的管理要求，但是我们没有找到环境保护部的相关要求。请问，环境保护部对于此类问题有无具体的解决办法？

【回复】

根据《建设项目竣工环境保护验收暂行办法》规定，污染物排放不符合环境影响报告书（表）及其审批部门审批决定或者重点污染物排放总量控制指标要求的，建设单位不得提出验收合格的意见。根据《中华人民共和国环境影响评价法》和《建设项目环境保护管理条例》有关规定，我部在《关于印发环评管理中部分行业建设项目重大变动清单的通知》（环办〔2015〕52 号）中明确，建设项目的性质、规模、地点、生产工艺和环境保护措施五个因素中的一项或一项以上发生重大变动，且可能导致环境影响显著变化（特别是不利环境影响加重）的，界定为重大变动；属于重大变动的应当重新报批环境影响评价文件，不属于重大变动的纳入竣工环境保护验收管理。按照上述原则，我部已发布制浆造纸等 23 个行业建设项目重大变动清单（试行），对各行业重大变动的具体情形作出了规定，建设单位应当根据重大变动清单来确定是否需要重新报批环境影响评价文件。

25．关于新建设项目管理条例第九条建议的回复

【来信】

新的《建设项目环境保护管理条例》将于 10 月 1 日起实施，其中关于环评文件审批环节建议予以明确。条例第九条提出的"环境保护行政主管部门可以组织技术机构对建设项目环境影响报告书、环境影响报告表进行技术评估，并承担相应费用"，这里的技术机构是否应有资质限制、专业限制或者是相关要求？

【回复】

《建设项目环境保护管理条例》规定："环境保护行政主管部门可以组织技术机构对建设项目环境影响报告书、环境影响报告表进行技术评估，并承担相应费用；技术机构应当对其提出的技术评估意见负责，不得向建设单位、从事环境影响评价工作的单位收取任何

费用。"根据现行管理规定，对技术评估机构没有资质、专业等限制性要求。

26. 关于建设项目变动的疑问的回复

【来信】

我是一名企业普通员工，从事环保管理工作。在工作中，对于建设项目环保"三同时"管理涉及的变动，存在以下疑问：根据环发〔2015〕52 号文件规定，如果一个建设项目的规模发生变动，而且变动在此文件附件《水电等九个行业建设项目重大变动清单（试行）》中有所规定，例如石油炼制与石油化工建设项目中储罐总数量或总容积增大了 30%及以上，那么，是否还要由环评单位对此变动可能导致的环境影响进行详细分析，以确认此变动是否可能导致环境影响显著变化，特别是不利环境影响是否加重？ 建议部长及时给予明确答复，以便企业对于建设项目变动及时进行判定，及时委托开展变动环境影响分析工作。谢谢！

【回复】

你的来信"关于建设项目变动的疑问"。经研究，现答复如下：

你所列举的"石油炼制与石油化工建设项目中储罐总数量或总容积增大 30%及以上"，已在《关于印发环评管理中部分行业建设项目重大变动清单的通知》（环办〔2015〕52 号）附件中列明，该情形的不利环境影响加重，属于重大变动，应依照《环境影响评价法》重新编制和报批环境影响评价文件，无须单独通过确认其环境影响是否显著变化来判定是否属于重大变动。

27. 关于咨询环保竣工验收调查编制单位规定问题的回复

【来信】

①根据《中华人民共和国立法法》中新法优于旧法的原则，请问 2017 年实施的《建设项目竣工环境保护验收暂行办法》（国环规环评〔2017〕4 号）第五条"建设项目竣工后，建设单位应编制验收监测（调查）报告，建设单位不具备编制验收监测（调查）报告能力的，可以委托有能力的技术机构编制"。相对于 2002 年施行《建设项目竣工环境保护验收管理办法》（国家环境保护总局令　第 13 号）第十三条"承担该建设项目环境影响评价工作的单位不得同时承担该建设项目环境保护验收调查报告（表）的编制工作"。是否属于法条对于环保竣工验收编制单位规定的新法，是否可以适用"新的规定与旧的规定不一致的，适用新的规定"。②根据《中华人民共和国立法法》中下位法服从上位法的原则，请问原国家环境保护总局令第 13 号第十三条针对环保竣工验收编制单位的规定是否减损了上位法《建设项目环境保护管理条例》（2017 年修订）第十七条"建设单位应当按照国务院环境保护行政主管部门规定的标准和程序，对配套建设的环境保护设施进行验收，编制

验收报告"中规定的建设单位及其他组织权利？根据《国务院办公厅关于做好规章清理工作有关问题的通知》，其是否在下一步规章清理工作范围内？

【回复】

①《建设项目竣工环境保护验收管理办法》（国家环境保护总局令 第13号）适用于作为行政许可事项的建设项目竣工环境保护验收。自2015年以来，《大气污染防治法》《水污染防治法》《环境噪声污染防治法》《固体废物污染环境防治法》以及《建设项目环境保护管理条例》相继修订，建设项目竣工环境保护验收许可事项已取消，改由建设单位自主验收。因此，《建设项目竣工环境保护验收管理办法》原则上已不再适用，建设项目竣工环境保护验收工作应按《建设项目竣工环境保护验收暂行办法》（国环规环评〔2017〕4号）执行。②我部已启动《建设项目竣工环境保护验收管理办法》清理工作，拟尽快按程序予以清理。